"十四五"职业教育国家规划教材

建筑材料

（第4版）

主　编　王　欣　陈梅梅

副主编　仝小芳　姜艳艳

参　编　徐国祥　胡永乐　蒋业浩

　　　　闫玉蓉　汤玉娟

主　审　杨鼎宜

北京理工大学出版社

BEIJING INSTITUTE OF TECHNOLOGY PRESS

内 容 提 要

本书为"十四五"职业教育国家规划教材。全书根据现行国家标准、行业标准,结合高职高专教学标准、建筑材料最新进展及行业对材料检测人才培养的最新要求,联合企业专家编写完成。全书分为两大模块,模块一"建筑材料的基本知识与应用"以工程实践案例为载体学习9大类常见建筑材料性能与应用,为岗位能力培养打下基础;模块二"建筑材料取样与检测实训"以材料员、试验员岗位工作任务单的形式呈现设计类材料取样与检测项目的25个任务。本书配有在线开放课程,可扫描封面的二维码进入,也可直接扫描书中二维码获得,配套使用效果更佳。

本书可作为高职院校建筑工程技术、工程造价、工程监理、道路与桥梁工程技术等相关专业的教学用书,也可作为试验员、材料员、施工员等土建类岗位培训或继续教育用书,还可作为土木建筑类有关技术人员的参考书。

图书在版编目(CIP)数据

建筑材料 / 王欣,陈梅梅主编. -- 4版. -- 北京:
北京理工大学出版社,2024.4(2025.5重印)
ISBN 978-7-5763-3838-6

Ⅰ.①建… Ⅱ.①王… ②陈… Ⅲ.①建筑材料-高
等学校-教材 Ⅳ.①TU5

中国国家版本馆CIP数据核字(2024)第081789号

责任编辑：王梦春		**文案编辑**：辛丽莉	
责任校对：周瑞红		**责任印制**：王美丽	

出版发行 / 北京理工大学出版社有限责任公司

社　　址 / 北京市丰台区四合庄路6号

邮　　编 / 100070

电　　话 / (010)68914026(教材售后服务热线)

　　　　　　(010)63726648(课件资源服务热线)

网　　址 / http://www.bitpress.com.cn

版 印 次 / 2025年5月第4版第2次印刷

印　　刷 / 三河市腾飞印务有限公司

开　　本 / 787 mm×1092 mm　1/16

印　　张 / 19

字　　数 / 431千字

定　　价 / 49.00元

第4版前言

本书深入贯彻落实《中共中央关于认真学习宣传贯彻党的二十大精神的决定》和《职业院校教材管理办法》等文件精神，尊重教育规律，遵循认知规律，提升教材铸魂育人功能，强化学生工程伦理教育，培养学生精益求精的大国工匠精神，激发学生科技报国的家国情怀和使命担当，教育引导学生深刻理解并自觉实践行业的职业精神、职业规范，增强职业责任感，培养遵纪守法、爱岗敬业、无私奉献、诚实守信、开拓创新的职业品格和行为习惯。

本书为"十四五"职业教育国家规划教材，江苏省在线精品课程和课程思政示范课程配套教材。本书编写聚焦绿色低碳发展理念，紧扣产业转型升级，及时更新知识内容，呈现产业发展的新技术、新工艺、新规范、新标准。

本书包含基本知识与应用+岗位工作任务单两大模块的活页式教材，以试验员、施工员、材料员等岗位能力与素养培养为核心，坚持以学生为中心、遵循教学规律和认知规律，采用"情境描述—任务发布—学习目标—自我测评"的项目化教材体例，根据最新国家标准、行业标准，结合专业教学标准，联合20年深度合作的行业内企业专家、技术人员和能工巧匠，共同编写适应时代需求的新形态教材。本书内容融入了最新颁布的《通用硅酸盐水泥》（GB 175—2023）、《混凝土实心砖》（GB/T 21144—2023）等，并可通过在线课程共享，动态更新视频和案例资源。本书在修订编写过程中，力求体现以下特点。

1.坚持育人与专业、教学与教材有机融合，校企合作设计一体化教材

将教材作为实施人才培养的重要载体，瞄准成人和成才双重目标，秉承先进生产理念，吸收新技术、新工艺、新规范，校企合作双师团队充分挖掘课程素材，坚持以职业能力培养为主、理论知识为辅的原则，基于学生学习过程设计项目化教材体系，构建"专业基础知识+岗位工作"教材，实现教材编写与课程开发、教学与学习过程的一体化。

2.基于典型工作情境，开发可拓展的"教学做"合一的"工作任务"

对标试验员、施工员、材料员等岗位职责，以建筑材料性能检测、应用的真实生产项目、典型工作任务、案例为载体，基于"项目—任务—能力"开发流程，设计相应的"情境描述""任务发布"和"学习目标"，以专业教师微课、企业教师示范、知识拓展、土木名人录等展示任务实施的流程、操作方法、工序要求、安全准则等，体现"做中教，做中学"理念，突出职业性、实用性和易读性。

3.服务学生个性化需求，建设数字化新形态教材

紧跟行业产业变化，融入创新创业成果，及时更新案例和工作任务，共享省级在线开放课程的图片、文字、视频、动画等数字化学习资源，动态更新并保持足够的开放性，建设可听、可视、可练、可互动的数字化教材。

本书由扬州职业技术大学王欣、扬州华正建筑工程质量检测有限公司陈梅梅担任主编，扬州职业技术大学仝小芳、姜艳艳担任副主编，扬州华正建筑工程质量检测有限公司徐国祥、胡永乐、扬州职业技术大学蒋业浩、闫玉蓉、汤玉娟参与编写。具体编写分工为：王欣编写模块一的项目一、项目五、模块二的实训三部分内容；陈梅梅编写模块二的实训一部分内容、实训二部分内容；仝小芳编写模块一的项目三、项目四、模块二的实训二部分内容；姜艳艳、蒋业浩共同编写模块一的项目七、项目八、项目十、模块二的实训五、实训六；徐国祥、胡永乐共同编写模块二的实训三部分内容、实训四部分内容、实训七部分内容；闫玉蓉编写模块一的项目九、项目十一、模块二的实训七部分内容；汤玉娟编写模块一的项目二、项目六，模块二的实训一部分内容、实训四部分内容；全书由扬州大学杨鼎宜主审。

本书在项目课程开发过程中得到了江苏扬建集团张程、方正青工程师和扬州惠民再生资源有限公司沙瑞媛工程师的大力支持，在此深表谢意！本书在编写过程中得到了行业专家和出版机构的很多帮助，在此表示衷心感谢！

由于编者水平有限，书中不妥与疏漏之处在所难免，诚恳希望广大读者批评指正！

编　者

第3版前言

党的二十大报告提出："加快发展方式绿色转型。推动经济社会发展绿色化、低碳化是实现高质量发展的关键环节。""积极稳妥推进碳达峰碳中和。实现碳达峰碳中和是一场广泛而深刻的经济社会系统性变革。"随着建筑产业转型升级和技术变革，新型建筑方式对建筑材料检测人才提出新的要求。

本教材第3版获评"十三五"职业教育国家规划教材。本次修订编写深入贯彻"推动绿色发展，促进人与自然和谐共生"思想，牢固树立和践行"绿水青山就是金山银山"的理念，坚持以学生为中心、以职业能力与素养培养为核心，遵循教学规律和认知规律；同时，紧扣建筑产业转型升级和数字化改造，吸纳建筑材料新规范内容，反映新材料、新技术、新工艺的应用，满足新时代对技术技能人才需求的变化；结合近年省级在线课程和课程思政示范课程积累的新成果，及时更新线上线下资源，运用移动互联、App等新媒体手段，突出实践技能的培养、应用能力的训练和职业素养的养成。

本次修订编写力求体现以下特点。

1.坚持课程思政，强化育人与专业内容有机融合

教材编写定位成人和成才双重目标，挖掘课程思政素材，将省级课程思政示范课程的成果融入教材。通过材料实验工程师规范的检验检测，感悟"求真务实、精益求精、严谨规范"的工匠精神；通过再生混凝土等新型绿色建材研究和应用，训练"创新、环保、实践"的综合职业能力；通过挖掘与专业内容贴合的案例，如于谦的"石灰吟"、土木名人录等，引导积极向上的人文情怀和良好的审美意识，帮助学生确定既有前瞻性又有可操作性的职业目标。教材修订对思政元素有机融入专业教学进行了尝试。

2.工作过程导向，"岗课赛证"相统一

教材内容对接材料员、质量员、施工员等岗位核心任务，以项目为导向，以工作任务为载体。设置了课程导学、知识储备、技能训练、技能测试等环节，将行业新标准、岗位技能新要求、职业技能等级证书标准有关内容有机融入教材，通过"岗课赛证"的融通，加强学生岗位基本能力和职业能力的训练。

3.产教融合，双元开发教材

联合校企长期深度合作、经验丰富的材料检测工程师，吸收先进企业文化，体现标

准，突出职业素养培养；专业教师结合教学改革，以真实生产项目、典型工作任务、案例为载体组织教学单元，开发基于生产过程的典型工程案例，有效激发学生的学习兴趣和创新潜能，提升合理选择、保管、应用和检测建筑材料的综合应用能力；同时，邀请思政课程教师共同挖掘专业课中蕴含的思政元素、开发思政案例，将知识、能力和正确价值观的培养有机结合。

4.线上线下，配套资源灵活丰富

探索纸质教材的数字化改造，教材配套资源丰富，动态更新的微视频、图片以二维码的形式呈现，并与省级"建筑材料"在线开放课程实时共享，建设可听、可视、可练、可互动的数字化教材。

本书由扬州市职业大学王欣、江苏扬建集团有限公司陈梅梅担任主编，由扬州市职业大学姜艳艳、仝小芳、蒋业浩担任副主编，江苏扬建集团有限公司徐国祥和胡永乐参与了本书部分章节的编写工作。具体编写分工为：王欣（第1、5章并负责本书各章节微课、动画、案例等信息化部分的编写），仝小芳（第2、3、4章），姜艳艳（第6、8、9章），蒋业浩（第7章），陈梅梅、徐国祥、胡永乐合作编写完成"材料检测试验技能训练"的文字和电子资源内容。全书由扬州大学杨鼎宜主审。

本书在课程思政元素挖掘和案例编写过程中得到了扬州市职业大学马克思主义学院仓明的大力支持，在此深表谢意！本书在编写过程中还参考了大量文献资料，也得到了行业专家和出版机构的很多帮助，在此表示衷心感谢！

由于编者水平有限，时间仓促，不妥与疏漏在所难免，诚恳希望广大读者批评指正！

编　者

Preface

第2版前言

　　本书由一线教师与企业工程技术人员合作完成，是校企深度合作课程教学改革的成果。本书根据高职高专院校学生毕业后所从事的工作，如试验员、材料员、质检员等的岗位职责要求来选择教材内容，确定课程体系，并注重与工程实践的结合和技能的培养，从而切实满足现行高等职业教育培养技能型人才的教学要求。

　　本次修订根据建筑材料最新国家和行业标准规范，主要介绍了常用建筑材料的基本性能、技能检测及应用，增添了部分新型建筑材料，介绍了发展中的新材料和新技术，有利于开阔读者思路，合理选用材料。本版教材采用双色印刷，增加了各章节重要知识点，方便学生自学和复习。

　　本书由扬州职业大学王欣、江苏扬建集团有限公司陈梅梅担任主编，扬州职业大学蒋业浩、姜艳艳、仝小芳担任副主编，扬州职业大学唐亮、范卫玲、徐国祥、刘月林参与了本书部分章节的编写工作。具体编写分工如下：王欣（第1、5章），仝小芳（第2、3、4章），蒋业浩、姜艳艳（第6、7、8、9章），陈梅梅、范卫玲、徐国祥、刘月林等负责建筑材料试验编写。全书由扬州大学杨鼎宜教授主审。

　　本书修订过程中参阅了国内同行的多部著作，部分高职高专院校的老师提出了很多宝贵的意见供我们参考，在此表示衷心的感谢！

　　尽管编者已做了很大努力，但限于编者的学识及专业水平和实践经验，本书修订后仍难免存在疏漏和讹误之处，真诚地欢迎使用本书的读者提出宝贵的意见。

编　者

第1版前言

　　"建筑材料"是建筑工程专业一门重要的专业基础课程，主要介绍常用建筑材料的基本组成、性质、应用及质量标准、检验方法、储运和保管等知识。本书采用国家现行的标准和规范，按照高等职业技术教育的要求和土木工程、建筑工程类专业的培养目标及建筑材料教学大纲编写而成。

　　本书在编写过程中力求突出以下特色。

　　第一，结合最新国家标准和行业标准。近年来，建筑工程领域的科学技术发展较快，建筑工程材料也有了较大发展，本书适应当前形势，特别是针对水泥、混凝土、钢材、砂浆的编写，参照了《通用硅酸盐水泥》（GB 175—2007）、《建设用砂》（GB/T 14684—2011）、《普通混凝土配合比设计规程》（JGJ 55—2011）、《砌筑砂浆配合比设计规程》（JGJ/T 98—2010）等最新标准，反映行业最新现状。

　　第二，工学结合、校企合作一体化编写。本书由扬州职业大学与扬州华正建筑工程质量检测有限公司合作编写，突出了材料的应用、选择和技术指标检测，为学生实现"零距离"上岗奠定了基础。全书理论教学与试验实训紧密结合，把相关材料的试验内容编写在各章的理论知识之后，以便学生在掌握一定理论知识的基础上及时进行有关材料技术性能检测的操作技能训练，从而达到理论知识与实践教学相结合、提高教学质量的目的。

　　第三，本书以引导式教学模式，构建了一个"课前引导—理论学习—技能掌握—课后总结—课后练习"的教学全过程，给教师教学做出了引导，并使学生从更深的层次进行思考，复习和巩固所学知识。

　　本书以社会需求为基本依据，以就业为导向，以学生为主体，在内容上注重与岗位实际要求紧密结合，符合我国高职教育对技能型人才培养工作的要求，体现了教学组织的科学性和灵活性原则。

　　本书由扬州职业大学王欣与江苏扬建集团有限公司陈梅梅任主编，扬州职业大学仝小芳、史晓燕、邵红才、陆纪生老师任副主编，扬州大学杨鼎宜教授担任主审。编写人员如下：扬州职业大学王欣、陆纪生（第1、4、5、6章），仝小芳（第2、3、7章），邵红才（第8、10章），史晓燕（第9、11章）。李蓓和王赛同学参与了全书统稿和校核工作。

　　扬州华正建筑工程质量检测有限公司负责建筑材料试验部分的编写并对全书进行了校核，编写人员如下：陈梅梅高级工程师（第1、2、7章），胡永乐工程师（第3章），赵东方工程师（第4章），范卫玲高级工程师（第5章），刘泉工程师（第6章），姚高顺工程师（第8章），齐耀奎工程师（第9章），徐国祥工程师（第10章），刘月林工程师（第11章）。

　　由于编者水平有限，加之时间仓促，书中不足之处在所难免，欢迎广大读者批评指正。

编　者

Contents

目 录

模块一　建筑材料的基本知识与应用

模块二　建筑材料取样与检测实训

模块一　建筑材料的基本知识与应用

项目一　课程导学

情境描述 >>>

建筑材料是建筑物和构筑物的物质基础，建筑材料的性能、质量和价格直接影响建筑产品的适用性、安全性、耐久性和美观性。以某工程为例，分部分项工程施工前：

1. 施工员确定所需的材料品种、规格和用量，报送材料员，进行材料采购。

2. 取样员、监理员对进场材料取样、送检。

3. 试验员对送检材料按相关标准进行检测，出具检测报告。

4. 施工员、监理员检查验收材料，初步检验合格后方可进场，对于检测不合格材料做退场处理，大批量的材料按检验批，按照 2～4 流程进行检测。

5. 材料员对进入现场的材料做好现场储存和保管工作。

6. 施工员根据材料性能特点，合理使用。

任务发布 >>>

1. 了解建筑工程中，土建员级岗位从事与建筑材料相关的工作内容。

2. 了解建筑材料在传统建筑中的应用，以及传统建筑材料的特点。

3. 了解建筑材料未来的发展方向，并举例说明。

视频：小石头
成材记

学习目标 >>>

本项目重点介绍建筑材料的定义、分类及其发展历程和趋势，通过学习要达到如下知识目标、能力目标及素养目标。

知识目标：掌握建筑材料的定义与分类；了解建筑材料在建筑工程中的作用及建筑材料的发展历程和趋势；明确本课程的任务和学习方法。

能力目标：能区分各种建筑材料。

素养目标：提升学生专业学习兴趣，初步形成遵守标准的质量意识。

任务一　了解建筑材料

一、建筑材料的定义

建筑材料是指用于建筑物各个部位的各种构件和结构体的所有材料的总称，是建筑物与构筑物的重要物质基础，如基础、墙体、承重构件、地面、屋面等所用的材料。建筑材料的品种、性能和质量在很大程度上决定着建筑物的坚固、适用和美观，并影响着其结构形式和施工速度。

二、建筑材料的分类

建筑材料的种类繁多，常按材料的化学成分、使用功能、用途进行分类。

1. 按化学成分分类

根据化学成分的不同，建筑材料可分为无机材料、有机材料和复合材料三大类，见表 1-1。

表 1-1　建筑材料根据化学成分不同的分类

无机材料	金属材料	黑色金属：铁、非合金钢、合金钢
		有色金属：铝、锌、铜及其合金
	非金属材料	石材：天然石材、人造石材
		烧结制品：烧结砖、陶瓷面砖
		熔融制品：玻璃、岩棉、矿棉
		胶凝材料：石灰、石膏、水玻璃、水泥、混凝土、砂浆
		硅酸盐制品：砌块、蒸养砖、碳化板
有机材料	植物材料	木材、竹材及制品
	高分子材料	沥青、塑料、涂料、合成橡胶、胶粘剂
复合材料	金属非金属复合材料	钢纤维混凝土、铝塑板、涂塑钢板
	无机有机复合材料	沥青混凝土、塑料颗粒保温砂浆、聚合物混凝土

2. 按使用功能分类

根据在建筑物中的使用功能不同，建筑材料可分为承重材料和非承重材料，保温和隔热材料，吸声和隔声材料，防水材料，装饰材料等。

3. 按用途分类

根据建筑物用途的不同，建筑材料可分为以下几类：

(1)结构材料：砖、石材、砌块、钢材、混凝土。

(2)防水材料：沥青、塑料、橡胶、金属、聚乙烯胶泥。

(3)饰面材料：墙面砖、石材、彩钢板、彩色混凝土。

(4)吸声材料：多孔石膏板、塑料吸声板、膨胀珍珠岩。

知识储备：揭秘港珠澳大桥中的超级材料

(5)绝热材料：塑料、橡胶、泡沫混凝土。

(6)卫生工程材料：金属管道、塑料、陶瓷。

三、建筑材料在建筑工程中的作用

(1)建筑材料是建筑工程的物质基础。无论是高达 420.5 m 的上海金贸大厦，还是普通的住宅楼等民用建筑，都是由各种散体建筑材料经过合理的设计和复杂的施工最终构建而成的。建筑材料的物质性体现在其使用的巨量性，一幢单体建筑一般重达几百至数千吨，甚至可达数万、几十万吨，这形成了建筑材料的生产、运输、使用等方面与其他门类材料的不同。

(2)建筑材料的发展赋予建筑物以时代的特性和风格。西方古典建筑的石材廊柱、中国古代以木架构为代表的宫廷建筑、当代以钢筋混凝土和型钢为主体材料的超高层建筑，都呈现了鲜明的时代性和不同的风格。

(3)建筑材料推动建筑设计理论的进步和施工技术的革新。建筑设计理论不断进步和施工技术的革新不但受到建筑材料发展的制约，同时，也受到其发展的推动。大跨度预应力结构、薄壳结构、悬索结构、空间网架结构、节能环保型建筑的出现都是与新材料的产生密切相关的。

(4)建筑材料正确、节约、合理的运用直接影响着建筑工程造价和项目投资。在我国，一般建筑工程的材料费用要占到总投资的 50%～60%，特殊工程中这一比例会更高，对于我国这样一个处于发展中的国家，对建筑材料特性的深入了解和认识，最大限度地发挥其效能，进而达到最大的经济效益，无疑具有非常重要的意义。

四、建筑材料的发展历程和趋势

建筑材料是随着社会生产力和科学技术水平的提高而逐步发展起来的。随着社会的进步，人们对土建工程的要求越来越高，这种要求的满足与建筑材料的数量和质量之间存在着相互依赖和相互矛盾的关系，建筑材料的生产和使用是在不断解决矛盾的过程中逐步向前发展的。

原始时代人们利用天然材料建筑房屋，如木材、岩石、竹、黏土等。石器、铁器时代出现了用石材、石灰、石膏建成的古埃及金字塔和用条石、大砖、石灰砂浆建成的中国万里长城，如图 1-1、图 1-2 所示。18—19 世纪，建筑钢材、水泥、混凝土和钢筋混凝土相继问世并成为主要结构材料。进入 20 世纪，预应力混凝土出现了。

图 1-1　胡夫金字塔

高 146.59 m，底部 232 m 见方，用 230 多万块、
每块重 2.5 t 的岩石砌成

图 1-2　长城

21世纪，高性能混凝土作为主要结构材料得到广泛应用，同时，一些具有特殊功能的材料也应运而生，如保温隔热、吸声隔声、耐热、耐磨、耐腐蚀、防辐射材料等。随着人们对城市面貌、工作空间、生活环境的要求越来越高，各种装饰材料也层出不穷，环保型建筑材料越来越受到人们的重视。

建筑材料的发展趋势如下。

(1)轻质量、高强度、高耐久性的材料。

(2)新型墙体材料、保温隔热材料。

(3)装饰装修材料向多功能化发展。

(4)环保、绿色、生态型材料。

(5)智能材料。

知识储备：火速＋
神速＝火神山医院

知识拓展

绿色建材

传统建筑材料在生产过程中的耗能，使用过程中对环境污染和对人体健康的影响，以及拆除后建筑垃圾的处理都增加了对环境和人的负担。因此，努力发展绿色建材和环保建材，从根本上改变长期以来我国建材工业存在的高投入、高污染、低效益的粗放式生产方式，是21世纪我国建材工业的战略目标。

微课：绿色建材

1. 定义

绿色建材(Green Materials)也称为环保建材或生态建材，其主要功能在于保护人体健康与环境资源，相比于普通建筑材料，绿色建材对原料利用、生产过程、施工过程、使用过程、废弃物处理五个过程进行评价，以确保满足功能要求。绿色建材是指采用清洁生产技术，少用天然资源和能源，大量使用工业或城市固态废物生产的无毒害、无污染、无放射性、有利于环境保护和人体健康的建筑材料。

2. 特点

(1)建筑材料生产过程能耗较低，不会产生新的污染源；

(2)尽量使用废弃物回收利用加工而成的再生资源，少使用天然资源；

(3)使用高效率能源与性能优异的材料以降低能耗；

(4)材料多功能化，如除菌、除臭、隔声阻热等，确保产品有益于人体健康，改进生活环境。

3. 种类

(1)绿色高性能混凝土。绿色高性能混凝土(Green High Performance Concrete, GHPC)是一种既具有高性能、高耐久性和高强度，又能够保护环境、节约能源并有益于人体健康的新型混凝土。

(2)绿色墙体材料。为了保护耕地，我国城市已经禁止黏土砖的使用，而作为替代材料，国家在大力发展煤矸石砖、粉煤灰砖等砖制品的同时，还发展了混凝土砌块、陶粒粉煤灰空心砌块等砌块材料，这些新型墙材给环境造成的负担都较小。

（3）绿色涂料。绿色涂料的主要特征是不对生态环境造成危害，同时不会对人类健康造成负面影响，这种涂料不含有机溶剂与重金属盐，也不产生有机挥发物。

（4）相变储能建筑材料。相变储能材料在发生相变的过程中会随着环境温度的变化吸收或放出热能，从而达到控制环境温度变化的效果，利用这种材料构筑建筑围护结构，能使建筑供暖或空调能耗降低，减小空气处理设备容量，同时可使空调或供暖系统利用夜间廉价电运行，降低其运行费用。

工程案例

上海世博会世博中心

2010年上海世博会世博中心（图1-3）是"绿色建筑"的典范。上海世博会世博中心采用了大量新型环保、节能材料取代大理石、花岗石等传统大型建筑使用的材料。例如，外墙以玻璃结合铝板、陶板、石材等形成不同的组合幕墙，采用低辐射中空玻璃等新一代产品，形成了呼吸式玻璃幕墙系统，实现了艺术与技术的有机

图1-3 上海世博会世博中心

结合与完美统一。上海世博会世博中心的"绿色建筑"还体现在对能源和水的消耗、室内空气质量、可再生材料的使用等方面，整个建筑使用太阳能、LED照明、冰蓄冷系统、雨水收集等新技术，并按国际绿色建筑的标准建成"绿色"建筑。设计方案按照减量化（Reduce）、再利用（Reuse）、再循环（Recycle）的3R原则，统筹安排资源和能源的节约、回收和再利用，减少对资源和能源的消耗，减少污染物的排放量，尽量减少建筑对环境的影响，这些都是建筑的功能要求和建材产品的未来发展方向。

≫ 任务二　掌握建筑材料的技术标准

建筑材料的技术标准是生产、流通和使用单位检验、确定产品质量是否合格的技术文件。为了保证材料的质量并对材料进行现代化生产和科学管理，必须对材料产品的技术要求制定统一的执行标准。其内容主要包括产品规格、分类、技术要求、检验方法、验收规则、包装及标志、运输和储存注意事项等方面。

微课：建筑材料的
技术标准

世界各国对材料的标准化都很重视，均制定了各自的标准。如我国的国家标准"GB"和"GB/T"、美国的材料试验协会标准"ASTM"、英国标准"BS"、德国工业标准"DIN"、日本工业标准"JIS"等。另外，还有在世界范围统一使用的国际标准"ISO"。

目前，我国常用的标准主要有国家级、行业（或部）级、地方级和企业级四类，它们分别由相应的标准化管理部门批准并颁布。各级标准相应的代号如下。

（1）国家标准（代号 GB、GB/T）。

1）GB——国家强制性标准，全国必须执行，产品的技术指标都不得低于标准中规定的要求。

2）GB/T——国家推荐性标准。

（2）行业（或部）标准。如建筑工程行业标准（代号 JG）、建材行业标准（代号 JC）、冶金行业标准（代号 YB）、交通行业标准（代号 JT）等。

（3）地方标准（代号 DB）。

（4）企业标准（代号 QB）。

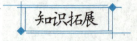

标准的一般表示方法是由标准名称、部门代号、标准编号和颁布年份等组成的。例如，2023 年制定的国家强制性 175 号通用硅酸盐水泥的标准为《通用硅酸盐水泥》（GB 175—2023）；2021 年制定的国家推荐性 228 号金属材料拉伸试验标准为《金属材料 拉伸试验 第 1 部分：室温试验方法》（GB/T 228.1—2021）；建设部 2011 年制定的 55 号行业标准为《普通混凝土配合比设计规程》（JGJ 55—2011）。

任务三　了解课程的学习任务及方法

本课程的学习任务是通过学习获得建筑材料的基础知识，掌握建筑材料的性能和应用及其试验检测技能，以便在今后的工作实践中能正确选择与合理使用建筑材料，也为进一步学习其他有关课程打下基础。

本课程的学习方法如下。

（1）建筑材料的种类繁多，各类材料的知识既有联系又有很强的独立性。本课程涉及化学、物理、应用等方面的基本知识，因此要掌握好各门学科之间的关系。

（2）在理论学习方面，要重点掌握材料的生产、组成构造和外界环境对材料性质、应用的影响，各种材料都应遵循这一主线来学习。

（3）建筑材料是一门应用技术学科，特别要注意实践和认知环节的学习。要注意将所学的理论知识落实在材料的检测、验收、选用等实践操作技能上。在理论学习的同时，要在教师的指导下，随时到工地或试验室穿插进行材料的认知实习，并完成课程所要求的建筑材料试验，高质量地完成该门课程的学习。

（4）及时了解国内外新材料、新技术、新工艺的现状和发展动向。

建筑材料学习的主线如图 1-4 所示。

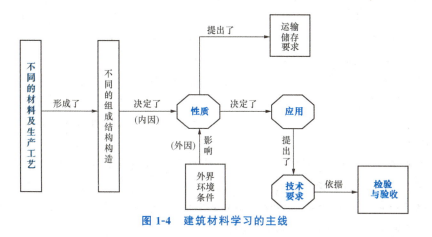

微课：如何学习
建筑材料

图1-4 建筑材料学习的主线

建筑材料检测行业岗位职责和职业道德

一、检测人员岗位职责

(1)遵守《中华人民共和国建筑法》《中华人民共和国计量法》《建设工程管理条例》等国家有关法律法规，依法办事，严格执行《质量手册》的规定，为客户提供科学、公正、准确、满意的服务。

(2)检测工作必须严格遵守工作程序，严肃执行有关技术标准、规范，不得违规操作或伪造数据。

(3)在授权范围内正确使用仪器设备，并负责使用设备的日常维护和保养，有权拒绝使用未经检定合格的设备。

(4)在规定的时间内完成检测任务，未经客户同意，不得超出规定的期限。

(5)积极配合能力验证、设备的期间核查等各项技术活动。

(6)不参与任何有损检测工作判断独立性和诚实性的活动，抵制各种干预、干扰，自觉反映和举报检测工作中弄虚作假、违反公正性的现象；对客户的技术资料、商业机密负有保密责任，不利用客户的技术资料从事技术开发和技术服务。

(7)自觉参加培训，不断更新专业知识，提高检测技术水平，了解本专业的现状和发展趋势，适应检测工作的需要。

以上规定，各检测人员应自觉执行，如有违反，将予以警告、记过、开除等相应处分；如上述行为涉及弄虚作假，伪造数据，提供假报告等行为，给客户或公司造成经济、声誉等严重损失的，保留向司法部门申诉，依据《中华人民共和国刑法》第一百六十八条、《中华人民共和国刑法修正案》第二条等相关法律法规追究其经济法律责任的权利。

二、检测人员职业道德

(1)科学检测、公正公平。遵循科学求实原则开展检测工作，检测行为要公正公平，检测数据要真实可靠。

(2)程序规范、保质保量。严格按检测标准、规范、操作规程进行检测，检测资料齐全，检测结论规范，保证每个检测工作过程的质量。

(3)遵章守纪、尽职尽责。遵守国家法律法规和本单位规章制度，认真履行岗位职责；不在检测工作相关的机构兼职。

（4）热情服务、维护权益。树立为社会服务意识，维护委托方的合法权益，对委托方提供的样品、文件和检测数据应按规定严格保密。

（5）坚持原则、刚直清正。坚持真理，实事求是；不做假试验，不出假报告；敢于揭露、举报各种违法违规行为。

（6）顾全大局、团结协作。树立全局观念，团结协作，维护集体荣誉；谦虚谨慎，尊重同志，协调好各方面关系。

（7）勤奋工作、爱岗敬业。热爱检测工作，有强烈的事业心和高度的社会责任感，工作有条不紊，处事认真负责，恪尽职守，踏实勤恳。

（8）廉洁自律、杜绝舞弊。自尊自爱；不参加可能影响检测公正的宴请和娱乐活动；不进行违规检测；不接受委托人的礼品、礼金和各种有价证券；杜绝吃、拿、卡、要现象。

土木名人录

詹天佑

詹天佑是中国首位铁路总工程师，著有《铁路名词表》《京张铁路工程纪略》《华英工学词汇》等，他勉励青年"精研学术，以资发明"。作为青年工程技术人员，如何继承和发扬詹天佑精神？

詹天佑

小结

建筑材料是指用于建筑物各个部位的各种构件和结构体的所有材料的总称，是建筑物与构筑物的重要物质基础。建筑材料正向轻质、高强、多功能、绿色环保等方向发展。建筑材料的技术标准有国家级、行业（或部）级、地方级和企业级四类，是生产、流通和使用单位检验、确定产品质量是否合格的重要技术文件。

项目二　建筑材料基本性能检测与应用

情境描述 >>>

　　建筑材料的性能、种类、规格及合理使用，是影响工程的强度、耐久、美观等工程质量的一个重要因素。若材料选择、使用不当，轻则达不到预期效果，重则导致工程质量降低，甚至造成工程事故。所以，掌握建筑材料基本性能及检测是从事工程建设各类技术人员的基本要求。建筑材料基本性能检测与应用贯穿于建筑物和构筑物建设及使用的全寿命周期。例如：

　　1. 用于建筑结构的材料要受到各种外力的作用，因此，选用的材料应具有所需要的力学性能。

　　2. 根据建筑物各种不同部位的使用要求，有些材料应具有防水、绝热、吸声等性能；某些工业建筑要求材料具有耐热、耐腐蚀等性能。

　　3. 对于长期暴露在大气中的材料，要求能经受风吹、日晒、雨淋、冰冻而引起的温度变化、湿度变化及反复冻融等的破坏作用。

任务发布 >>>

　　1. 检测建筑砂石的表观密度与堆积密度，并对试验数据进行分析处理。

　　2. 归纳整理混凝土、水泥、钢材等常用材料的基本性能指标及规范要求。

　　3. 收集常用建筑材料的耐久性退化案例。

学习目标 >>>

　　本项目重点介绍建筑材料的性质、检验方法、技术标准，通过学习要达到如下知识目标、能力目标及素养目标。

　　知识目标：掌握材料的物理和力学性质及耐久性的相关概念、技术性质及影响因素；理解材料性质之间的相互影响。

　　能力目标：能熟练检测材料的各种性质，并结合工程所处环境条件合理选择材料品种。

　　素养目标：通过建筑材料基本性能检测标准及试验室6S管理的介绍，培养学生规范、严谨的工匠精神及团队协作的精神。

任务一　建筑材料的物理性能与应用

一、密度、表观密度和堆积密度

1. 材料的密度 ρ

材料的密度是指材料在绝对密实状态下单位体积的质量。其计算公式为

$$\rho = \frac{m}{V} \tag{2-1}$$

式中　ρ——材料的密度（g/cm^3）；

m——材料在干燥状态下的质量（g）；

V——材料在绝对密实状态下的体积（cm^3）。

材料在绝对密实状态下的体积是指不包含材料内部孔隙的实体体积。除钢材、玻璃、沥青等少数材料外，多数材料在自然状态下均含有一些孔隙。在测定有孔隙材料的密度时，先将材料磨成细粉，烘干至恒重，然后用李氏瓶测得其实体体积，用式（2-1）计算得到密度值。材料磨得越细，测得的体积越真实，得到的密度值也越精确。

微课：材料的密度

2. 材料的表观密度 ρ₀

材料的表观密度是指材料在自然状态下单位体积的质量。其计算公式为

$$\rho_0 = \frac{m}{V_0} \tag{2-2}$$

式中　ρ_0——材料的表观密度（kg/m^3）；

m——材料的质量（kg）；

V_0——材料在自然状态下的体积（m^3）。

材料在自然状态下的体积是指包括实体和内部孔隙的外观几何形状的体积。对于形状规则的材料，可直接测量其体积；对于形状不规则的材料，为防止液体由空隙进入材料内部而影响测量值，应在表面封蜡，然后用排液法测量体积；对于混凝土用砂石骨料，直接用排液法测量体积，此时的体积是实体积与闭口孔隙体积之和，近似代替自然状态下的体积。

材料的含水状态变化时，其质量和体积均发生变化。通常表观密度是指材料在干燥状态下的表观密度，其他含水情况应注明。

3. 材料的堆积密度 ρ₀′

材料的堆积密度是指粒状或粉状材料在堆积状态下单位体积的质量。其计算公式为

$$\rho_0' = \frac{m}{V_0'} \tag{2-3}$$

式中　ρ_0'——材料的堆积密度（kg/m^3）；

m——材料的质量（kg）；

V_0'——材料在堆积状态下的体积（m^3）。

测定散粒材料的堆积密度时，材料的质量是指填充在一定容器内的材料质量，其堆

积体积是指所用容器的容积。因此，材料的堆积体积包含了颗粒之间的空隙体积。

散粒材料的堆积体积会因堆放的疏松状态不同而异，必须在规定的装填方法下取值。因此，堆积密度又有松散堆积密度和紧密堆积密度之分。

常见的建筑材料密度见表2-1。

表 2-1　常见的建筑材料密度

材料	密度/(g·cm^{-3})	表观密度/(kg·m^{-3})	堆积密度/(kg·m^{-3})
石灰岩	2.60	1 800～2 600	—
花岗石	2.80	2 500～2 900	—
碎石	2.60	—	1 400～1 700
砂	2.60	—	1 400～1 650
黏土	2.60	—	1 600～1 800
烧结普通砖	2.50	1 600～1 800	—
水泥	3.10	—	1 200～1 300
普通混凝土	—	2 100～2 600	—
木材	1.55	400～800	—
钢材	7.85	7 850	—

二、孔隙率与密实度

1. 材料的孔隙率 P

大多数建筑材料的内部都含有孔隙，这些孔隙会对材料的性能产生不同程度的影响。材料中含有孔隙的多少常用孔隙率表征。孔隙率是指材料内部孔隙体积占自然状态下的材料总体积的百分率。其计算公式为

$$P = \frac{V_0 - V}{V_0} \times 100\% = \left(1 - \frac{\rho_0}{\rho}\right) \times 100\% \tag{2-4}$$

2. 材料的密实度 D

材料的密实度是指材料内部固体物质的实体积占自然状态下的材料总体积的百分率。其计算公式为

$$D = \frac{V}{V_0} \times 100\% = \frac{\rho_0}{\rho} \times 100\% = 1 - P \tag{2-5}$$

孔隙率和密实度反映了材料的致密程度，孔隙率的大小及孔隙特征（包括孔隙大小、是否连通、分布情况等）对材料的性质影响很大。一般来说，同一种材料孔隙率越小，连通孔隙越少，其强度越高，吸水性越小，抗渗性和抗冻性越好，但其导热性越大。

微课：气凝胶—
极致孔隙率

三、空隙率与填充率

1. 材料的空隙率 P'

散粒材料颗粒之间的空隙多少常用空隙率表示。材料的空隙率是指散粒材料颗粒之间的空隙体积（$V_s = V'_0 - V_0$）占堆积体积的百分率。其计算公式为

$$P' = \frac{V'_0 - V_0}{V'_0} \times 100\% = \left(1 - \frac{\rho'_0}{\rho_0}\right) \times 100\% \qquad (2\text{-}6)$$

空隙率的大小反映了散粒材料颗粒互相填充的致密程度。空隙率可作为控制混凝土骨料级配与计算含砂率的依据。

2. 材料的填充率 D'

与空隙率相对应的是填充率，即颗粒的自然状态体积占堆积体积的百分率。其计算公式为

$$D' = \frac{V_0}{V'_0} \times 100\% = \frac{\rho'_0}{\rho_0} \times 100\% = 1 - P' \qquad (2\text{-}7)$$

综上所述，含孔材料的体积组成如图 2-1 所示，散粒状材料的体积组成如图 2-2 所示。

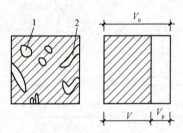

图 2-1　含孔材料的体积组成示意

1—闭孔；2—开孔

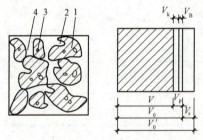

图 2-2　散粒状材料的体积组成示意

1—颗粒中的固体物质；2—颗粒中的开口孔隙；

3—颗粒的闭口孔隙；4—颗粒之间的空隙

注：开口孔的孔体积记为 V_k，闭口孔的孔体积记为 V_B，则孔隙体积之和 $V_p = V_k + V_B$，颗粒间空隙体积记为 V_s。

四、材料与水有关的性质

1. 材料的亲水性与憎水性

当固体材料与水接触时，由于水分与材料表面之间的相互作用不同会产生如图 2-3（a）、（b）所示的两种情况。图中在材料、水、空气的三相交叉点处沿水滴表面作切线，此切线与材料和水接触面的夹角 θ 称为润湿边角。一般认为，当 $\theta \leqslant 90°$ 时，材料能被水润湿

微课：材料与水有关的性质

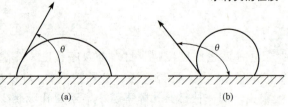

图 2-3　材料润湿示意

（a）亲水性材料；（b）憎水性材料

而表现出亲水性，这种材料称为亲水性材料；当 $\theta > 90°$ 时，材料不能被水润湿而表现出憎水性，这种材料称为憎水性材料。由此可见，润湿边角越小，材料亲水性越强，越易被水润湿。当 $\theta = 0°$ 时，表示该材料完全被水润湿。大多数建筑材料，如砖、木、混凝土等均属于亲水性材料；沥青、橡胶、塑料等则属于憎水性材料。

2. 材料的含水状态

亲水性材料的含水状态可分为以下四种基本状态，如图 2-4 所示。

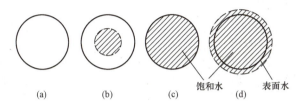

知识储备：吸水率等参数对泡沫混凝土的影响

图 2-4　材料的含水状态
(a)干燥状态；(b)气干状态；(c)饱和面干状态；(d)湿润状态

(1)干燥状态——材料的孔隙中不含水或含水极微。

(2)气干状态——材料的孔隙中所含水与大气湿度相平衡。

(3)饱和面干状态——材料表面干燥，而孔隙中充满水达到饱和。

(4)湿润状态——材料不仅孔隙中含水饱和而且表面上被水润湿附有一层水膜。

除上述四种基本含水状态外，材料还可以处于两种基本状态之间的过渡状态。

3. 材料的吸水性与吸湿性

(1)材料的吸水性。材料的吸水性是指材料与水接触吸收水分的性质。材料的吸水性用吸水率表示，它有以下两个定义。

1)质量吸水率。质量吸水率是指材料吸水饱和时，吸收的水分质量占材料干燥质量的百分率。其计算公式为

$$W_m = \frac{m_1 - m}{m} \times 100\% \tag{2-8}$$

式中　W_m——质量吸水率(%)；

　　　m_1——材料在含水状态下的质量(g)；

　　　m——材料在干燥状态下的质量(g)。

2)体积吸水率。体积吸水率是指材料吸水饱和时，所吸水分体积占材料干燥状态时体积的百分率。其计算公式为

$$W_V = \frac{V_水}{V_0} = \frac{m_1 - m}{\rho_水 V_0} \times 100\% \tag{2-9}$$

式中　W_V——体积吸水率(%)；

　　　m_1——材料在含水状态下的质量(kg)；

　　　m——材料在干燥状态下的质量(kg)；

　　　$\rho_水$——水的密度(取 1 000 kg/m³)；

　　　V_0——试件的体积(m³)。

材料的吸水性除取决于所组成的物质外，还与它含有孔隙的多少、孔隙的结构类型紧密相关。一般来说，孔隙率越大，吸水性越强。封闭的孔隙水分不容易渗入；粗大开口的

孔隙,虽然水分很容易进入,但无法存留,只能润湿孔壁,难以吸足水分,所以吸水率不大。孔隙率大,具有微细、连通、开口孔隙的材料,吸水性才是最强的。

各种材料吸水性相差很大,如花岗石等致密岩石的吸水率为0.5%～0.7%,普通混凝土为2%～8%,烧结普通砖为8%～20%,木材或其他轻质材料的吸水率常大于100%。

(2)材料的吸湿性。材料在潮湿环境中吸收水分的性质称为吸湿性。材料的吸湿性用含水率表示,即材料在含水状态下的质量占材料在干燥状态下的质量的百分率。其计算公式为

$$W_h = \frac{m_1 - m}{m} \times 100\% \tag{2-10}$$

式中 W_h——材料的含水率(%);

m_1——材料在含水状态下的质量(g);

m——材料在干燥状态下的质量(g)。

材料与空气湿度达到平衡时的含水率称为平衡含水率。

含湿状态会导致材料性能的多种变化,在实际工程中,已知含水率后,常要求对材料干、湿两种状态下质量进行相互换算,这种换算应该从含水率的定义出发,才能准确熟练地完成。

4. 材料的耐水性

材料长期在水的作用下能维持原有强度的能力称为耐水性。耐水性一般用软化系数表示。其计算公式为

$$K_R = \frac{f_b}{f_g} \tag{2-11}$$

式中 K_R——材料的软化系数;

f_b——材料在吸水饱和状态下的抗压强度(MPa);

f_g——材料在干燥状态下的抗压强度(MPa)。

一般材料吸水后强度均会有所降低。材料的软化系数 K_R 为0～1,K_R 越接近1,说明该材料耐水性越好。工程中,将 $K_R \geqslant 0.85$ 的材料称为耐水材料。长期处于水中或潮湿环境中的重要结构所用材料必须保证 $K_R \geqslant 0.85$,用于受潮较轻或次要结构的 K_R 也不宜小于0.75。

5. 材料的抗渗性

材料的抗渗性是指其抵抗压力水渗透的性质。抗渗性用渗透系数表示。渗透系数按照达西定律以式(2-12)表示:

$$K = \frac{Qd}{AtH} \tag{2-12}$$

式中 K——材料的渗透系数(cm/s);

Q——渗水量(cm³);

d——试件的厚度(cm);

A——渗水的面积(cm²);

t——渗水的时间(s);

H——静水压力水头(cm)。

渗透系数 K 反映水在材料中流动的速度。K 值越大,说明水在材料中流动的速度越快,其抗渗性能越差。

材料的抗渗性能也可用抗渗等级来表示，抗渗等级用材料抵抗最大水压力来表示，如 P6、P8、P10、P12 等，分别表示材料可抵抗 0.6 MPa、0.8 MPa、1.0 MPa 和 1.2 MPa 的水压力而不渗水。

材料的抗渗性不仅与材料本身的亲水性和憎水性有关，而且还与孔隙率及孔隙特征有关。材料的孔隙率越小且封闭孔隙越多，其抗渗性能越强。地下建筑、水工建筑和防水工程所用的材料均要求有足够的抗渗性，应根据所处环境的最大水力梯度提出不同的抗渗指标。

6. 材料的抗冻性

材料的抗冻性是指材料在吸水饱和状态下，经受多次冻融循环作用而不被破坏，其强度也不显著降低的性质。

材料的抗冻性用抗冻等级来表示。抗冻等级是以规定的吸水饱和试件在标准试验条件下，经一定次数的冻融循环后，强度降低不超过 25%，质量损失不超过 5%，则此冻融循环次数即抗冻等级，用 F50、F100、F150 等表示，分别表示抵抗 50 次、100 次、150 次冻融循环，而未超过规定的损失程度。冻融循环次数越多，抗冻等级越高，抗冻性能越好。

对于冻融的温度和时间，循环次数，冻后损失的项目和程度，不同的材料均有各自的具体规定。

材料遭受冻结破坏，主要是由于浸入其孔隙的水结冰后体积膨胀，对孔壁产生的应力所致。另外，冻融时的温差应力也产生破坏作用。抗冻性良好的材料，其耐水性、抗温度或干湿交替变化能力、抗风化能力等也强。因此，抗冻性也是评价材料耐久性能的一个重要指标。

五、材料的热工性质

1. 材料的导热性

材料的导热性是指材料两侧有温差时热量由高温侧向低温侧传递的能力，常用导热系数 λ 表示。其计算公式为

$$\lambda = \frac{Qd}{(T_2 - T_1)At} \qquad (2-13)$$

式中　λ——材料的导热系数[W/(m·K)]；

　　　Q——传导热量(J)；

　　　d——材料厚度(m)；

　　　A——材料的传热面积(m^2)；

　　　t——传热时间(s)；

　　　$T_2 - T_1$——材料两侧的温度差(K)。

材料的导热系数越小，其保温隔热性能越好。

影响材料导热系数的因素主要有以下几个方面：

(1)材料的组成与结构。一般来说，金属材料、无机材料、晶体材料的导热系数分别大于非金属材料、有机材料、非晶体材料。

(2)孔隙率越大即材料越轻，导热系数越小。细小孔隙、闭口孔隙比粗大孔隙、开

口孔隙对减小导热系数更为有利，因为避免了对流传热。

(3)含水或含冰时，会使导热系数急剧增加。

(4)温度越高，导热系数越大(金属材料除外)。

保温材料在存放、施工、使用过程中，需保证其为干燥状态。

2. 材料的热容量

材料的热容量是指材料在温度变化时吸收或放出热量的能力。其计算公式为

$$Q = mc(T_2 - T_1)$$

或

$$c = \frac{Q}{m(T_2 - T_1)} \tag{2-14}$$

式中　Q——材料吸收或放出的热量(J)；

m——材料的质量(g)；

c——材料的比热[J/(g·K)]；

$T_2 - T_1$——材料受热或冷却前后的温度差(K)。

比热 c 是指单位质量的材料升高单位温度时所需的热量。材料的比热越大，说明这种材料对保证室内温度的相对稳定越有利。

3. 材料的热变形性

材料的热变形性是指材料在温度变化时的尺寸变化，除个别情况如水结冰外，一般材料均符合热胀冷缩这一自然规律。材料的热变形性常用线膨胀系数表示。其计算公式为

$$\alpha = \frac{\Delta L}{L(T_2 - T_1)} \tag{2-15}$$

式中　α——材料的线膨胀系数(K^{-1})；

ΔL——试件的膨胀值或收缩值(mm)；

L——试件在升温或降温前的长度(mm)；

$T_2 - T_1$——温度差(K)。

材料的线膨胀系数 α 越大，表明材料的热变形性越大。材料的热变形性对于土木工程是非常不利的，总体上要求材料的热变形不要太大，在有保温隔热要求的工程中应尽量选用热容量(或比热)大、导热系数小的材料。例如，在大面积混凝土屋面工程中，当热变形产生的膨胀拉应力超过混凝土的抗拉强度时会引起温度裂缝。因此，为防止热变形引起裂缝，混凝土屋面必须设置伸缩缝。

》》》任务二　建筑材料的力学性能与应用

微课：材料的
力学性质

　　力学性质是材料在外力(荷载)作用下抵抗破坏和变形的能力。除通过测定材料静态的压、拉、弯、剪等试验来反映材料的力学性质外，还可以通过磨耗、磨光、冲击等经验指标来反映其性能。随着科技的发展，研究人员将进一步研究材料在不同温度和时间条件下力学性能的变化，目前已采用一些动态试验方法来测定材料的动态模量、疲劳强度等指标。

一、强度与强度等级

1. 材料的强度

材料的强度是指材料在外力(荷载)作用下破坏时能承受的最大应力。由于外力作用的形式不同,破坏时的应力形式也不同。工程中最基本的外力作用如图2-5所示,相应的强度分别为抗压强度、抗拉强度、抗弯强度和抗剪强度。

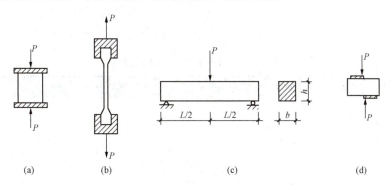

图 2-5　材料所受外力示意
(a)受压力;(b)受拉力;(c)受弯曲力;(d)受剪切力

材料的抗拉强度、抗压强度、抗剪强度,可用式 2-16 计算:

$$f=\frac{P}{A} \tag{2-16}$$

式中　f——材料的抗拉(或抗压或抗剪)强度(MPa);

　　　P——材料破坏时的最大荷载(N);

　　　A——受力面积(mm^2)。

材料的抗弯试验一般采用矩形截面试件,在试件跨中作用一集中荷载,其抗弯强度可用式(2-17)计算:

$$f=\frac{3PL}{2bh^2} \tag{2-17}$$

式中　f——试件的抗弯强度(MPa);

　　　P——试件破坏时的最大荷载(N);

　　　L——试件两支点之间的距离,即跨度(mm);

　　　b——试件截面的宽度(mm);

　　　h——试件截面的高度(mm)。

影响材料实际强度的因素主要有以下两个方面。

(1)材料的内部因素(组成、结构)是影响材料强度的主要因素。

(2)测试条件是影响材料强度的另一因素。

当加荷速度较快时,由于变形落后于荷载的增长,故测得的强度值偏高;而加荷速度较慢时,测得的强度值偏低;当受压试件与加压钢板之间无润滑作用时(如未涂石蜡等润滑物时),加压钢板对试件两个端部的横向约束抑制了试件的开裂,因而测得的强度值偏高;试件越小,上述约束作用越大,且含有缺陷的概率越小,故测得的强度值偏高;受压试件以立方体形状测定的值高于棱柱体试件测定的值;一般温度较高时,测得的强度值偏低。为了使试验结果比较准确且具有可比性，国家规定了各种材料强度的标准试验方法。在测定材料强度时，必须严格按照规定的标准方法进行。

2. 材料的强度等级、比强度

大多数材料可根据其极限强度的大小划分为若干个不同等级，称为材料的强度等级。脆性材料如混凝土、水泥、石材等，主要根据其抗压强度来划分等级；塑性材料如钢材等，主要根据其抗拉强度来划分等级。

不同强度的材料进行比较，可采用比强度指标。比强度等于材料的强度与其表观密度之比。比强度是评价材料是否轻质高强的指标。几种主要材料的比强度值见表2-2。

表2-2　几种主要材料的比强度值

材料	表观密度/$(kg \cdot m^{-3})$	强度/MPa	比强度
普通混凝土	2 400	40	0.017
低碳钢	7 850	420	0.054
松木(顺纹抗拉)	500	100	0.200
烧结普通砖	1 700	10	0.006
铝材	2 700	170	0.063
铝合金	2 800	450	0.160
玻璃钢	2 000	450	0.225

二、弹性与塑性

材料在外力作用下产生变形，当去除外力后，材料能完全恢复原来形状的性质称为弹性，这种可恢复的变形称为弹性变形；当去除外力后，材料仍保持变形后的形状和尺寸，且不产生裂缝的性质，称为塑性，这种不可恢复的变形称为塑性变形。

实际上，在建筑材料中，单纯的弹性材料是没有的。有些材料在受力不大的情况下，表现为弹性变形，但受力超过一定限度后，则表现为塑性变形，如建筑钢材中的低碳钢。有些材料如混凝土，在受力时弹性变形和塑性变形同时产生，当外力取消后，弹性变形消失，而塑性变形保留。

三、脆性与韧性

材料在外力作用下，无明显塑性变形而突然破坏的性质称为脆性。具有这种性质的材料称为脆性材料。大部分无机非金属材料均属于脆性材料，如混凝土、石材、铸铁等。

材料在冲击或振动荷载作用下，能吸收较大的能量，产生一定的变形而不被破坏的性质称为韧性或冲击韧性。常见的韧性材料有建筑钢材、木材、橡胶等。对于承受冲击和振动荷载的结构构件应选用具有较高韧性的材料。

四、硬度与耐磨性

硬度是材料表面能抵抗其他较硬物体压入或刻划的能力。不同材料的硬度测定方法不同。

按划痕法，矿物硬度可分为10级(莫氏硬度)。其硬度递增的顺序依次为滑石、石膏、方解石、萤石、磷灰石、正长石、石英、黄玉、刚玉、金刚石。木材、混凝土、钢材等的硬度常用钢球压入法测定(布氏硬度 HB)。一般来说，硬度大的材料耐磨性较强，但不易加工。

耐磨性是指材料表面抵抗磨损的能力。材料的耐磨性与材料的组成成分、结构、强度、硬度等有关。在建筑工程中，用于踏步、台阶、地面等部位的材料，应具有较好的耐磨性。一般来说，强度越高、越密实的材料，其硬度较大，耐磨性也较好。

>>> 任务三　建筑材料的耐久性与应用

材料在环境中使用，除受荷载作用外，还会受周围各种自然因素的影响，如物理、化学及生物等方面的作用。

材料在使用过程中，在各种环境介质的长期作用下，保持其原有性质的能力称为材料的耐久性。材料的组成、结构、性质和用途不同，对耐久性的要求也不同。耐久性一般包括材料的抗渗性、抗冻性、耐腐蚀性、抗老化性、耐溶蚀性、耐光性、耐热性等指标。

微课：材料的
耐久性

不同材料所要求保持的主要性质也不同，如对于结构材料，主要要求强度不显著降低；对装饰材料则主要要求颜色、光泽等不发生显著变化等。

金属材料常由化学和电化学作用引起腐蚀与破坏；无机非金属材料常由化学作用、溶解、冻融、风蚀、温差、湿差、摩擦等因素中的某些因素单个或综合作用而引起破坏；有机材料常由生物(细菌、昆虫等)作用，溶蚀，化学腐蚀，光、热、大气等的作用而引起破坏。

为了提高材料的耐久性，可采取提高材料本身对外界作用的抵抗能力、对主体材料施加保护层、减轻环境条件对材料的破坏作用等措施。

典型案例：揭秘港珠澳大桥中的
超级材料——耐候钢

港珠澳大桥地处高温高湿的海洋气候环境，对金属材料防腐蚀性能要极高，中国工程人员是如何提高钢材防腐性能的呢？

>>> 任务四　建筑材料基本性能检测

一、表观密度试验

1. 试验目的

表观密度试验的目的是测定几何形状规则材料的表观密度。

2. 试验仪器与工具

(1)天平：感量为 0.1 g。

微课：砂石的表观
密度试验

（2）游标卡尺：精度 0.1 mm。

（3）烘箱：能控温在 $(105\pm5)℃$。

（4）其他仪器：干燥器、漏斗、直尺、搪瓷盘等。

知识储备：
实验室 6S 管理

3. 试验步骤

（1）对几何形状规则的材料试样，将其放入 $(105\pm5)℃$ 烘箱中烘干至恒重，取出置入干燥器中冷却至室温。

（2）用卡尺量出试样尺寸（每边测 3 次，取平均值），并计算出体积 $V_0(cm^3)$，再称出试样质量 $m(g)$。

4. 计算

规则形状材料的表观密度按式(2-18)计算，以 5 次试验结果的算术平均值作为最后结果，精确至 $10\ kg/m^3$。

$$\rho_0 = \frac{1\ 000m}{V_0} \tag{2-18}$$

式中　ρ_0——材料的表观密度(kg/m^3)；

　　　m——材料质量(kg)；

　　　V_0——材料表观体积(m^3)。

二、砂的松散堆积密度及紧密堆积密度试验

1. 试验目的

本试验的目的是测定砂在自然状态下的松散堆积密度、紧密堆积密度及空隙率。

2. 试验仪器与工具

（1）天平：量程为 10 kg，感量为 1 g。

（2）容量筒：金属制，圆筒形，内径为 108 mm，净高为 109 mm，筒壁厚为 2 mm，筒底厚为 5 mm，容积约为 1 L。

（3）垫棒：直径为 10 mm、长为 500 mm 的圆钢。

（4）烘箱：控温在 $(105\pm5)℃$。

（5）方孔筛：孔径为 4.75 mm 的筛一只。

（6）其他工具：小勺、漏斗、直尺、浅盘、毛刷等。

微课：砂石的堆积
密度试验

3. 试验准备

（1）试样准备：用浅盘装试样约 3 L，在温度为 $(105\pm5)℃$ 的烘箱中烘干至恒重，取出并冷却至室温，筛除大于 4.75 mm 的颗粒，分成大致相等的两份备用。

（2）容量筒容积的校正方法：以温度为 $(20\pm5)℃$ 的洁净水装满容量筒，用玻璃板沿筒口滑移，使其紧贴水面，玻璃板与水面之间不得有空隙。擦干筒外壁水分，然后称量，用式(2-19)计算容量筒的容积 V。

$$V = m_2' - m_1' \tag{2-19}$$

式中　V——容量筒的容积(mL)；

　　　m_1'——容量筒和玻璃板的总质量(g)；

　　　m_2'——容量筒、玻璃板和水的总质量(g)。

4. 试验步骤

(1)称容量筒质量 m_1，精确至 1 g。

(2)松散堆积密度：将试样装入漏斗中，打开底部的活动门，将砂流入容量筒中，也可直接用小勺向容量筒中装试样，但漏斗出料口或料勺距离容量筒筒口均应为 50 mm 左右，试样装满并超出容量筒筒口后，用直尺将多余的试样沿筒口中心线向两个相反方向刮平，称质量 m_2，精确至 1 g。

(3)紧密堆积密度：取试样 1 份，分两层装入容量筒。装完第一层后，在筒底垫放一根直径为 10 mm 的圆钢，将筒按住，左右交替颠击地面各 25 下，然后装入第二层。

第二层装满后用同样方法颠实(但筒底所垫钢筋的方向应与第一层放置方向垂直)。两层装完并颠实后，添加试样超出容量筒筒口，然后用直尺将多余的试样沿筒口中心线向两个相反方向刮平，称质量 m_2，精确至 1 g。

5. 计算

(1)松散堆积密度或紧密堆积密度按式(2-20)计算，精确至 10 kg/m³。

$$\rho'_{0(L,C)}=\frac{m_2-m_1}{V}\times 1\,000 \tag{2-20}$$

式中　$\rho'_{0(L,C)}$——砂的松散堆积密度或紧密堆积密度(kg/m³)；

　　　m_1——容量筒的质量(kg)；

　　　m_2——容量筒和砂的总质量(kg)；

　　　V——容量筒的容积(L)。

(2)砂的空隙率按式(2-21)计算，精确至 1%。

$$P'=\left(1-\frac{\rho'_{0(L,C)}}{\rho_0}\right)\times 100\% \tag{2-21}$$

式中　P'——砂的空隙率(%)；

　　　$\rho'_{0(L,C)}$——砂的松散堆积密度或紧密堆积密度(kg/m³)；

　　　ρ_0——砂的表观密度(kg/m³)。

知识储备：检测
不等于检验

6. 试验报告

试验报告以两次试验结果的算术平均值作为测定值。

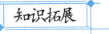

知识拓展

数值修约规则

试验数据和计算结果都有一定的精度要求，对精度范围以外的数字，应按《数值修约规则与极限数值的表示和判定》(GB/T 8170—2008)进行修约。简单概括为"四舍六入五考虑，五后非零应进一，五后皆零视奇偶，五前为偶应舍去，五前为奇则进一。"

微课：数值修约规则

(1)在拟舍弃的数字中，保留数后边(右边)第一个数字小于 5 (不包括 5)时，则舍去，即保留数的末位数字不变。

例如：将 14.243 2 修约到保留一位小数。

修约前 14.243 2，修约后为 14.2。

(2)在拟舍弃的数字中保留数后边(右边)第一个数字大于 5 (不包括 5)时，则进一，即保留数的末位数字加一。

例如：将 26.484 3 修约到保留一位小数。

修约前 26.484 3，修约后 26.5。

（3）在拟舍弃数字中保留数后边（右边）第一个数字等于 5，5 后边的数字并非全部为零时，则进一，即保留数末位数字加一。

例如：将 1.050 1 修约到保留一位小数。

修约前 1.050 1，修约后 1.1。

（4）在拟舍弃的数字中，保留数后边（右边）第一个数字等于 5，5 后边的数字全部为零时，保留数的末位数字为奇数时则进一，若保留数的末位数字为偶数（包括"0"）时则不进。

例如：将下列数字修约到保留一位小数。

修约前 0.350 0，修约后 0.4

修约前 0.450 0，修约后 0.4

修约前 1.050 0，修约后 1.0

（5）所拟舍弃的数字，若为两位以上数字，不得连续进行多次（包括二次）修约。应根据保留数后边（右边）第一个数字的大小，按上述规定一次修约出结果。

例如：将 15.454 6 修约成整数。

正确的修约是：修约前 15.454 6，修约后 15。

不正确的修约见表 2-3。

表 2-3　不正确的修约

修约前	一次修约	二次修约	三次修约	四次修约（结果）
15.454 6	15.455	15.46	15.5	16

小结

　　建筑物是由各种材料建筑组成的，用于建筑工程的材料总称为建筑材料，它们的性质对建筑物有着重要的影响。建筑材料不仅是建筑工程的物质基础，而且也是决定建筑物工程质量和使用性能的关键因素，所以，合理选择并且正确使用材料至关重要。为保证建筑材料的综合力学强度和稳定性，需掌握的建筑材料的性质有物理性质、力学性质和耐久性等。

自我测评

一、名词解释

1. 表观密度

2. 抗渗性

3. 比强度

4. 硬度

5. 含水率

二、填空题

1. 材料的表观密度是指材料_____的质量。

2. 材料的抗冻性以材料在吸水饱和状态下所能抵抗的_____来表示。

3. 水可以在材料表面展开，即材料表面可以被水润湿，这种性质称为_____。

4. 导热系数_____、比热容_____的材料适合作保温墙体材料。

5. 承受动荷载作用的结构,应考虑材料的_____性。

6. 材料的吸水性用_____表示,吸湿性用_____表示。

7. 材料做抗压强度试验时,大试件测得的强度值偏低,而小试件相反,其原因是_____。

三、选择题

1. 孔隙率增大,材料的(   )降低。

    A. 密度   B. 表观密度

    C. 憎水性   D. 抗冻性

2. 材料在水中吸收水分的性质称为(   )。

    A. 吸水性   B. 吸湿性

    C. 耐水性   D. 渗透性

3. 含水率为10%的湿砂220 g,其中水的质量为(   )g。

    A. 19.8   B. 22

    C. 20   D. 20.2

4. 材料的孔隙率增大时,其(   )保持不变。

    A. 表观密度   B. 堆积密度

    C. 密度   D. 强度

四、是非判断题

1. 某些材料虽然在受力初期表现为弹性,达到一定程度后表现出塑性特征,这类材料称为塑性材料。   (   )

2. 材料吸水饱和状态时水占的体积可视为开口孔隙体积。   (   )

3. 在空气中吸收水分的性质称为材料的吸水性。   (   )

4. 材料的软化系数越大,材料的耐水性越好。   (   )

5. 材料的渗透系数越大,其抗渗性能越好。   (   )

五、计算题

1. 已知普通砖的密度为2.5 g/cm³,表观密度为1 800 kg/m³,试计算该砖的孔隙率和密实度。

2. 已知卵石的表观密度为2.6 g/cm³,把它装入一个2 m³的车厢内,装平车厢时共用3 500 kg。计算该车厢卵石的空隙率。若用堆积密度为1 500 kg/m³的砂子,填入上述车厢内卵石的全部空隙,共需砂子多少千克?

3. 某工程共需要烧结普通砖5万块,用载重量5 t的汽车分两批运完,每批需汽车多少辆?每辆车应装多少砖(砖的表观密度为1 800 kg/m³,每立方米按684块砖计算)?

4. 已测得陶粒混凝土的导热系数为0.35 W/(m·K),普通混凝土的导热系数为1.40 W/(m·K),在传热面积、温差、传热时间均相同的情况下,要与厚为20 cm的陶粒混凝土墙所传导的热量相同,则普通混凝土墙的厚度应为多少?

技能测试

项目三 气硬性胶凝材料检测与应用

情境描述 >>>

石灰、石膏是气硬性胶凝材料的代表，其中石灰主要用于制作石灰砂浆、灰土、三合土及其他新型石灰材料，广泛应用于建筑工程、装饰工程及道路桥梁工程等领域。石膏主要用于制作石膏砂浆、石膏线条、石膏板、石膏砌块等新型建筑材料，广泛应用于建筑工程、装饰工程等领域。本项目为某厂房因为地表水渗入地基从而引起湿陷，需采用挤密灰土桩进行地基加固，主要包含以下环节：

1. 施工技术人员根据设计要求向材料员提出石灰采购意向，并明确石灰品种及等级。
2. 石灰进场后材料员需对石灰进行初步验收。
3. 委托第三方检测机构对石灰性质进行检测。
4. 第三方检测机构按相关标准对石灰性质进行检测，出具检测报告。

任务发布 >>>

1. 了解石灰品种、规格，根据工程要求合理选用石灰。
2. 根据石灰包装类型合理取样。
3. 检测石灰技术性质。
4. 根据检测报告，评定石灰质量。

学习目标 >>>

本项目主要介绍石灰和石膏的凝结硬化过程、质量检验评定指标及水玻璃的技术性能与应用，通过学习要达到如下知识目标、能力目标及素养目标。

知识目标：掌握石灰和石膏的凝结机理及质量检验评定指标。

能力目标：会正确评定和使用石灰、石膏。

素养目标：通过胶凝材料的特性介绍，培养学生构建良好人际关系的能力和集体意识、树立正确的人生观、价值观。

项目导学 >>>

墙面抹灰质量问题及分析

某单位宿舍楼的内墙使用石灰砂浆抹面，数月后墙面上出现了许多不规则的网状裂纹，在个别部位还出现了部分凸出的呈放射状裂纹(图3-1)。

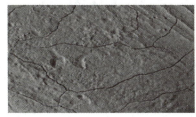

图 3-1 墙面抹灰层裂缝

分析：引发墙面抹灰裂纹的原因很多，最主要的原因是石灰在硬化过程中，蒸发大量的游离水而引起体积收缩。墙面上个别部位出现凸出的呈放射状的裂纹，是由于配制石灰砂浆时所用的石灰中混入了过火石灰，这部分过火石灰在消解、陈伏阶段中未完全熟化，导致砂浆硬化后过火石灰吸收空气中的水蒸气继续熟化，造成体积膨胀出现了裂纹。

凡在一定条件下，通过自身的物理化学作用，从浆体变成坚硬的固体，并能将散粒或块状材料胶结成具有一定强度的整体的材料称为胶凝材料。胶凝材料根据化学成分不同可分为有机胶凝材料（如沥青类、橡胶类等）和无机胶凝材料（如石灰、石膏、水泥等）(图3-2)。

图 3-2 胶凝材料的分类

无机胶凝材料按其硬化条件不同可分为气硬性胶凝材料和水硬性胶凝材料两种。气硬性胶凝材料只能在空气中硬化，保持并发展强度，如石灰、石膏等；水硬性胶凝材料既能在空气中又能在水中硬化，保持并发展强度，典型的代表是各种水泥。

微课：认识胶凝材料

》》 任务一　石灰的性能与应用

石灰是建筑工程中最早使用的气硬性胶凝材料之一，按成品加工方法的不同可分为以下几种。

(1)块状生石灰：由原料煅烧而成的原产品，主要成分为氧化钙。

(2)生石灰粉：由块状生石灰磨细而得到的细粉，其主要成分也为氧化钙。

微课：气硬性凝胶材料——石灰

(3)消石灰：将生石灰用适量的水消化而得到的粉末，也称为熟石灰。其主要成分为氢氧化钙。

(4)石灰膏、石灰浆：将生石灰加多量的水(石灰体积的3～4倍)消化而得的可塑性浆体称为石灰膏。其主要成分为氢氧化钙和水。水量增加一些，形成糊状的浆液称为石灰浆。

一、石灰的生产

将主要成分为碳酸钙和碳酸镁的岩石经高温煅烧(加热至900 ℃以上)，逸出二氧化碳气体，得到的白色或灰白色的块状材料即生石灰。其主要化学成分为氧化钙和氧化镁，反应式如下：

$$CaCO_3 \xrightarrow{900～1\,100\ ℃} CaO + CO_2 \uparrow \tag{3-1}$$

优质的石灰色泽洁白或略带灰色，质量较轻，其堆积密度为800～1 000 kg/m³。石灰在烧制过程中，由于石灰石原料尺寸过大或窑中温度不均等，石灰中含有未烧透的内核，这种石灰即"欠火石灰"。欠火石灰的颜色发青且未消化残渣含量高，有效氧化钙和氧化镁含量低，使用时缺乏黏结力。另外，由于煅烧温度过高，时间过长，石灰表面出现裂缝或玻璃状的外壳，体积收缩明显，颜色呈灰黑色，块体密度大，消化缓慢，这种石灰称为"过火石灰"。过火石灰使用时消解缓慢，甚至用于建筑结构物中仍能继续消化，以致引起体积膨胀，导致灰层表面剥落或产生裂缝等，故危害极大。

二、石灰的消化和硬化

1. 石灰的消化

生石灰在使用前一般都需加水消解，这一过程称为"消化"或"熟化"。消化后的石灰称为"消石灰"或"熟石灰"。其反应式如下：

微课：石灰的陈伏

$$CaO + H_2O \longrightarrow Ca(OH)_2 + 64.8\ kJ/mol \tag{3-2}$$

该化学反应为放热反应，消化过程中体积增大1～2.5倍。石灰消解的理论加水量为石灰质量的32%，但由于消化过程中水分的损失，实际加水量需达到70%以上。在石灰的消解期间应严格控制加水量和加水速度。对消解速度快、活性大的石灰，消解时加水速度要快且水量充足，并加速搅拌，避免已消解的石灰颗粒包围在未消解颗粒周围，使内部石灰不易消解。对消解速度慢的石灰，应用相反措施，使生石灰充分消解，尽量减少未消化颗粒含量。为保证生石灰充分熟化，一般在工地上将块状生石灰放在化灰池内，加水经过两周以上时间的消化，这个过程称为"陈伏"。石灰浆在陈伏期间，其表面应有一层水分，使之与空气隔绝从而防止炭化。

2. 石灰的硬化

石灰的硬化过程包括干燥硬化和碳化硬化两部分。

(1)石灰浆的干燥硬化(结晶作用)。石灰浆在干燥过程中游离水逐渐蒸发或被周围砌体吸收，氢氧化钙从饱和溶液中结晶析出，固体颗粒互相靠拢粘紧，强度也随之提高。其反应式如下：

$$Ca(OH)_2 + nH_2O \xrightarrow{结晶} Ca(OH)_2 \cdot nH_2O \tag{3-3}$$

(2)石灰浆的碳化硬化(碳化作用)。氢氧化钙与空气中的二氧化碳作用生成碳酸钙

典型案例：揭秘万里长城永不倒的奥秘——石灰

万里长城永不倒，千里黄河水滔滔，这激情澎湃的歌声总让我们想起雄伟壮阔的万里长城，究竟是什么让长城屹立千年而不倒呢，让我们在揭开长城那神秘面纱的同时共同领悟石灰不断强化自我，历久弥坚的精神。

晶体。石灰碳化作用只在有水的条件下才能进行，其反应式如下：

$$Ca(OH)_2 + CO_2 + nH_2O \xrightarrow{碳化} CaCO_3 + (n+1)H_2O \tag{3-4}$$

石灰浆体的硬化包括上面两个同时进行的过程，即表层以碳化为主，内部则以干燥硬化为主。纯石灰浆硬化时会发生收缩开裂，所以，工程上常将石灰与砂子配制成石灰砂浆使用。

三、石灰的技术要求和技术标准

1. 技术要求

用于建筑工程的石灰应符合下列技术要求。

(1)有效氧化钙和氧化镁含量。石灰中产生黏结性的有效成分是活性氧化钙和氧化镁。

(2)生石灰产浆量。生石灰产浆量是指单位质量(1 kg)的生石灰经消化后所产石灰浆体的体积(L)。

(3)未消化残渣含量。未消化残渣含量是生石灰消化后，未能消化而存留在 5 mm 圆孔筛上的残渣质量占试样质量的百分率。其含量越多，石灰质量越差，须加以限制。

(4)二氧化碳含量。控制生石灰或生石灰粉中二氧化碳含量指标，是为了检验石灰石在煅烧时"欠火"造成产品中未分解完成的碳酸盐的含量。

(5)消石灰游离水含量。消石灰游离水含量是指化学结合水以外的含水量。

(6)细度。细度与石灰的质量有密切联系，过量的筛余物影响石灰的黏结性。

建筑生石灰的化学成分应符合表 3-1 的规定，建筑生石灰的物理性质应符合表 3-2 的规定。

表 3-1　建筑生石灰的化学成分　　　　　　　　　　　　　　　　　　　　%

名称	(氧化钙+氧化镁)(CaO+MgO)	氧化镁(MgO)	二氧化碳(CO$_2$)	三氧化硫(SO$_3$)
CL 90—Q CL 90—QP	≥90	≤5	≤4	≤2
CL 85—Q CL 85—QP	≥85	≤5	≤7	≤2
CL 75—Q CL 75—QP	≥75	≤5	≤12	≤2
ML 85—Q ML 85—QP	≥85	>5	≤7	≤2
ML 80—Q ML 80—QP	≥80	>5	≤7	≤2

表 3-2　建筑生石灰的物理性质

名称	产浆量	细度	
	dm^3/10 kg	0.2 mm 筛余量/%	90 μm 筛余量/%
CL 90—Q	≥26	—	—
CL 90—QP	—	≤2	≤7
CL 85—Q	≥26	—	—
CL 85—QP	—	≤2	≤7
CL 75—Q	≥26	—	—
CL 75—QP	—	≤2	≤7

名称	产浆量	细度	
	dm³/10 kg	0.2 mm 筛余量/%	90 μm 筛余量/%
ML 85－Q	—	—	—
ML 85－QP		≤2	≤7
ML 80－Q		—	—
ML 80－QP		≤7	≤2
注：其他物理特性，根据用户要求，可按照《建筑石灰试验方法 第1部分：物理试验方法》(JC/T 478.1—2013)进行测试			

2. 技术标准

（1）建筑生石灰技术标准。按现行标准《建筑生石灰》(JC/T 479—2013)的规定，按其氧化镁含量划分为钙质石灰和镁质石灰两类，见表 3-3。

表 3-3 建筑生石灰的分类

类别	名称	代号
钙质石灰	钙质石灰 90	CL 90
	钙质石灰 85	CL 85
	钙质石灰 75	CL 75
镁质石灰	镁质石灰 85	ML 85
	镁质石灰 80	ML 80

（2）建筑消石灰技术标准。按照现行标准《建筑消石灰》(JC/T 481—2013)的规定，建筑消石灰按扣除游离水和结合水后($CaO + MgO$)的百分数加以分类，见表 3-4。建筑消石灰的化学成分和物理性质分别见表 3-5 和表 3-6。

表 3-4 建筑消石灰的分类

类别	名称	代号
钙质消石灰	钙质消石灰 90	HCL 90
	钙质消石灰 85	HCL 85
	钙质消石灰 75	HCL 75
镁质消石灰	镁质消石灰 85	HML 85
	镁质消石灰 80	HML 80

表 3-5 建筑消石灰的化学成分 %

名称	(氧化钙＋氧化镁)($CaO + MgO$)	氧化镁(MgO)	三氧化硫(SO_3)
HCL 90	≥90		
HCL 85	≥85	≤5	≤2
HCL 75	≥75		
HML 85	≥85	>5	≤2
HML80	≥80		
注：表中数值以试样扣除游离水和化学结合水后的干基为基准			

表 3-6   建筑消石灰的物理性质

名称	游离水/%	细度		安定性
		0.2 mm 筛余量/%	90 μm 筛余量/%	
HCL 90	≤2	≤2	≤7	合格
HCL 85				
HCL 75				
HCL 85				
HCL 80				

四、石灰的性质

（1）保水性和可塑性好。生石灰消化生成的氢氧化钙颗粒极其细小，比表面积大，对水的吸附能力强。这一性质常用来改善砂浆的保水性。

微课：石灰的生产及应用

（2）硬化慢、强度低。石灰浆的碳化很慢，强度低。如石灰砂浆（1∶3）28 d 强度仅为 0.2～0.5 MPa。

（3）耐水性差。石灰在硬化后，其内部成分大部分为氢氧化钙，仅有极少量的碳酸钙。由于氢氧化钙可微溶于水，耐水性极差，软化系数接近于零，即浸水后强度丧失殆尽。

（4）硬化时体积收缩大。氢氧化钙吸附的大量水在蒸发时产生很大的毛细管压力，致使石灰制品开裂。因此，石灰不宜单独使用。

（5）吸湿性强。生石灰吸湿性强，保水性好，是传统的干燥剂。

五、石灰的应用与储运

1. 石灰的应用

（1）石灰乳涂料和砂浆。

1）石灰乳，即石灰浆，可用于要求不高的室内粉刷。

2）利用石灰膏或消石灰粉配制成石灰砂浆或混合砂浆，可用于建筑物的抹灰和砌筑。利用生石灰粉制砂浆时，砂浆的硬化速度比利用熟石灰时快许多（熟化放出的热量可加速石灰硬化），且可不经陈伏直接使用。

（2）灰土与三合土。消石灰粉与黏土拌和后称为灰土，若再加砂（或炉渣、石屑等）即成三合土。由于消石灰可塑性好，在夯实或压实下，灰土和三合土密实度增大，并且黏土中的少量活性氧化硅和氧化铝与石灰反应生成了少量的水硬性水化产物，故两者的密实程度、强度和耐水性得到改善。因此，灰土和三合土广泛应用于建筑物的基础与道路的垫层。

（3）制作硅酸盐制品。磨细生石灰或消石灰粉与砂或粒化高炉矿渣、炉渣、粉煤灰等硅质材料经配料、混合、成型，经常压或高压蒸汽养护，就可制得密实或多孔的硅酸盐制品，如灰砂砖、粉煤灰砖及砌块、加气混凝土砌块等。

2. 石灰的储运

石灰在储存和运输的过程中要防止受潮，且储存时间不宜过长，否则磨细的生石灰粉会吸收空气中的水分自行消化，然后再与二氧化碳反应形成碳化层失去胶结性能。如需较长时间储存生石灰，最好将其消解成石灰浆并使其表面隔绝空气，以防碳化。另外，石灰不宜与易燃、易爆品共同储运。

知识拓展

石灰耐水性很差，但是由石灰配制的灰土或三合土却可以用于基础的垫层、道路的基层等潮湿部位，其原因主要是石灰土或三合土是由消石灰粉和黏土等按比例配制而成的，加适量的水充分拌和后，经碾压或夯实，在潮湿环境中石灰与黏土表面的活性氧化硅或氧化铝反应，生成具有水硬性的水化硅酸钙或水化铝酸钙，所以，灰土或三合土的强度和耐水性会随使用时间的延长而逐渐提高，适用于潮湿环境中使用。再者，由于石灰的可塑性好，与黏土等拌和后经压实或夯实，使灰土或三合土的密实度大幅提高，降低了孔隙率，使水的侵入大幅减少。因此，灰土或三合土可以用于基础的垫层、道路的基层等潮湿部位。

任务二 建筑石膏的性能与应用

石膏是以硫酸钙为主要成分的矿物，因含结晶水不同可形成多种性能不同的石膏。

一、石膏的生产

1. 石膏的生产及原料

将天然二水石膏（$CaSO_4 \cdot 2H_2O$，又称为生石膏或软石膏）加热脱水而得熟石膏。其反应式如下：

$$CaSO_4 \cdot 2H_2O \xrightarrow[\text{干燥}]{107\sim170\ ℃} CaSO_4 \cdot \frac{1}{2}H_2O + \frac{3}{2}H_2O$$
（生石膏）   （熟石膏）

(3-5)

常压下将二水石膏煅烧加热到 $107\sim170\ ℃$，可产生 β 型建筑石膏。$124\ ℃$ 条件下压蒸（1.3 个大气压）加热可产生 α 型建筑石膏。α 型半水石膏与 β 型半水石膏相比，结晶颗粒较粗，比表面积较小，强度高，因此又称为高强度石膏。当加热温度超过 $170\ ℃$ 时，可生成无水石膏，只要温度不超过 $200\ ℃$，此时无水石膏就具有良好的凝结硬化性能。

2. 石膏的分类

石膏根据结晶水含量的不同可分为以下几种。

（1）无水石膏（$CaSO_4$）：也称硬石膏，它结晶紧密，质地较硬，是生产硬石膏水泥的原料。

（2）天然石膏（$CaSO_4 \cdot 2H_2O$）：也称生石膏或二水石膏，大部分自然石膏矿为生石膏，是生产建筑石膏的主要原料。

（3）建筑石膏（$CaSO_4 \cdot 1/2H_2O$）：也称熟石膏或半水石膏，由生石膏加工而成，根据其内部结构不同可分为 α 型半水石膏和 β 型半水石膏。

3. 建筑石膏的水化与硬化

建筑石膏与适量水拌和后，能形成可塑性良好的浆体，随着石膏与水的反应，浆体的可塑性很快消失而发生凝结，此后进一步产生和发展强度而硬化。

建筑石膏与水之间产生化学反应的反应式为

知识储备：绿色石膏

$$CaSO_4 \cdot \frac{1}{2}H_2O + \frac{3}{2}H_2O \longrightarrow CaSO_4 \cdot 2H_2O \qquad (3\text{-}6)$$

随着二水石膏沉淀的不断增加，会产生结晶，结晶体的不断生成和长大，晶体颗粒之间便产生了摩擦力和黏结力，造成浆体的塑性开始下降，这一现象称为石膏的初凝；而后随着晶体颗粒之间摩擦力和黏结力的增大，浆体的塑性很快下降，直至消失，这种现象称为石膏的终凝。

石膏终凝后其晶体颗粒仍在不断长大和连生，形成相互交错且孔隙率逐渐减小的结构，其强度也会不断增大，直至水分完全蒸发，形成硬化后的石膏结构，这一过程称为石膏的硬化。实际上石膏浆体的凝结和硬化是交叉进行的。

二、建筑石膏的技术要求

建筑石膏的技术要求主要包括强度、凝结时间，具体技术要求见表3-7。

表 3-7　建筑石膏的技术要求

等级	凝结时间/min		强度/MPa			
			2 h 湿强度		干强度	
	初凝	终凝	抗折	抗压	抗折	抗压
4.0			≥4.0	≥8.0	≥7.0	≥15.0
3.0	≥3	≤30	≥3.0	≥6.0	≥5.0	≥12.0
2.0			≥2.0	≥4.0	≥4.0	≥8.0

三、建筑石膏的特性

1. 凝结硬化速度快

建筑石膏的浆体凝结硬化速度很快。一般石膏的初凝时间仅为10 min左右，终凝时间不超过30 min，对于普通工程施工操作十分方便。有时需要的操作时间较长，可加入适量的缓凝剂，如硼砂、动物胶、亚硫酸盐、酒精废液等。

微课：石膏的
特性及应用

2. 凝结硬化时的膨胀性

建筑石膏凝结硬化是石膏吸收结晶水后的结晶过程，其体积不仅不会收缩，而且还稍有膨胀(0.2%~1.5%)，这种膨胀不仅不会对石膏造成危害，还能使石膏的表面较为光滑饱满，棱角清晰完整，避免了普通材料干燥时出现的开裂。

3. 硬化后的多孔性、质量轻、强度低

建筑石膏在使用时为获得良好的流动性，加入的水分要比水化所需的水量要多，因此，石膏在硬化过程中由于水分的蒸发，原来充水部分空间形成孔隙，造成石膏内部产生大量微孔，使其质量减轻，其抗压强度也因此下降。通常，石膏硬化后的表观密度为800~1 000 kg/m³，抗压强度为3~5 MPa。

4. 良好的隔热、吸声和"呼吸"功能

石膏硬化体中大量的微孔使其传热性显著下降，因此具有良好的绝热能力。石膏的大量微孔，特别是表面微孔对声音传导或反射的能力也显著下降，使其具有较强的吸声能力。大热容量和大的孔隙率及开口孔结构使石膏具有呼吸水蒸气的功能。

5. 防火性好、耐水性差

硬化后石膏的主要成分是二水石膏，当受到高温作用时或遇火后会脱出 21% 左右的结晶水，并能在表面蒸发形成水蒸气幕，可有效地阻止火势的蔓延，具有良好的防火效果。

由于硬化石膏的强度来自晶体粒子之间的黏结力，遇水后粒子之间连接点的黏结力可能被削弱，部分二水石膏溶解而产生局部溃散，所以，建筑石膏硬化体的耐水性较差。

6. 有良好的装饰性和可加工性

石膏表面光滑饱满，颜色洁白，质地细腻，具有良好的装饰性。微孔结构使其脆性有所改善，硬度也较低，所以，硬化后的石膏可锯、可刨、可钉，具有良好的可加工性。

四、建筑石膏的应用与储运

1. 石膏的应用

(1)用于室内抹灰及粉刷。石膏洁白细腻，用于室内抹灰、粉刷，具有良好的装饰效果。

(2)制作石膏制品。由于石膏制品质量轻，且可锯、可刨、可钉，加工性能好，同时，石膏凝结硬化快，制品可连续生产，工艺简单，能耗低，生产效率高，施工试制品拼装快，可加快施工进度等，所以，它有广阔的发展前途。我国生产的石膏制品主要有纸面石膏板、纤维石膏板、石膏装饰板、天花板等。这些板的厚度为 9～18 mm，使用时需采用龙骨连接。

2. 石膏的储运

建筑石膏在运输和储存时不得受潮与混入杂物。不同等级应分别储运，不得混杂。自生产之日起，建筑石膏的储存期为 3 个月。储存期超过 3 个月的建筑石膏，应重新进行检验，以确定其等级。

≫ 任务三 水玻璃的性能与应用

一、水玻璃的定义及分类

水玻璃俗称泡花碱，由碱金属氧化物和二氧化硅组成，属可溶性的硅酸盐类。

根据碱金属氧化物的不同，水玻璃化学通式为 $R_2O \cdot nSiO_2$，其中 n 为 SiO_2 与 R_2O 的摩尔数的比值。常见的水玻璃品种有硅酸钠水玻璃($Na_2O \cdot nSiO_2$)、硅酸钾水玻璃($K_2O \cdot nSiO_2$)、硅酸锂水玻璃($Li_2O \cdot nSiO_2$)等，最常用的是硅酸钠水玻璃。根据水玻璃模数的不同，又可分为"碱性"水玻璃($n<3$)和"中性"水玻璃($n \geqslant 3$)。实际上中性水玻璃和碱性水玻璃的溶液都呈明显的碱性反应。模数是硅酸钠的重要参数，一般为 1.5～3.5。n 为 1 时，常温水即能溶解，n 加大时需热水才能溶解，n 大于 3 时需 4 个大气压以上的蒸汽才能溶解。硅酸钠模数越大，氧化硅含量越多，硅酸钠黏度增大，易于分解硬化，黏结力增大，因此，不同模数的硅酸钠有着不同的用处。

二、水玻璃的硬化

液体水玻璃在空气中吸收二氧化碳，形成无定形硅酸凝胶，并逐渐干燥而硬化。

由于空气中二氧化碳浓度较低，这个过程进行得很慢，为了加速硬化和提高硬化后的防水性，常加入氟硅酸钠 Na_2SiF_6 作为促硬剂，促使硅酸凝胶加速析出。氟硅酸钠的适宜用量为水玻璃质量的 12%～15%。

三、水玻璃的特性

（1）**黏结力强**。水玻璃硬化后具有较高的黏结强度、抗拉强度和抗压强度。另外，水玻璃硬化析出的硅酸凝胶还有堵塞毛细孔隙而防止水分渗透的作用。

（2）**耐酸性好**。硬化后的水玻璃，其主要成分是 SiO_2，具有很好的耐酸性能，能抵抗大多数无机酸和有机酸的作用，但其不耐碱性介质腐蚀。

（3）**耐热性高**。水玻璃不燃烧，硬化后形成 SiO_2 空间网状骨架，在高温下硅酸凝胶干燥得更加强烈，强度并不降低，甚至有所增加。

四、水玻璃的应用

1. 用作涂料，涂刷材料表面

直接将液体水玻璃涂刷在建筑物表面，或涂刷烧结普通砖、硅酸盐制品、水泥混凝土等多孔材料，可使材料的密实度、强度、抗渗性、耐水性均得到提高。这是因为水玻璃与材料中的 $Ca(OH)_2$ 反应生成硅酸钙凝胶，填充了材料之间的孔隙。

2. 配制防水剂

以水玻璃为基料，配制防水剂。例如，四矾防水剂是以蓝矾（硫酸铜）、明矾（钾铝矾）、红矾（重铬酸钾）和紫矾（铬矾）各 1 份，溶于 60 份的沸水中，降温至 50 ℃，投入400 份水玻璃溶液中，搅拌均匀而成的。这种防水剂可以在 1 min 内凝结，适用于堵塞漏洞、缝隙等局部渗漏抢修。

3. 加固土壤

将模数为 2.5～3 的液体水玻璃和氯化钙溶液通过金属管交替向地层压入，两种溶液发生化学反应，可析出吸水膨胀的硅酸胶体，包裹土壤颗粒并填充其空隙，阻止水分渗透并使土壤固结。

4. 配制水玻璃砂浆

将水玻璃、矿渣粉、砂和氟硅酸钠按一定比例配制成砂浆，可用于修补墙体裂缝。

5. 配制耐酸砂浆、耐酸混凝土、耐热混凝土

用水玻璃作为胶凝材料，选择耐酸骨料，可配制满足耐酸工程要求的耐酸砂浆、耐酸混凝土。选择不同的耐热骨料，可配制不同耐热度的水玻璃耐热混凝土。

小结

胶凝材料是在一定条件下，通过自身的物理化学作用，从浆体变成坚硬的固体，并能将散粒或块状材料胶结成具有一定强度的整体的材料。胶凝材料根据化学成分不同可分为有机胶凝材料和无机胶凝材料。无机胶凝材料按其硬化条件不同可分为气硬性胶凝材料和水硬性胶凝材料。

石灰是一种气硬性胶凝材料，其强度主要来源于 $Ca(OH)_2$ 碳化和 $Ca(OH)_2$ 的晶化。石灰中产生黏结性的有效成分是活性氧化钙和氧化镁，其含量是评价石灰质量的主要指标，有效氧化钙含量用中和滴定法测定，氧化镁含量用 EDTA 络合滴定法测定。

一、名词解释

1. 胶凝材料
2. 气硬性胶凝材料
3. 水硬性胶凝材料
4. 欠火石灰
5. 过火石灰
6. 陈伏

二、填空题

1. 为保证生石灰充分熟化，一般在工地上将块状生石灰放在化灰池内，加水经过两周以上时间的消化，这个过程称为_____。
2. 建筑石膏凝结硬化速度_____，硬化时体积_____，硬化后孔隙率_____，密度_____，强度_____，保温性_____，吸声性能_____。
3. 水玻璃的模数 n 越大，其溶于水的温度越_____，黏结力_____。水玻璃的模数 n 一般为_____。

三、选择题

1. 石灰硬化的理想环境条件是在(   )中进行。
   A. 水　　　　　　　　　　B. 潮湿环境
   C. 空气　　　　　　　　　D. 绝对干燥环境
2. 在石灰硬化过程中，体积发生(   )。
   A. 微小收缩　　　　　　　B. 膨胀
   C. 较大收缩　　　　　　　D. 无变化
3. (   )的表面光滑、细腻、尺寸精确、形状饱满，因而装饰性好。
   A. 石灰　　　B. 石膏　　　C. 菱苦土　　　D. 水玻璃
4. β 型建筑石膏的主要化学成分是(   )。
   A. $CaSO_4 \cdot 2H_2O$　　　　B. $CaSO_4$
   C. $CaSO_4 \cdot 1/2H_2O$　　　D. $Ca(OH)_2$

四、是非判断题

1. 气硬性胶凝材料只能在空气中硬化，水硬性胶凝材料只能在水中硬化。(   )
2. 建筑石膏最突出的技术性质是凝结硬化快且在硬化时体积略有膨胀。(   )
3. 石灰"陈伏"是为了降低熟化时的放热量。(   )
4. 石灰硬化时收缩值大，一般不宜单独使用。(   )

五、问答题

1. 维修古建筑时，发现古建筑中石灰砂浆坚硬且强度较高。有人由此得出古代生产的石灰质量(或强度)远远高于现代石灰的质量(或强度)的结论。对此结论，你有何看法？
2. 既然石灰不耐水，为什么由它配制的三合土却可以用于基础的垫层、道路的基层等潮湿部位？
3. 建筑石膏及其制品为什么适用于室内而不适用于室外使用？
4. 建筑石膏有哪些技术性质？

技能测试

项目四　水泥检测与应用

情境描述 >>>

　　水泥是一种粉末状水硬性胶凝材料，主要用于制作混凝土、砂浆等建筑材料，广泛应用于建筑工程、装饰工程、道路桥梁工程及水利工程等领域。水泥技术性质包括细度、标准稠度用水量、凝结时间、安定性、强度等。水泥质量将直接影响其成品性能，因此，施工前必须检测水泥技术性质。本项目为某建筑工程用商品混凝土制备过程中水泥的选用及性能检测，主要包含以下环节。

　　1. 项目前期由施工单位根据施工要求向商品混凝土搅拌站提交订货清单及要求。

　　2. 商品混凝土搅拌站试验工程师根据施工单位要求确定水泥品种及强度等级设计配合比。

　　3. 商品混凝土搅拌站材料员采购水泥。

　　4. 商品混凝土搅拌站试验员对进场水泥进行初步验收。

　　5. 商品混凝土搅拌站委托第三方检测机构对水泥性质进行检测。

　　6. 第三方检测机构按相关标准对水泥性质进行检测，出具检测报告。

任务发布 >>>

　　1. 了解硅酸盐水泥的品种、规格及生产，根据工程要求合理选用水泥。

　　2. 根据水泥类型合理取样并检测水泥技术性质。

　　3. 根据检测报告，评定水泥质量。

学习目标 >>>

　　本项目介绍硅酸盐水泥熟料的矿物成分、凝结硬化机理和技术性质，简要介绍掺混合材料的硅酸盐水泥、其他品种水泥的组成、性质，通过学习要达到如下知识目标、能力目标及素养目标。

　　知识目标：掌握硅酸盐水泥熟料各矿物成分特性、凝结硬化机理和技术性质；熟悉掺混合材料的硅酸盐水泥和其他品种水泥的特性与应用。

　　能力目标：会正确取样、检测水泥的主要技术性能指标、填写检测报告；能根据检测结果判断其质量。

　　素养目标：通过水泥的清洁生产及降低碳排放等措施介绍，培养学生树立安全、质量及绿色环保意识。

任务一　硅酸盐水泥的性能与应用

硅酸盐水泥(国外通称的波特兰水泥)是通用硅酸盐水泥品种之一。根据现行国家标准《通用硅酸盐水泥》(GB 175—2023)的规定,硅酸盐水泥分为两种类型,一种是不掺混合材料,全部用硅酸盐水泥熟料和石膏磨细制成的水硬性胶凝材料,称为Ⅰ型硅酸盐水泥,代号为P·Ⅰ;另一种是掺不大于5%的粒化高炉矿渣或石灰石,与硅酸盐水泥熟料和石膏磨细制成的水硬性胶凝材料,称为Ⅱ型硅酸盐水泥,代号为P·Ⅱ。

一、硅酸盐水泥生产工艺概述

1. 硅酸盐水泥生产原料

生产硅酸盐水泥的原料主要是石灰质原料和黏土质原料两类。石灰质原料(如石灰石、白垩、石灰质凝灰岩等)主要提供 CaO;黏土质原料(如黏土、黏土质页岩、黄土等)主要提供 SiO_2、Al_2O_3 及 Fe_2O_3。有时两种原料化学组成不能满足要求,还要加入少量校正原料(如黄铁矿渣)来调整。生产硅酸盐水泥原料的化学成分列于表 4-1 中。

微课:认识水泥

表 4-1　硅酸盐水泥生产原料的化学成分

氧化物名称	化学成分	常用缩写	大致含量/%
氧化钙	CaO	C	62～67
氧化硅	SiO_2	S	19～24
氧化铝	Al_2O_3	A	4～7
氧化铁	Fe_2O_3	F	2～5

2. 硅酸盐水泥生产过程

首先将几种原料按适当比例配合在研磨机中磨成粉状生料,然后将制备好的生料入窑进行煅烧,至 1 450 ℃左右生成以硅酸钙为主要成分的硅酸盐水泥"熟料"。

为调节水泥的凝结速度,在烧成的熟料中加入 3%左右的石膏共同磨细,即硅酸盐水泥。因此,硅酸盐水泥生产工艺概括起来为"两磨一烧"。其生产流程如图 4-1 所示。

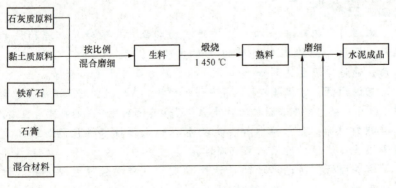

图 4-1　硅酸盐水泥生产流程示意

知识储备:水泥
生产方法演变

二、硅酸盐水泥熟料的矿物组成

硅酸盐水泥熟料是由主要含 CaO、SiO_2、Al_2O_3、Fe_2O_3 的原料，按适当比例磨成细粉烧至部分熔融所得的以硅酸钙为主要矿物成分的水硬性胶凝物质。其中，硅酸钙含量（质量分数）不小于 66%，氧化钙和氧化硅质量比不小于 2.0。

知识储备：
水泥的清洁生产

1. 硅酸盐水泥熟料的矿物组成

硅酸盐水泥原料的主要化学成分是氧化钙（CaO）、氧化硅（SiO_2）、氧化铝（Al_2O_3）和氧化铁（Fe_2O_3）。

经过高温煅烧后，CaO、SiO_2、Al_2O_3、Fe_2O_3 四种成分化合为熟料中的主要矿物组成：

(1) 硅酸三钙（$3CaO \cdot SiO_2$，简式为 C_3S）。

(2) 硅酸二钙（$2CaO \cdot SiO_2$，简式为 C_2S）。

(3) 铝酸三钙（$3CaO \cdot Al_2O_3$，简式为 C_3A）。

(4) 铁铝酸四钙（$4CaO \cdot Al_2O_3 \cdot Fe_2O_3$，简式为 C_4AF）。

硅酸盐水泥熟料四种矿物成分与大致含量列于表 4-2 中。

表 4-2　硅酸盐水泥熟料的四种矿物成分与大致含量

矿物名称	化学成分	常用缩写	大致含量/%
硅酸三钙	$3CaO \cdot SiO_2$	C_3S	37～60
硅酸二钙	$2CaO \cdot SiO_2$	C_2S	15～37
铝酸三钙	$3CaO \cdot Al_2O_3$	C_3A	7～15
铁铝酸四钙	$4CaO \cdot Al_2O_3 \cdot Fe_2O_3$	C_4AF	10～18

2. 硅酸盐水泥熟料主要矿物质的性质

(1) 硅酸三钙。硅酸三钙是硅酸盐水泥中最主要的矿物成分，其含量通常在 50% 左右，它对硅酸盐水泥性质有重要的影响。硅酸三钙水化速度较快，水化热高；且早期强度高，28 d 强度可达一年强度的 70%～80%。

(2) 硅酸二钙。硅酸二钙在硅酸盐水泥中的含量为 15%～37%，也为主要矿物成分，遇水时与水反应较慢，水化热很低，硅酸二钙的早期强度较低而后期强度较高，耐化学侵蚀性和干缩性较好。

(3) 铝酸三钙。铝酸三钙在硅酸盐水泥中的含量通常在 15% 以下，它是四种成分中遇水反应速度最快、水化热最高的组分。铝酸三钙的含量决定水泥的凝结速度和释热量。通常，为调节水泥凝结速度需掺石膏或硅酸三钙与石膏形成的水化产物，对提高水泥早期强度起一定作用，耐化学腐蚀性差，干缩性大。

(4) 铁铝酸四钙。铁铝酸四钙在硅酸盐水泥中含量通常为 10%～18%。遇水反应较快，水化热较高。强度较低，对水泥抗折强度起重要作用，耐化学腐蚀性好，干缩性小。

3. 硅酸盐水泥熟料主要矿物质的性质比较

硅酸盐水泥熟料中这四种矿物成分的主要特性如下。

(1)反应速度：C_3A 最快，C_3S、C_4AF 较快，C_2S 最慢。

(2)释热量：C_3A 最大，C_3S 较大，C_4AF 居中，C_2S 最小。

(3)强度：C_3S 最高，C_2S 早期低，但后期增长率较大。故 C_3S 和 C_2S 为水泥强度的主要来源。C_3A 强度不高，C_4AF 含量对抗折强度有利。

(4)耐化学腐蚀性：C_4AF 最优，其次为 C_2S、C_3S，C_3A 最差。

(5)干缩性：C_4AF 和 C_2S 最小，C_3S 居中，C_3A 最大。

硅酸盐水泥主要矿物质的组成与特性归纳见表4-3。

微课：硅酸盐
水泥的生产及组成

表4-3 硅酸盐水泥主要矿物质的组成与特性

矿物组成		硅酸三钙(C_3S)	硅酸二钙(C_2S)	铝酸三钙(C_3A)	铁铝酸四钙(C_4AF)
与水反应速度		快	慢	最快	中
水化热		大	低	最大	中
对强度作用	早期	高	低	低	中
	后期	高	高	低	低
耐化学腐蚀性		中	良	差	优
干缩性		中	小	大	小

水泥中矿物成分水化后抗压强度和释热量随龄期的增长的变化如图4-2、图4-3所示。

水泥是由多种矿物成分组成的，改变各矿物成分的含量比例可生产出各种性能各异的水泥。如提高 C_3S 含量，可制得高强度水泥和早强水泥。提高 C_2S 含量，同时适当降低 C_3S 和 C_3A 含量，可制得低热水泥和中热水泥，如长江三峡工程第二阶段大坝混凝土设计中，使用了52.5级中热硅酸盐水泥和42.5级低热矿渣水泥。

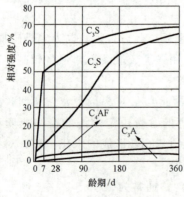

图4-2 水泥熟料
矿物不同龄期抗压强度

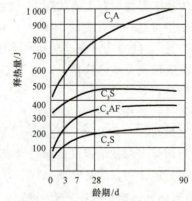

图4-3 水泥熟料矿物不同龄期释热量

知识拓展

混凝土结构物实体最小尺寸不小于 1 m 的大体量混凝土，或预计会因混凝土中胶凝材料水化引起的温度变化和收缩而导致有害裂缝产生的混凝土称为大体积混凝土。现代建筑中时常涉及大体积混凝土施工，如高层楼房基础、大型设备基础、水利大坝等。它的主要特点是体积大，水泥水化热释放比较集中，内部升温比较快。混凝土内外温差较大时，会使混凝土产生温度裂缝，影响结构的安全性和正常使用。

例如，某大体积混凝土工程，浇筑两周后拆模，发现挡土墙有多道贯穿型的纵向裂缝。该工程使用某立窑水泥厂生产的 42.5 级 II 型硅酸盐水泥，熟料矿物组成见表 4-4。

表 4-4　熟料矿物组成表

C$_3$S	C$_2$S	C$_3$A	C$_4$AF
61%	14%	14%	11%

事故原因分析：由于该工程所使用的水泥中 C$_3$A 和 C$_3$S 的含量高，导致该水泥的水化热高；且在浇筑混凝土中，混凝土的整体温度高，以后混凝土温度随环境温度下降，混凝土产生冷缩，造成混凝土贯穿型的纵向裂缝。

三、硅酸盐水泥的凝结和硬化

水泥加水拌和后称为可塑的水泥浆，由于水泥的水化作用，水泥浆逐渐变稠失去流动性和可塑性而未具强度的过程，称为水泥的"凝结"；随后产生强度逐渐发展成为坚硬的人造石的过程称为水泥的"硬化"。水泥的凝结和硬化是人为划分的两个阶段，实际上是一个连续而复杂的物理化学变化过程。

1. 水泥的水化作用

水泥遇水后发生下列水化反应。

(1) 硅酸三钙：

$$2(3CaO \cdot SiO_2) + 6H_2O = 3CaO \cdot 2SiO_2 \cdot 3H_2O + 3Ca(OH)_2 \tag{4-1}$$

(2) 硅酸二钙：

$$2(2CaO \cdot SiO_2) + 4H_2O = 3CaO \cdot 2SiO_2 \cdot 3H_2O + Ca(OH)_2 \tag{4-2}$$

(3) 铝酸三钙：

$$3CaO \cdot Al_2O_3 + 6H_2O = 3CaO \cdot Al_2O_3 \cdot 6H_2O \tag{4-3}$$

C$_3$A 在纯水中反应可生成水化铝酸钙，但以上这些水化物都是不稳定的，不是最后的生成物，在有石膏存在的情况下，其水化反应式为

$$3CaO \cdot Al_2O_3 + 3CaSO_4 \cdot 2H_2O + 30H_2O = 3CaO \cdot Al_2O_3 \cdot 3CaSO_4 \cdot 32H_2O \tag{4-4}$$

石膏　　　　　　　　三硫型水化铝酸钙(钙矾石)

石膏消耗完毕后，水泥中尚未水化的 C_3A 与式（4-4）中的钙矾石（AF）生成单硫型水化铝酸钙（AF_m）。其反应式为

$$3CaO \cdot Al_2O_3 \cdot 3CaSO_4 \cdot 32H_2O + 2(3CaO \cdot Al_2O_3) + 4H_2O =$$
$$3(3CaO \cdot Al_2O_3 \cdot CaSO_4 \cdot 12H_2O) \qquad (4-5)$$
$$单硫型水化铝酸钙$$

（4）铁铝酸四钙：

$$4CaO \cdot Al_2O_3 \cdot Fe_2O_3 + 7H_2O = 3CaO \cdot Al_2O_3 \cdot 6H_2O + CaO \cdot Fe_2O_3 \cdot H_2O \qquad (4-6)$$
$$水化铝酸钙 \qquad\qquad 水化铁酸钙$$

2. 硅酸盐水泥的凝结硬化阶段

水泥浆体由可塑态性进而硬化产生强度的物理化学过程，可分为以下 4 个阶段。

（1）初始反应期：水泥与水接触后立即发生水反应。初期 C_3S 水化，释放出 $Ca(OH)_2$，立即溶解于溶液中，浓度达到过饱和后，$Ca(OH)_2$ 结晶析出。暴露在水泥颗粒表面的铝酸三钙也溶解于水，并与已溶解的石膏反应，生成钙矾石结晶析出，在此阶段的 1% 左右的水泥产生水化。

（2）诱导期：在初始反应期后，水泥微粒表面覆盖一层以水化硅酸钙（C-S-H）凝胶为主的渗透膜，使水化反应缓慢进行。这期间生成的水化产物数量不多，水泥颗粒仍然分散，水泥浆体基本保持塑性。

（3）凝结期：由于渗透压的作用，包裹在水泥微粒表面的渗透膜破裂，水泥微粒进一步水化，除继续生成 $Ca(OH)_2$ 及钙矾石外，还生成了大量的 C-S-H 凝胶。水泥水化产物不断填充了水泥颗粒之间的空气，随着接触点的增多，结构趋向密实，使水泥浆体逐渐失去塑性。

（4）硬化期：水泥继续水化，除已生成的水化产物的数量继续增加外，C_4AF 的水化物也开始形成，硅酸钙继续进行水化。水化生成物以凝胶与结晶状态进一步填充孔隙，水泥浆体逐渐产生强度，进入硬化阶段。只要温度、湿度适合且无外界腐蚀，水泥强度在几年甚至几十年后还能继续增长。图 4-4 所示为硅酸盐水泥凝结硬化过程。

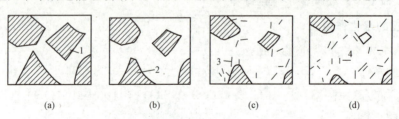

| (a) | (b) | (c) | (d) |

图 4-4　硅酸盐水泥凝结硬化过程示意

(a)分散在水中未水化的水泥颗粒；(b)在水泥颗粒表面形成水化物膜层；

(c)膜层长大并互相连接（凝结）；(d)水化物进一步发展，填充毛细孔（硬化）

1—水泥颗粒；2—水泥凝胶体；3—水化产物结晶体；4—毛细管孔隙

3. 影响硅酸盐水泥凝结硬化的因素

水泥石硬化程度越大，凝胶体含量越多，未水化的水泥颗粒内核和毛细孔所占的比例就越少，则水泥石越密实，强度越高。影响水泥石硬化的因素主要有以下几个方面：

（1）**矿物组成**。不同矿物成分和水起反应时所表现出来的特点是不同的，如 C_3A 水化速率最快，放热量最大而强度不高；C_2S 水化速率最慢，放热量最少，早期强度低，后期强度增长迅速等。因此，改变水泥的矿物组成，其凝结硬化情况将产生明显变化。水泥的矿物组成是影响水泥凝结硬化最重要的因素。

（2）**水泥浆的水胶比**。水泥浆的水胶比是指水泥浆中水与水泥的质量之比。当水泥浆中加水较多时，水胶比较大，此时水泥的初期水化反应得以充分进行；但水泥颗粒之间原来被水隔开的距离较远，颗粒之间相互连接形成骨架结构所需的凝结时间长，所以，水泥浆凝结较慢。水泥浆的水胶比较大时，多余的水分蒸发后形成的孔隙较多，造成水泥石的强度较低，因此，当水泥浆的水胶比过大时，会明显降低水泥石的强度。

（3）**石膏掺量**。石膏起缓凝作用的机理：水泥水化时，石膏能很快与铝酸三钙作用生成水化硫铝酸钙（钙矾石），钙矾石很难溶解于水，它沉淀在水泥颗粒表面上形成保护膜，从而阻碍了铝酸三钙的水化反应，控制了水泥的水化反应速度，延缓了凝结时间。

（4）**水泥的细度**。在矿物组成相同的条件下，水泥磨得越细，水泥颗粒平均粒径越小，比表面积越大，水化时与水的接触面大，水化速度快，相应地水泥凝结硬化速度就快，早期强度就高。

（5）**环境温度和湿度**。在适当温度条件下，水泥的水化、凝结和硬化速度较快。反应产物增长较快，凝结硬化加速，水化热较多。相反，温度降低，则水化反应减慢，强度增长变缓。但高温养护往往导致水泥后期强度增长缓慢，甚至下降。水的存在是水泥水化反应的必要条件。当环境湿度十分干燥时，水泥中的水分将很快蒸发，以致水泥不能充分水化，硬化也将停止；反之，水泥的水化将得以充分进行，强度正常增长。

（6）**龄期（时间）**。水泥的凝结硬化是随时间延长而渐进的过程，只要温度、湿度适宜，水泥强度的增长就可持续若干年。

四、硅酸盐水泥的技术性质和技术标准

1. 技术性质

根据现行国家标准《通用硅酸盐水泥》（GB 175—2023）的规定，硅酸盐水泥的技术性质包括下列项目。

（1）化学性质。水泥的化学指标主要是控制水泥中有害的化学成分含量，若超过最大允许限量，即意味着对水泥性能和质量可能产生有害或潜在的影响。

1）氧化镁含量。在水泥熟料中，常含有少量未与其他矿物结合的游离氧化镁，这种多余的氧化镁是高温时形成的方镁石，它水化为氢氧化镁的速度很慢，常在水泥硬化以后才开始水化，产生体积膨胀，可导致水泥石结构产生裂缝甚至破坏，因此，它是引起水泥安定性不良的原因之一。

2）三氧化硫含量。水泥中的三氧化硫主要是在生产时为调节凝结时间加入石膏而产生的。石膏超过一定限量后，水泥性能会变化，甚至引起硬化后水泥石体积膨胀，导致结构物破坏。

3）烧失量。水泥煅烧不佳或受潮后，均会导致失量增加。烧失量测定是以水泥试样在 950～1 000 ℃下灼烧 15～20 min 冷却至室温称量的。如此反复灼烧，直至恒重，计算灼烧前后质量损失百分率。

4）不溶物。水泥中不溶物质量是用盐酸溶解水泥滤去不溶残渣，经碳酸钠处理再用盐酸中和，高温灼烧至恒重后称量，灼烧后不溶物质量占试样总质量比例为不溶物含量。

5）氯离子。水泥中的氯离子含量过高，其主要原因是掺混合材料和外加剂（如工业废渣、助磨剂等）。氯离子是混凝土中钢筋锈蚀的重要因素。

（2）物理性质。

1）细度。细度是指水泥颗粒的粗细程度。细度越小，水泥与水起反应的面积越大，水化越充分，水化速度越快。所以，相同矿物组成的水泥，细度越大，早期强度越高，凝结速度越快，吸水量减少。实践表明，细度提高，可使水泥混凝土的强度提高，工作性得到改善。但是，水泥细度提高，在空气中的硬化收缩也加大，水泥发生裂缝的可能性也会增加。因此，对水泥细度必须予以合理控制。水泥细度有筛析法和比表面积法两种表示方法。

①筛析法。以 45 μm 方孔筛上的筛余量百分率表示。现行国家标准《水泥细度检验方法筛析法》（GB/T 1345—2005）规定，筛析法有负压筛法和水筛法两种，有争议时，以负压筛法为准。

②比表面积法。以每千克水泥总表面积（m²）表示，其测定采用勃氏透气法。现行国家标准《通用硅酸盐水泥》（GB 175—2023）规定，硅酸盐水泥细度以比表面积表示，应不低于 300 m²/kg，且不高于 400 m²/kg。

微课：水泥细度试验

2）水泥净浆标准稠度。水泥净浆标准稠度是对水泥净浆以标准方法拌制、测试达到规定的可塑性程度时的稠度。水泥净浆稠度用水量是指水泥净浆达到标准稠度时水的用量，常以水和水泥质量之比的百分数表示。为使水泥凝结时间和安定性的测定结果具有可比性，在此两项测定时必须采用标准稠度的水泥净浆。现行国家标准《水泥标准稠度用水量、凝结时间、安定性检验方法》（GB/T 1346—2011）规定，水泥净浆标准稠度的标准测定方法为试杆法，以标准试杆沉入净浆，并距离底板（6±1）mm 的水泥净浆稠度为"标准稠度"，其拌和用水量为该水泥标准稠度用水量；以试锥法（调整水量法和比变数量法）为代用法，采用调整水量测定标准稠度用水量时，拌和用水量应按经验确定；采用不变水量法测定时，拌和用水量为 142.5 mL，水量精确至 0.5 mL。如发生争议，以调整水量法为准，试验方法参见本项目的"水泥试验"部分。

微课：水泥标准
稠度用水量测定

3）凝结时间。水泥的凝结时间是指从加水开始到水泥浆失去可塑性所需的时间。其可分为初凝时间和终凝时间。初凝时间是指水泥全部加入水中至水泥浆开始失去可塑性所经历的时间，用"min"计。初凝状态是指试针自由沉入标准稠度的水泥净浆，试针沉至距底板（4±1）mm 时的稠度状态。终凝时间是指由水泥全部加入水中至水泥浆完全失去可塑性所经历的时间，用"min"计。终凝状态是试针沉入试件 0.5 mm，即环形附件开始不能在试件上留下痕迹时的稠度状态。

微课：水泥凝结
时间测定

水泥的凝结时间对水泥混凝土的施工具有重要的意义。初凝时间太短，将影响混凝土拌合料的运输和浇灌；终凝时间过长，则影响混凝土工程的施工进度。现行国家标准《通用硅酸盐水泥》(GB 175—2023)规定，硅酸盐水泥初凝时间应不小于 45 min，终凝时间应不大于 390 min。

4) 体积安定性。水泥体积安定性是反映水泥浆在凝结硬化过程中，体积膨胀变形的均匀程度。水泥在凝结硬化过程中，如果产生不均匀变形或变形太大，使构件产生膨胀裂缝，就是水泥体积安定性不良，会影响工程质量。

微课：水泥体积安定性检验

影响体积安定性的因素主要有熟料中游离氧化钙及氧化镁含量和水泥中三氧化硫含量。

按现行行业标准规定：检验水泥体积安定性的标准方法为雷氏法，以试饼法为代用法，有矛盾时以标准法为准。

雷氏法是将标准稠度的水泥净浆装于雷氏夹的环形试模中经湿养 24 h 后，在沸煮箱中加热(30±5)min 至沸，继续恒沸 3 h±5 min。测定试件两指针尖端距离，两个试件在沸煮后，针尖端增加的距离平均值不大于 5.0 mm 时，即认为该水泥安全性合格。

试饼法是将水泥拌制成标准稠度的水泥净浆，制成直径为 70～80 mm、中心厚约为 10 mm 的试饼，在湿气养护箱中养护 24 h，然后在沸煮箱中加热(30±5)min 至沸，然后恒沸 3 h±5 min，最后根据试饼有无弯曲、裂缝等外观变化，判断其安定性。

5) 强度。强度是水泥技术要求中最基本的指标，也是水泥的重要技术性质之一。

水泥强度除与水泥本身的性质(熟料矿物成分、细度等)有关外，还与水胶比、试件制作方法、养护条件和时间有关。按行业标准规定，用水泥胶砂强度法作为水泥强度的标准检验方法。此方法是以 1:3 的水泥和中国 ISO 标准砂，按规定的水胶比 0.5，用标准制作方法，制成 40 mm×40 mm×160 mm 的标准试件，达到规定龄期(3 d、28 d)时，测其抗折强度和抗压强度。

微课：水泥胶砂强度检验

在进行水泥胶砂强度试验时，要用到中国 ISO 标准砂。此砂的粒径为 0.08～2.0 mm，分粗、中、细三级，各占 1/3。其中粗砂为 1.0～2.0 mm；中砂为 0.5～1.0 mm；细砂为 0.08～0.5 mm。ISO 标准砂颗粒分布见表 4-5。

表 4-5　ISO 标准砂颗粒分布

方孔边长/mm	累计筛余/%	方孔边长/mm	累计筛余/%
2.0	0	0.5	67±5
1.6	7±5	0.16	87±5
1.0	33±5	0.08	99±1

①水泥强度等级。按规定龄期抗压强度和抗折强度来划分，硅酸盐水泥各龄期强度不低于表 4-6 中规定的数值。在规定各龄期的抗压强度和抗折强度均符合某一强度等级的最低强度值要求时，以 28 d 抗压强度值(MPa)作为强度等级，硅酸盐水泥强度等级分为 42.5、42.5R、52.5、52.5R、62.5、62.5R 六个强度等级。

表 4-6　通用硅酸盐水泥的强度指标

强度等级	抗压强度/MPa		抗折强度/MPa	
	3 d	28 d	3 d	28 d
32.5	≥12.0	≥32.5	≥3.0	≥5.5
32.5R	≥17.0		≥4.0	
42.5	≥17.0	≥42.5	≥4.0	≥6.5
42.5R	≥22.0		≥4.5	
52.5	≥22.0	≥52.5	≥4.5	≥7.0
52.5R	≥27.0		≥5.0	
62.5	≥27.0	≥62.5	≥5.0	≥8.0
62.5R	≥32.0		≥5.5	

水泥 28 d 以前强度称为早期强度；28 d 及以后强度称为后期强度。

②水泥型号。为提高水泥早期强度，我国现行标准将水泥分为普通型和早强型（或称 R 型）两个型号。早强型水泥 3 d 的抗压强度较同强度等级的普通型强度提高 10%～24%；早强型水泥的 3 d 抗压强度可达 28 d 抗压强度的 50%。如水泥混凝土路面需缩短工期提早通车时，在供应条件允许时，应尽量优先选用早强型水泥。

2. 技术标准

硅酸盐水泥的技术标准，按现行国家标准《通用硅酸盐水泥》(GB 175—2023)的有关规定列于表 4-7 中。

表 4-7　通用硅酸盐水泥的技术标准

品种	代号	不溶物(质量分数)/%	烧失量(质量分数)/%	SO_3(质量分数)/%	MgO(质量分数)/%	Cl^-(质量分数)/%	安定性	细度	凝结时间/min 初凝	凝结时间/min 终凝	碱含量
硅酸盐水泥	P·Ⅰ	≤0.75	≤3.0	≤3.5	≤5.0	≤0.06	沸煮法合格	比表面积不低于 300 m²/kg，且不高于 400 m²/kg	≥45	≤390	按 Na_2O+0.658K_2O 计算值表示
	P·Ⅱ	≤1.50	≤3.5								
普通硅酸盐水泥	P·O	—	≤5.0								
矿渣硅酸盐水泥	P·S·A	—	—	≤4.0	≤6.0			45 μm 方孔筛筛余不低于 5%	≥45	≤600	当买方要求提供低碱水泥时，由买卖双方协商确定
	P·S·B	—	—								
火山灰质硅酸盐水泥	P·P	—	—	≤3.5	≤6.0						
粉煤灰硅酸盐水泥	P·F	—	—								
复合硅酸盐水泥	P·C	—	—								

注：1. 如果水泥经压蒸安定性试验合格，则水泥中 MgO 含量可放宽至 6.0%。
　　2. 如果水泥中氧化镁的含量（质量分数）大于 6.0%，需进行水泥压蒸安定性试验并合格。
　　3. 当有更低要求时，该指标由买卖双方协商确定。
　　4. 硅酸盐水泥中碱含量按 Na_2O+0.658K_2O 计，若使用活性骨料，用户要求低碱水泥时，水泥中碱含量不得大于 0.60%，或由双方商定现行国家标准《通用硅酸盐水泥》(GB 175—2023)规定，检查结果符合不溶物、烧失量、氧化镁、三氧化硫、氯离子、初凝时间、终凝时间、安定性及强度的规定为合格品；检验结果不符合上述规定中的任何一项技术要求为不合格品。

五、硅酸盐水泥的特性和应用

硅酸盐水泥熟料中硅酸三钙和铝酸三钙的含量较高，因此硅酸盐水泥具有以下特性。

微课：装配式建筑中水泥灌浆料的性能检测

(1)凝结硬化快、强度高：可应用于早期强度要求高、高强度混凝土和预应力混凝土工程。

(2)抗冻性、耐磨性好：适用于冬期施工及严寒地区受反复冻融作用的混凝土结构。

(3)水化热大：大体积混凝土工程不宜使用。

(4)耐腐蚀性差：受化学腐蚀及海水侵蚀的工程，受流动或压力软水作用的工程不宜使用。

(5)耐热性差：硅酸盐水泥受热温度达到250～300 ℃时，水化物开始脱水，体积收缩，强度开始下降。当温度达到400～600 ℃时，强度明显下降；当温度达到700～1 000 ℃时，强度降低更多，甚至完全破坏。因此，硅酸盐水泥不适用于有耐热要求的混凝土工程。

六、硅酸盐水泥石的腐蚀及其防止

1. 水泥石腐蚀的原因

(1)水泥石中存在引起腐蚀的成分有氢氧化钙和水化铝酸钙。

(2)水泥石本身不密实，有很多毛细孔通道，腐蚀介质易于进入其内部。

(3)腐蚀与通道相互作用。

2. 水泥石的腐蚀

用硅酸盐类水泥配制成的混凝土在正常环境中，水泥石强度将不断增长，但在某些环境中水泥石的强度反而降低，甚至引起混凝土结构的破坏，这种现象称为水泥石的腐蚀。水泥石的腐蚀一般有以下几种类型。

(1)溶析性的侵蚀。溶析性的侵蚀又称为溶出侵蚀或淡水侵蚀，是指硬化后混凝土中的水泥水化产物被淡水溶解而带走的一种侵蚀现象。

在硅酸盐水泥的水化产物中，$Ca(OH)_2$ 在水中的溶解度最大，首先被溶出。在水量小、静水或无压情况下，由于 $Ca(OH)_2$ 的速度溶出，周围的水很快饱和，溶出作用很快就终止；但在大量或流动的水中，由于 $Ca(OH)_2$ 不断被溶析，不仅混凝土的密度和强度降低，还导致了水化硅酸钙和水化铝酸钙的分解，最终可能引起整体结构物的破坏。

(2)酸类的腐蚀。

1)碳酸腐蚀。在工业污水或地下水中常溶解有较多的 CO_2，CO_2 与水泥石中的氢氧化钙 $Ca(OH)_2$ 作用，可生成 $CaCO_3$，$CaCO_3$ 再与水中的碳酸作用，生成可溶的重碳酸钙 $Ca(HCO_3)_2$ 而溶失。

氢氧化钙的大量溶失不仅使水泥石的密度和强度降低，而且导致水泥石的碱度降低，随之将引起水化硅酸钙 C-S-H 和水化铝酸钙的不断分解，水泥石内部不断受到破坏，强度不断降低，最终将会引起整个混凝土结构物的破坏。

2)一般酸的腐蚀。在工业废水、地下水、沼泽水中常含无机酸和有机酸，工业窑炉中的烟气常含有氧化硫，遇水后即生成亚硫酸。各种酸类对水泥石都有不同程度的腐蚀作用。它们与水泥石中的氢氧化钙作用后生成的化合物，或者易溶于水，或者体积膨胀，在水泥石内产生内应力而导致破坏。

（3）**碱类的腐蚀**。碱类溶液如浓度不大时一般是无害的，但铝酸盐含量较高的硅酸盐水泥遇到强碱（如氢氧化钠）作用后也会破坏。氢氧化钠与水泥熟料中未水化的铝酸盐作用，生成易溶的铝酸钠，当水泥石被氢氧化钠浸透后又在空气中干燥，与空气中的二氧化碳作用而生成碳酸钠，碳酸钠在水泥石毛细孔中结晶沉积，而使水泥石胀裂。

（4）**盐类的腐蚀**。

1）镁盐腐蚀。在海水、地下水或矿泉水中，常含有较多的镁盐，一般以氯化镁、硫酸镁形态存在。镁盐与水泥石中的氢氧化钙起置换作用，生成松软且胶凝性不高的氢氧化镁。

2）硫酸盐腐蚀。穿越海湾、沼泽或跨越污染河流的道路结构、沿线桥涵墩台，有时会受到海水、沼泽水、工业污水的侵蚀，这些水中常常含有碱性硫酸盐（如 Na_2SO_4、K_2SO_4）等。这些硫酸盐先与水泥石中的氢氧化钙作用生成硫酸钙，即二水石膏（$CaSO_4 \cdot 2H_2O$）。这种生成物再与水泥石中的水化铝酸钙反应生成钙矾石，其体积约为原来的水化铝酸钙体积的 2.5 倍，从而使硬化水泥石中的固相体积增加很多，产生相当大的结晶压力，造成水泥石开裂甚至毁坏。

3. 水泥石腐蚀的防止

（1）根据腐蚀环境特点，合理选用水泥品种。选用硅酸三钙含量低的水泥，使水化产物中 $Ca(OH)_2$ 的含量减少，可提高抗淡水侵蚀能力；选用铝酸三钙含量低的水泥，则可降低硫酸盐的腐蚀作用。

（2）提高水泥石的密实度。水泥石内部存在的孔隙是水泥石产生腐蚀的内因之一。通过采取诸如合理设计混凝土配合比、降低水胶比、合理选择骨料、掺外加剂及改善施工方法等，可以提高水泥石的密实度，增强其抗腐蚀能力。另外，也可以对水泥石表面进行处理，如碳化等，增加其表层密实度，从而达到防腐的目的。

（3）敷设耐腐蚀保护层。当腐蚀作用较强时，可在混凝土表面敷设一层耐腐蚀性强且不透水的保护层（通常可采用耐酸石料、耐酸陶瓷、玻璃、塑料或沥青等）。

七、硅酸盐水泥的验收及保管

1. 验收

水泥出厂：生产者应向买方提供产品质量证明材料。产品质量证明材料包括水溶性铬（Ⅵ）、放射性核素限量、压蒸法安定性等型式检验项目的检验结果，以及所有出厂检验项目的检验结果或确认结果。

水泥进场：应对其品种、级别、包装或散装仓号、出厂日期等进行检查，并应对其强度、安定性及其他必要的性能指标进行复验，其质量必须符合现行国家标准《通用硅酸盐水泥》（GB 175—2023）的规定。当在使用中对水泥质量有怀疑或水泥出厂超过三个月（快硬硅酸盐水泥超过一个月）时，应进行复验，并按复验结果使用。

检查数量：按同一生产厂家、同一等级、同一品种、同一批号且连续进场的水泥，袋装不超过 200 t 为一批，散装不超过 500 t 为一批，每批抽样不少于一次。

检验方法：检查产品合格证、出厂检验报告和进场复验报告。为能及时得知水泥强度，可按《水泥强度快速检验方法》（JC/T 738—2004）预测水泥 28 d 强度。

2. 保管

入库的水泥应按品种、强度等级、出厂日期分别堆放，并树立标志。做到先到先用，并防止混掺使用。为了防止水泥受潮，现场仓库应尽量密闭。包装水泥存放时，应垫起离地约 30 cm，离墙也应在 30 cm 以上。堆放高度一般不要超过 10 包。临时露天暂存水泥也应用防雨篷布盖严，底板要垫高，并应采取防潮措施。

水泥储存时间不宜过长，以免结块降低强度。常用水泥在正常环境中存放三个月，强度将降低 10%～20%；存放六个月，强度将降低 15%～30%。为此，水泥存放时间按出厂日期起算，超过三个月应视为过期水泥，使用时必须重新检验确定其强度等级。

水泥不得与石灰石、石膏、白垩等粉状物料混合放在一起。

任务二　掺混合材料的硅酸盐水泥的性能与应用

为了改善硅酸盐水泥的某些性能，同时，为了达到增加产量和降低成本，在硅酸盐水泥熟料中掺适量的各种混合材料与石膏共同磨细的水硬性胶凝材料，称为掺混合材料的硅酸盐水泥。

微课：掺混合材料的
硅酸盐水泥的性能及应用

一、混合材料

（1）粒化高炉矿渣/矿渣粉。将高炉炼铁矿渣在高温液态排出时经冷淬处理，使其成为颗粒状态，质地疏松、多孔，称为粒化高炉矿渣；细粉状则为粒化高炉矿渣粉，其主要化学成分为 CaO、SiO_2、Al_2O_3，它们的总含量在 90% 以上，另外，还有 MgO、FeO 和一些硫化物。其中，CaO 和 SiO_2 含量均高达 40% 或更高，自身具有一定水硬性。粒化高炉矿渣/矿渣粉应符合《用于水泥中的粒化高炉矿渣》(GB/T 203—2008)规定的技术要求。

（2）火山灰质混合材料。火山灰质混合材料是指具有火山灰性质的天然或人工矿物质材料。火山灰、凝灰岩、硅藻石、烧黏土、煤渣、煤矸石渣等都属于火山灰质混合材料。这些材料都含有活性二氧化硅和活性氧化铝，经磨细后，在 $Ca(OH)_2$ 的碱性作用下，可在空气中硬化，而后在水中继续硬化增加强度。火山灰质混合材料应符合《用于水泥中的火山灰质混合材料》(GB/T 2847—2022)规定的技术要求(水泥胶砂 28 d 抗压强度比除外)。

（3）粉煤灰。火电厂的燃料煤粉燃烧后收集的飞灰称为粉煤灰。粉煤灰中含有较多的 SiO_2、Al_2O_3 与 $Ca(OH)_2$，化合能力较强，具有较高的活性。粉煤灰应符合《用于水泥和混凝土中的粉煤灰》(GB/T 1596—2017)规定的技术要求(强度活性指数、碱含量除外)。粉煤灰中铵离子含量不大于 210 mg/kg。

（4）石灰石和砂岩。石灰石、砂岩的亚甲蓝值应不大于 1.4 g/kg。亚甲蓝值按《用于水泥、砂浆和混凝土中的石灰石粉》(GB/T 35164—2017)中附录 A 的规定进行检验。石灰石中的 Al_2O_3 含量不大于 2.5%。

（5）水泥助磨剂。水泥粉磨时允许加入助磨剂，其加入量应不超过水泥质量的 0.5%，助磨剂应符合《水泥助磨剂》(GB/T 26748—2011)规定的技术要求。

二、普通硅酸盐水泥

普通硅酸盐水泥(简称普通水泥)，代号 P·O。现行国家标准《通用硅酸盐水泥》(GB

175—2023)规定，普通硅酸盐水泥组分中熟料和石膏质量分数为 80%～94%，掺加 6%～20% 的符合标准规定的粒化高炉矿渣/矿渣粉、粉煤灰、火山灰质混合材料，其中允许使用不超过水泥质量 5% 的符合标准规定的石灰石代替。

普通水泥由于掺混合材料的数量少，性质与不掺混合材料的硅酸盐水泥相近。

三、矿渣硅酸盐水泥

1. 矿渣硅酸盐水泥的成分

对于矿渣硅酸盐水泥（简称矿渣水泥），现行国家标准《通用硅酸盐水泥》(GB 175—2023)规定，矿渣硅酸盐水泥分两种类型，一种的熟料和石膏质量分数为 50%～79%，掺 21%～50% 的粒化高炉矿渣/矿渣粉，其中允许用不超过水泥质量 8% 的符合标准规定的粉煤灰或火山灰质混合材料、石灰石中的一种代替，代号为 P·S·A；另一种的熟料和石膏质量分数为 30%～49%，掺 51%～70% 的粒化高炉矿渣/矿渣粉，其中允许用不超过水泥质量的 8% 的符合标准规定的粉煤灰或火山灰质混合材料、石灰石中的一种代替，代号为 P·S·B。替代后，P·S·A 矿渣硅酸盐水泥中粒化高炉矿渣/矿渣粉含量（质量分数）不小于水泥质量的 21%；P·S·B 矿渣硅酸盐水泥中粒化高炉矿渣/矿渣粉含量（质量分数）不小于水泥质量的 51%。

2. 矿渣硅酸盐水泥的水化和硬化过程

矿渣硅酸盐水泥加水后，水化过程分两步进行。首先是熟料矿物水化；其次是水化反应生成的 $Ca(OH)_2$ 起着碱性激发剂的作用，与矿渣中的活性 SiO_2 和活性 Al_2O_3 作用形成具有胶凝性能的水化硅酸钙和水化铝酸钙等水化产物。由于二次反应消耗了水泥熟料的水化产物，因此又加速了熟料的水化反应。

3. 矿渣硅酸盐水泥的性能和应用特点

由于矿渣硅酸盐水泥中水泥熟料含量比硅酸盐水泥少，并掺大量的粒化高炉矿渣，因此与硅酸盐水泥相比，矿渣硅酸盐水泥的性能及应用具有以下特点。

(1)耐硫酸盐腐蚀较好。矿渣硅酸盐水泥中熟料相对减少，C_3S 和 C_3A 的含量也随之减少，其水化所析出的 $Ca(OH)_2$ 比硅酸盐水泥少，而且矿渣中活性 SiO_2、Al_2O_3 与 $Ca(OH)_2$ 的作用又消耗了大量的 $Ca(OH)_2$，这样，水泥石中 $Ca(OH)_2$ 就更少了，因此提高了抗软水及硫酸盐腐蚀的能力。矿渣硅酸盐水泥适用于要求耐淡水侵蚀和耐硫酸盐腐蚀的水工或海港工程。

(2)水化热低。在矿渣硅酸盐水泥中，熟料减少，相对降低了 C_3S 和 C_3A 的含量，水化和硬化过程较慢。因此，水化热比普通硅酸盐水泥小，宜用于大体积工程。

(3)早期强度越低，后期强度增长率越大。矿渣硅酸盐水泥的水化过程首先是熟料的水化，矿渣活性成分的水化要在熟料水化产物 $Ca(OH)_2$ 激发下进行。矿渣水泥中熟料含量少，而且常温下化合反应缓慢，因此强度增长速度较缓慢，到后期随着水化硅酸钙凝胶数量的增多，28 d 以后的强度将超过强度等级相同的硅酸盐水泥。矿渣掺量越多，早期强度越低，后期强度增长率越大。

(4)对温度敏感。矿渣硅酸盐水泥的水化反应对温度敏感，提高养护温度、湿度，有利于强度发展。若采用蒸汽养护，强度增长较普通硅酸盐水泥快，且后期强度仍能很好地增长。矿渣硅酸盐水泥不宜用在温度太低、养护条件差的工程。

(5)抗冻性、抗渗性、抗碳化能力差。

(6)耐热性好。矿渣硅酸盐水泥中的 $Ca(OH)_2$ 含量较低，且矿渣本身又是水泥的耐热掺料，故具有较好的耐热性，适用于受热（200 ℃以下）的混凝土工程；还可掺耐火砖粉等配制成耐热混凝土。

（7）矿渣硅酸盐水泥中混合材料掺量较大，且磨细粒化高炉矿渣有尖锐棱角，故标准稠度需水量较大，保持水分能力较差，泌水性较大，因而干缩性较大，如养护不当，则易产生裂缝。因此，矿渣水泥的抵抗干湿交替的性能均不及普通硅酸盐水泥，且碱度低，抗碳化能力差。

四、火山灰质硅酸盐水泥

火山灰质硅酸盐水泥（简称火山灰水泥），代号 P·P。现行国家标准《通用硅酸盐水泥》（GB 175—2023）规定，火山灰质硅酸盐水泥中熟料和石膏质量分数为 60%～79%，掺 21%～40% 的火山灰质活性混合材料。其中允许用不超过水泥质量 5% 的符合标准规定的石灰石代替。

火山灰水泥的技术性质与矿渣水泥比较接近，但由于火山灰质混合材料品种多，组成与结构差异大，虽然各种火山灰水泥的水化、硬化过程基本相似，但水化速度和水化产物等却随着混合材料、硬化环境和水泥熟料的不同而发生变化。

火山灰水泥凝结硬化缓慢，早期强度低，后期强度高。火山灰水泥的凝结硬化过程对环境温度、湿度变化较为敏感，故火山灰水泥宜用蒸汽或蒸压养护，不宜用于有早强要求及低温工程中。火山灰水泥具有较低的水化热，适用于大体积工程。

火山灰水泥具有良好的抗渗性、耐水性及一定的抗腐蚀性能。火山灰水泥在硬化过程中形成了大量的水化硅酸钙凝胶，提高了水泥石的致密程度，从而提高了抗渗性、耐水性及抗硫酸盐性，且由于 $Ca(OH)_2$ 含量低，因而有良好的抗淡水侵蚀性。故火山灰水泥宜用于抗渗性要求较高的工程。但是当混合材料中活性氧化铝含量较多时，抗硫酸盐腐蚀能力较差。

火山灰水泥保水性差，在干燥环境中将由于失水而使水化反应停止，强度不再增长，且由于水化硅酸钙凝胶的干燥将产生收缩和内应力，使水泥石产生很多细小的裂缝。在表面则由于水化硅酸钙抗碳化能力差，水泥石表面会产生"起粉"现象。因此，火山灰水泥不宜用于干燥环境中的地上工程。

另外，这种水泥需水量大，收缩大，抗冻性差，使用时需注意。

五、粉煤灰硅酸盐水泥

粉煤灰硅酸盐水泥（简称粉煤灰水泥），代号 P·F。根据现行国家标准《通用硅酸盐水泥》（GB 175—2023）规定，粉煤灰硅酸盐水泥中熟料和石膏质量分数为 60%～79%，掺 21%～40% 的活性粉煤灰。其中允许用不超过水泥质量 5% 的符合标准规定的石灰石代替部分混合材料。

粉煤灰硅酸盐水泥的水化和硬化过程与矿渣水泥相似，但也有不同之处。由于粉煤灰的活性成分主要是玻璃体（玻璃珠或空心玻璃珠），这种玻璃体比较稳定而且结构致密，不易水化；在 $Ca(OH)_2$ 的激发作用下，经过 28 d 到 3 个月的水化龄期，才能在玻璃体表面形成水化硅酸钙和水化铝酸钙。粉煤灰内比表面较小，吸附水的能力较小，因而这种水泥干缩小，抗裂性较强。

粉煤灰水泥泌水较快，易引起失水裂缝，故应在硬化早期加强养护，并采取一定的工艺措施。

六、复合硅酸盐水泥

复合硅酸盐水泥（简称复合水泥），代号 P·C。根据现行国家标准《通用硅酸盐水泥》(GB 175—2023)规定，复合硅酸盐水泥中熟料和石膏质量分数为 50%～79%，掺符合标准规定的粒化高炉矿渣/矿渣粉、粉煤灰、火山灰质混合材料、石灰石和砂岩中的三种(含)以上材料组成。其中，石灰石含量(质量分数)不大于水泥质量的 15%。

复合硅酸盐水泥的特性取决于其所掺的两种或两种以上混合材料的种类、掺量及相对比例。其特性与矿渣硅酸盐水泥、火山灰质硅酸盐水泥、粉煤灰硅酸盐水泥有不同程度的相似之处；其使用范围可根据其掺入的混合材料的种类，参照上述三种水泥使用范围选用。

根据现行国家标准《通用硅酸盐水泥》(GB 175—2023)规定，矿渣硅酸盐水泥、火山灰质硅酸盐水泥和粉煤灰硅酸盐水泥的技术要求都是相同的，其强度等级分为 32.5、32.5R、42.5、42.5R、52.5、52.5R 六个等级。复合硅酸盐水泥的强度等级分为 42.5、42.5R、52.5、52.5R 四个等级。

通用硅酸盐水泥中的硅酸盐水泥、普通硅酸盐水泥、矿渣硅酸盐水泥、火山灰质硅酸盐水泥、粉煤灰硅酸盐水泥、复合硅酸盐水泥六种水泥是在土建工程中应用最广的品种。此六种水泥的特性及适用范围列于表 4-8 中。

表 4-8　六种水泥的主要特性及适用范围

名称	硅酸盐水泥	普通硅酸盐水泥	矿渣硅酸盐水泥	火山灰质硅酸盐水泥	粉煤灰硅酸盐水泥	复合硅酸盐水泥
代号	P·Ⅰ/P·Ⅱ	P·O	P·S	P·P	P·F	P·C
特性	早、后期强度高，水化热大，抗冻性好，耐热性差，耐腐蚀性差，抗碳化性好，干缩小	与硅酸盐水泥相近	早期强度低，后期强度增长快，水化热低，耐硫酸盐、软水侵蚀性好，抗冻性差，抗碳化能力差，耐热性好，易泌水，抗渗性差，干缩性大	早期强度低，后期强度增长快，水化热低，耐硫酸盐、软水侵蚀性好，抗冻性差，抗碳化能力差，不易泌水，抗渗性好，干缩性大	早期强度低，后期强度增长快，水化热低，耐硫酸盐、软水侵蚀性好，抗冻性差，抗碳化能力差，干缩性小、抗裂性好，易泌水，抗渗性差	早期强度比矿渣等硅酸盐水泥高，耐蚀性好，水化热低，抗冻抗碳化性较差，干缩较大
适用范围	早期强度要求高的工程，一般混凝土及预应力混凝土工程，受反复冰冻作用的结构，高强度混凝土	同硅酸盐水泥	水下混凝土工程，有抗硫酸盐、软水侵蚀要求的工程，大体积混凝土结构，高温养护的混凝土，有耐热要求的结构	水下混凝土工程，有抗硫酸盐、软水侵蚀要求的工程，大体积混凝土结构，高温养护的混凝土，有抗渗要求的结构	水下混凝土工程，有抗硫酸盐、软水侵蚀要求的工程，大体积混凝土结构，高温养护的混凝土，有抗裂性要求的结构	水下混凝土工程，大体积混凝土结构，耐蚀性要求较高的混凝土，高温养护混凝土

名称	硅酸盐水泥	普通硅酸盐水泥	矿渣硅酸盐水泥	火山灰质硅酸盐水泥	粉煤灰硅酸盐水泥	复合硅酸盐水泥
不适用范围	大体积混凝土，受化学腐蚀及海水侵蚀的工程，受流动或压力软水作用的工程	同硅酸盐水泥	早期强度要求较高的工程，有抗冻要求的工程，低温或冬期施工的工程，有抗碳化要求的工程，有耐磨性要求的工程，干燥环境中的工程，有抗渗要求的工程	早期强度要求较高的工程，有抗冻要求的工程，低温或冬期施工的工程，有抗碳化要求的工程，有耐磨性要求的工程，干燥环境中的工程	早期强度要求较高的工程，有抗冻要求的工程，低温或冬期施工的工程，有抗碳化要求的工程	早期强度要求较高的工程，有抗冻要求的工程，低温或冬期施工的工程，有抗碳化要求的工程

任务三　其他品种水泥的性能与应用

一、道路硅酸盐水泥

以适当成分的生料烧至部分熔融，所得以硅酸钙为主要成分并含有较多量的铁铝酸钙的硅酸盐水泥熟料称为道路硅酸盐水泥熟料。由道路硅酸盐水泥熟料，0～10%活性混合材料和适量石膏磨细制成的水硬性胶凝材料称为道路硅酸盐水泥（简称道路水泥）。

1. 技术要求

各交通等级路面所使用水泥的化学成分和物理指标等要求应符合表4-9的规定。

表4-9　各交通等级路面用水泥的化学成分和物理指标

水泥性能	特重、重交通路面	中、轻交通路面
铝酸三钙	不宜>7.0%	不宜>9.0%
铁铝酸四钙	不宜<15.0%	不宜<12.0%
游离氧化钙	不得>1.0%	不得>1.5%
氧化镁	不得>5.0%	不得>6.0%
三氧化硫	不得>3.5%	不得>4.0%
碱含量	$Na_2O+0.658K_2O \leqslant 0.6\%$	怀疑有碱活性骨料时，$\leqslant 0.6\%$；无碱活性骨料时，$\leqslant 1.0\%$
混合材料种类	不得掺窑灰、煤矸石、火山灰和黏土，有抗盐冻要求时不得掺石灰、石粉	不得掺窑灰、煤矸石、火山灰和黏土，有抗盐冻要求时不得掺石灰、石粉
出磨时安定性	雷氏法或蒸煮法检验必须合格	蒸煮法检验必须合格
标准稠度需水量	不宜>28%	不宜>30%
烧失量	不得>3.0%	不得>5.0%
比表面积	宜在300～450 m²/kg范围内	宜在300～450 m²/kg范围内

水泥性能	特重、重交通路面	中、轻交通路面
细度（80 μm）	筛余量不得＞10％	筛余量不得＞10％
初凝时间	不早于1.5 h	不早于1.5 h
终凝时间	不迟于10 h	不迟于10 h
28 d干缩率	不得＞0.09％	不得＞0.10％
耐磨性	不得＞3.6％	不得＞3.6％

2. 工程应用

道路水泥是一种强度高、特别是抗折强度高，耐磨性好，干缩性小，抗冲击性好，抗冻性和抗硫酸性比较好的专用水泥。它适用于道路路面、机场跑道道面、城市广场等工程。由于道路水泥具有干缩性小、耐磨、抗冲击等性能，可减少水泥混凝土路面的裂缝和磨耗等病害，减少维修。延长路面使用年限，因而可获得显著的社会效益和经济效益。

二、快硬硅酸盐水泥

凡以硅酸盐水泥熟料和适量石膏磨细制成，以3 d抗压强度表示强度等级的水硬性胶凝材料称为快硬硅酸盐水泥（简称快硬水泥）。

快硬硅酸盐水泥中的主要矿物成分为硅酸三钙、铝酸三钙，通常C_3S含量为50％～60％，C_3A含量为8％～14％，C_3S和C_3A的总量应为60％～65％。为加快硬化速度，可适量增加石膏的掺量和提高水泥的粉磨细度。

1. 技术要求

（1）化学性质。

1）氧化镁含量。熟料中氧化镁含量不超过5.0％。如水泥压蒸安定性试验合格，则熟料中氧化镁的含量允许放宽到6.0％。

2）三氧化硫含量。水泥中三氧化硫含量不超过4.0％。

（2）物理力学性质。

1）细度。采用筛析方法，80 μm方孔筛筛余量不大于10％。

2）凝结时间。初凝不早于45 min，终凝不迟于600 min。

3）安定性。沸煮法检验必须合格。

4）强度。以3 d强度表示强度等级，各龄期强度不得低于规定数值。

快硬硅酸盐水泥各强度等级各龄期强度值，见表4-10。

表4-10　快硬硅酸盐水泥各强度等级各龄期强度值

强度等级	抗压强度/MPa			抗折强度/MPa		
	1 d	3 d	28 d	1 d	3 d	28 d
32.5	15.0	32.5	52.5	3.5	5.0	7.2
37.5	17.0	37.5	57.5	4.0	6.0	7.6
42.5	19.0	42.5	62.5	4.5	6.4	8.0

2. 工程应用

快硬硅酸盐水泥具有早期强度增进率高的特点，其 3 d 抗压强度可达到强度等级，后期强度仍有一定增长，因此适用于紧急抢修工程、冬期施工工程。用于制造预应力钢筋混凝土或混凝土预制构件，可提高混凝土早期强度，缩短养护期，加快周转，不宜用于大体积混凝土工程。快硬硅酸盐水泥的缺点是干缩率较大，容易吸湿，储存期超过一个月时须重新检验。

三、铝酸盐水泥

铝酸盐水泥是以石灰石和矾土为主要原料，配制成适当成分的生料，烧至全部或部分熔融所得以铝酸钙为主要矿物的熟料，经磨细制成的水硬性胶凝材料，代号 CA。由于熟料中 Al_2O_3 含量大于 50%，因此又称为高铝水泥。它是一种快硬、高强、耐腐蚀、耐热的水泥。

铝酸盐水泥按 Al_2O_3 含量百分数可分为以下四类。

（1）CA—50：$50\% \leqslant Al_2O_3 < 60\%$。

（2）CA—60：$60\% \leqslant Al_2O_3 < 68\%$。

（3）CA—70：$68\% \leqslant Al_2O_3 < 77\%$。

（4）CA—80：$77\% \leqslant Al_2O_3$。

1. 技术要求

（1）细度。比表面积不小于 300 m^2/kg 或 0.045 mm，筛余不大于 20%，发生争议时以比表面积为准。

（2）凝结时间。CA—50、CA—70、CA—80 初凝时间不得早于 30 min，终凝时间不得迟于 6 h；CA—60 的初凝时间不得早于 60 min，终凝时间不得迟于 18 h。

（3）强度。各类型水泥各龄期强度值不得低于表 4-11 中规定的数值。

表 4-11　铝酸盐水泥各龄期强度值

水泥类型	抗压强度/MPa				抗折强度/MPa			
	6 h	1 d	3 d	28 d	6 h	1 d	3 d	28 d
CA—50	20※	40	50		3.0※	5.5	6.5	
CA—60		20	45	85		2.5	5.0	10.0
CA—70		30	40			5.0	6.0	
CA—80		25	30			4.0	5.0	
※当用户需要时，生产厂应提供结果								

2. 工程应用

铝酸盐水泥的特点是早期强度增长快、强度高，主要用于紧急抢修和早期强度要求高的工程、冬期施工的工程。同时，铝酸盐水泥具有较高的抵抗矿物水和硫酸盐耐腐蚀性，也具有较高的耐热性，因而也用于处于海水或者其他腐蚀介质作用的重要工程，以及制造耐热混凝土、制造膨胀水泥等。

在使用铝酸盐水泥时应避免与硅酸盐水泥混合使用，否则会使水泥的强度降低。

四、膨胀水泥

膨胀水泥是硬化过程中不产生收缩且具有一定膨胀性能的水泥。它通常由胶凝材料和膨胀剂混合而成。膨胀剂使水泥在水化过程中形成膨胀物质（如水化硫铝酸钙），导致体积稍有膨胀。由于这一过程是在未硬化浆体中进行的，所以不致引起破坏和有害的应力。

1. 分类

（1）按胶结材料不同分类。

1）硅酸盐型膨胀水泥。用硅酸盐熟料、铝酸盐水泥和二水石膏以适当比例共同粉磨或分别研磨再混合均匀，可制得硅酸盐型膨胀水泥。由于水化后生成钙矾石、水化氢氧化钙等水化产物，这些水化产物的体积均大于原固相的体积，因而造成硬化水泥浆体的体积膨胀。

2）铝酸盐型膨胀水泥。用高铝水泥熟料和二水石膏以适当比例，再加助磨剂磨细，制成铝酸盐型膨胀水泥。

3）硫铝酸盐型膨胀水泥。用中、低品位的矾土、石灰和石膏为原料，适当配合磨细后经煅烧得到的硫铝酸钙、硅酸二钙为主要矿物的熟料，再配制二水石膏磨细制得的具有膨胀性的水硬性胶凝材料，称为硫铝酸盐型膨胀水泥。

（2）按膨胀值分类。

1）收缩补偿水泥。收缩补偿水泥膨胀性能较弱，膨胀时所产生的压应力大致能抵消干缩所引起的应力，可防止混凝土产生干缩裂缝。

2）自应力水泥。自应力水泥具有较强的膨胀性能，当它用于钢筋混凝土中时，由于它的膨胀性能使钢筋受到较大的拉应力，而混凝土则受到相应的压应力。当外界因素使混凝土结构产生拉应力时，就可被混凝土预先具有的压应力抵消或降低。这种靠水泥自身水化产生膨胀来张拉钢筋达到的预应力称为自应力。混凝土中所产生的压应力数值即自应力值。

2. 技术性质与工程应用

各种膨胀水泥的膨胀性不同，技术指标也不尽相同。通常，规定技术指标检验项目包括比表面积、凝结时间、膨胀率、强度等。在路桥工程中，膨胀水泥常用于水泥混凝土路面、机场道面或桥梁修补混凝土。另外，还可以在越江隧道或山区隧道用于配制防水混凝土、自应力混凝土及堵漏工程、修补工程等。

五、抗硫酸盐硅酸盐水泥

以适当成分的生料烧至部分熔融所得以硅酸钙为主的特定矿物组成的熟料，加入适量石膏磨细制成的具有一定抗硫酸盐腐蚀性能的水硬性胶凝材料，称为抗硫酸盐硅酸盐水泥（简称抗硫酸盐水泥）。

抗硫酸盐水泥要求熟料中硅酸三钙含量＜50％，铝酸三钙含量＜5％，铝酸三钙和铁铝酸四钙的总含量＜22％。抗硫酸盐水泥除具有抗硫酸盐腐蚀的特点外，还具有水化热低的特点，适用于一般受硫酸盐腐蚀的海港、水利、地下、隧道、引水、道路和桥涵基础等工程。

六、中热硅酸盐水泥和低热矿渣硅酸盐水泥

以适当成分的硅酸盐水泥熟料，加入矿渣和适量石膏磨细制成的具有低水化热的水硬性胶凝材料，称为低热矿渣硅酸盐水泥，简称低热矿渣水泥。水泥中矿渣的掺量按质

量百分比计为20％～60％，容许用不超过混合材料总量50％的磷渣或粉煤灰代替部分矿渣。以适当成分的硅酸盐水泥熟料加入适量石膏磨细而成的，具有中等水化热的水硬性胶凝材料，简称中热水泥。

中热水泥与低热矿渣水泥通过限制水泥熟料中水化热大的铝酸三钙与硅酸三钙的含量，从而降低水化热。中热水泥和低热矿渣水泥主要适用于要求水化热较低的大坝和大体积混凝土工程。

七、白色和彩色硅酸盐水泥

白色硅酸盐水泥简称白水泥，是由氧化铁含量少的白色硅酸盐水泥熟料加入适量石膏，磨细制成的水硬性胶凝材料。磨制水泥时，允许加入不超过水泥质量5％的石灰石或窑灰作为外加物。水泥粉磨时允许加入不损害水泥性能的助磨剂，加入量不得超过水泥质量的1％。

白水泥粉磨时加入碱性颜料可制成彩色水泥，常用原料有氧化铁（红色、黄色、褐色、黑色）、二氧化锰（黑色、褐色）、氧化铬（绿色）、赭石（赭色）和炭黑（黑色）等。

白水泥和彩色水泥主要用于建筑内外的装饰，如路面、楼地面、楼梯、墙、柱、台阶、建筑立面的线条、装饰图案和雕塑等。

知识拓展

建筑石膏、生石灰粉、白色石灰石粉和白色硅酸盐水泥就外观而言非常相似，因此，如何在无明显标志情况下依据其性质不同进行区分很重要。

分析：鉴别这四种白色粉末的方法有很多，主要是根据四者的特性来进行。生石灰加水，发生消解成为消石灰（氢氧化钙），这个过程称为石灰的"消化"，又称"熟化"，同时放出大量的热；建筑石膏与适量水拌和后，能形成可塑性良好的浆体，随着石膏与水的反应，浆体的可塑性很快消失而发生凝结，此后进一步产生和发展强度而硬化。一般石膏的初凝时间仅为10 min左右，终凝时间不超过30 min。白色硅酸盐水泥的性能和硅酸盐水泥基本相同，其初凝时间不早于45 min，终凝时间不超过6 h＋30 min。石灰石粉与水不发生任何反应。因此，鉴别的标准方法是取相同质量的四种粉末，分别加入适量的水拌和为同一稠度的浆体。放热量最大且有大量水蒸气产生的为生石灰粉；在5～30 min内凝结硬化并具有一定强度的为建筑石膏；在45 min到12 h内凝结硬化的为白色硅酸盐水泥；加水后没有任何反应和变化的为白色石灰石粉。

≫ 任务四　硅酸盐水泥基本性能检测

一、水泥细度试验

1. 试验目的

通过45 μm筛筛析法测定水泥存留在45 μm筛上的筛余量，用以评定水泥的质量。根据现行国家标准《通用硅酸盐水泥》（GB 175—2023）和《水泥细度检验方法筛析法》

(GB/T 1345—2005)规定，普通硅酸盐水泥、矿渣硅酸盐水泥、火山灰质硅酸盐水泥和粉煤灰硅酸盐水泥，45 μm 筛析法的筛余量不小于5%。

2. 试验仪器设备

（1）试验筛：由圆形筛框和筛网组成。负压筛应附有透明筛盖，筛盖与筛上口应有良好的密封性。筛网应紧绷在筛框上，筛网和筛框接触处，应用防水胶密封，防止水泥嵌入。

（2）负压筛析仪：由筛座、负压筛、负压源和收尘器组成。其中，筛座由转速为(30±2) r/min 的喷气嘴、负压表、控制板、微电机及壳体等构成，如图4-5、图4-6所示。

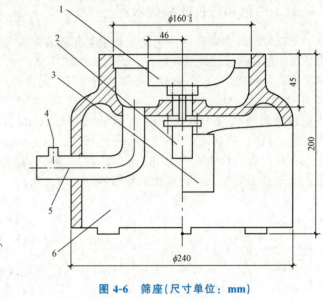
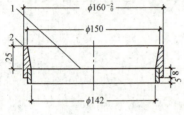

图 4-5　负压筛(尺寸单位：mm)
1—筛网；2—筛框

图 4-6　筛座(尺寸单位：mm)
1—喷气嘴；2—微电机；3—控制板开口；4—负压；
5—负压源及收尘器接口；6—壳体

（3）天平：量程为100 g，感量不大于0.05 g。

3. 试验步骤

（1）负压筛法。

1）水泥试件应充分搅拌均匀，通过0.9 mm 方孔筛，记录筛余物情况，要防止过筛时混进其他水泥。

2）筛析试验前，应将负压筛放在筛座上，盖上筛盖，接通电源，检查控制系统，调整负压至4 000～6 000 Pa 范围内。

3）称取试样25 g，置于洁净的负压筛中，盖上筛盖，放在筛座上，开动筛析仪连续筛析2 min，在此期间如有试样附着在筛盖上，可轻轻地敲击，使试样落下。筛毕，用天平称量筛余物。

4）当工作负压小于4 000 Pa 时，应清理收尘器内水泥，使负压恢复正常。

（2）水筛法。

1）同前法处理试件。

2）筛析试验前，应检查水中无泥、砂，调整好水压及水筛架的位置，使其能正常运转。喷头底面和筛网之间的距离为35～75 mm。

3）称取试样50 g，置于洁净的水筛中，立即用淡水冲洗至大部分细粉通过后，放在水筛架上，用水压为(0.05±0.02)MPa 的喷头连续冲洗3 min。筛毕，用少量水将筛余物冲至蒸发皿中，待水泥颗粒全部沉淀后，小心倒出清水，烘干并用天平称量筛余物。

4. 结果整理

水泥试验筛余百分数按式(4-7)计算：

$$F=\frac{R_s}{m}\times 100\%\qquad(4-7)$$

式中　F——水泥试样的筛余百分数(%)；

R_s——水泥筛余物的质量(g)；

m——水泥试样的质量(g)。

计算结果精确至 0.1%。

注：负压筛法与水筛法或手工干筛法测定的结果不一致时，以负压筛法为准。

二、水泥标准稠度用水量试验

1. 试验目的

测定水泥标准稠度用水量是为了在进行水泥凝结时间和安定性试验时，对水泥净浆在标准稠度的条件下测定，使不同水泥具有可比性。

2. 试验仪器设备

(1)水泥净浆标准稠度与凝结时间测定仪(标准法维卡仪)，构造如图 4-7 所示。

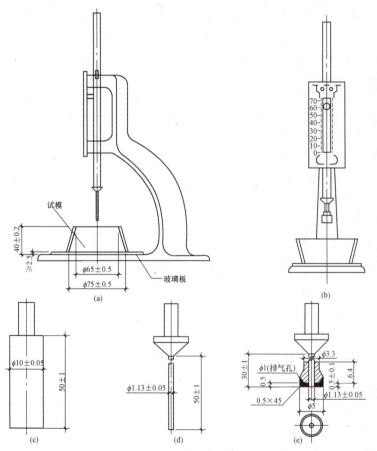

图 4-7　测定水泥标准稠度用水量和凝结时间的维卡仪

(a)初凝时间测定用立式试模的侧视图；(b)终凝时间测定用反转试模的前视图；

(c)标准稠度试杆；(d)初凝用试针；(e)终凝用试针

该仪器是由铁座和可以自由滑动的金属圆棒构成的。松紧螺钉用以调整金属棒的高低。金属棒上附有指针，在量程为0～70 mm的标尺上可指示出金属棒的下降距离。

当测定标准稠度时，可在金属圆棒下安装一试杆，有效长度为(50±1)mm，由直径为(10±0.05)mm的耐腐蚀金属制成。盛装水泥净浆的试模由耐腐蚀的、有足够硬度的金属制成。试模为深(40±0.2)mm、顶内径(65±0.5)mm、底内径(75±0.5)mm的截顶圆锥体。

(2)水泥净浆搅拌机：由搅拌叶和搅拌锅组成，搅拌叶宽度为111 mm，搅拌锅内径×最大深度为ϕ160 mm×139 mm。搅拌锅与搅拌叶之间的工作间隙为(2±1)mm。

(3)量水器：精度为±0.5 mL。

(4)天平：感量不大于1 g。

3. 试验步骤

(1)试验前必须做到：维卡仪的金属棒能自由滑动；调整至试杆接触玻璃板时指针对准零点；搅拌机运转正常。

(2)水泥净浆的拌制。搅拌锅和搅拌叶先用湿棉布擦过，将拌和水倒入搅拌锅内，然后在5～10 s内小心将称量好的500 g水泥加入水中，防止水和水泥溅出；拌和时，先将锅放到搅拌机锅座上，升至搅拌位置。开动机器，同时徐徐加入拌和水，慢速搅拌120 s，停拌15 s，接着快速搅拌120 s后停机。

(3)装模测试。拌和结束后，立即取适量水泥净浆一次性将其装入已置于玻璃底板上的试模中，浆体超过试模上端，用宽约为25 mm的直边刀轻轻拍打超出试模部分的浆体5次以排除浆体中的孔隙，然后在试模上表面约1/3处，略倾斜于试模分别向外轻轻锯掉多余净浆，再从试模边沿轻抹顶部一次，使净浆表面光滑。在锯掉多余净浆和抹平的操作过程中，注意不要压实净浆；抹平后迅速将试模和底板移动到维卡仪上，并将其中心定在试杆下，降低试杆直至与水泥净浆表面接触，拧紧螺钉1～2 s后，突然放松，使试杆垂直自由地沉入净浆中。在试杆停止沉入或释放试杆30 s时记录试杆距底板之间的距离，升起试杆，立即擦净；整个操作应在搅拌后1.5 min后完成。以试杆沉入净浆并距底板(6±1)mm的水泥净浆为标准稠度净浆。其拌和用水量为该水泥的标准稠度用水量，按水泥质量的百分比计。

4. 结果整理

水泥的标准稠度用水量P按式(4-8)计算：

$$P=\frac{\varrho V}{m}\times100\% \tag{4-8}$$

式中　　P——标准稠度用水量(%)；

　　　　V——拌合用水量(mL)；

　　　　m——水泥试样质量(g)；

　　　　ρ——水的密度(设水在4 ℃时密度为1 g/mL)。

三、水泥凝结时间试验

1. 试验目的

以标准稠度用水量制成的水泥净浆安装在测定凝结时间用的圆模中，在凝结时间测定仪(标准维卡仪)上，以标准试针测试，用以检验水泥的初凝时间和终凝时间是否符合技术要求。

2. 试验仪器设备

(1)凝结时间测定仪(标准维卡仪)：在测定凝结时间时，试针和试模尺寸如图4-7所示。

(2)湿气养护箱：应能使温度控制在(20±3)℃，湿度大于90％。

(3)其他器具同前。

3. 试验步骤

(1)凝结时间用标准法维卡仪测定，此时仪器棒下端应改装为试针。

(2)测定前的准备工作：将圆模放在玻璃板上，在玻璃板及圆模内侧稍稍涂上一层机油，调整标准法维卡仪的试针，使接触玻璃板时指针应对准标尺零点。

(3)试件的制备：以标准稠度用水量加水按标准稠度净浆拌制操作方法制成标准稠度净浆后立即一次装入圆模，振动数次后刮平，然后放入湿气养护箱内。记录开始加水的时间作为凝结时间的起始时间。

(4)初凝时间的测定：试件在湿气养护箱中养护至加水后 30 min 时，将圆模取出，进行第一次测定。测定时，将圆模放到试针下，使试针与净浆面接触，拧紧螺钉 1~2 s 后突然放松，试针垂直自由沉入净浆，观察试针停止下沉或释放试针 30 s 时指针的读数。当试针沉至距底板(4±1)mm 时，为水泥达到初凝状态；由水泥全部加入水中至初凝状态的时间为水泥的初凝时间，用"min"表示。

(5)终凝时间的测定：为准确观测试针沉入的状况，在终凝针上安装了一个环形附件。在完成初凝时间测定后，立即将试模连同浆体以平移的方式从玻璃板取下，翻转180°，直径大端向上、小端向下放在玻璃板上，再放入湿气养护箱中继续养护，临近终凝时间时每隔 15 min 测定一次，当试针沉入试件 0.5 mm 时，即环形附件开始不能在试件上留下痕迹时，为水泥达到终凝状态，由水泥全部加入水中至终凝状态的时间为水泥的终凝时间，用"min"计。最初测定时，应轻轻扶持金属棒，使其徐徐下降，以防试针撞弯，但结果以自由下落为准；在整个测试过程中，试针贯入的位置至少要距圆模内壁10 mm。临近初凝时，每隔 5 min 测定一次；临近终凝时，每隔 15 min 测定一次。每次测定不得使试针落入原针孔内，每次测定完毕应将试针擦净并将圆模放回湿气养护箱内，测定全过程中要防止圆模受振。

4. 结果整理

到达初凝时应立即重复测定一次，当两次结论相同时才能确定到达初凝状态；到达终凝时，需要在试件另外两个不同点测试，结论相同时才能确定到达终凝状态。

四、水泥安定性试验

1. 试验方法及原理

水泥安定性试验按现行国家标准《水泥标准稠度用水量、凝结时间、安定性检验方法》(GB/T 1346—2011)有两种测定方法，即雷氏法(标准法)和试饼法(代用法)，有争议时以雷氏法为准。雷氏法是测定水泥净浆在雷氏夹中沸煮后的膨胀值；试饼法是观察水泥净浆试饼沸煮后的外形变化来检验水泥的体积安定性。

2. 试验仪器设备

(1)沸煮箱：有效容积约为 410 mm×240 mm×310 mm，箅板结构应不影响试验结果，箅板与加热器之间的距离大于 50 mm。沸煮箱的内层由不易锈蚀的金属材料制成，能在(30±5)min 内将箱内的试验用水由室温升至沸腾并可保持沸腾状态 3 h 以上，在整个试验过程中不许补充水量。

（2）雷氏夹：由铜质材料制成。当一根指针的根部先悬挂在一根金属丝或尼龙丝上，另一根指针的根部再挂上 300 g 质量的砝码时，两根指针的针尖距离增加应在(17.5±2.5)mm 范围以内，即 $\Delta x = (17.5±2.5)$mm，去掉砝码后针尖的距离能恢复至挂砝码前的状态。每个雷氏夹需配两个边长或直径约为 80 mm、厚度为 4~5 mm 的玻璃板。

（3）量水器：最小刻度为 0.1 mL，精度为 1%。

（4）天平：感量不大于 1 g。

（5）湿气养护箱：温控在(20±3)℃，湿度大于 90%。

（6）雷氏夹膨胀值测定仪：标尺最小刻度为 1 mm。

3. 试验步骤

（1）雷氏法。

1）以标准稠度的用水量，按前述方法制成标准稠度净浆。

2）将预先准备好的雷氏夹放在已稍擦油的玻璃板上，并立刻将制好的标准稠度净浆装满试模，装模时一只手轻轻扶持试模，另一只手用宽约为 25 mm 的直边刀在浆体表面轻轻插捣 3 次，盖上稍擦油的玻璃板，立刻将试模移至湿气养护箱内养护(24±2)h。

3）调整好沸煮箱内的水位，使其能保证在整个煮沸过程中都没过试件，不需中途添补试验用水，同时保证能在(30±5)min 内升至沸腾。

4）脱去玻璃板取下试件，测量试件指针尖端间的距离(A)，精确至 0.5 mm。然后将试件放入水中算板上，指针朝上，试件之间互不交叉，然后在(30±5)min 内加热至沸腾，并恒沸 3 h±5 min。

5）沸煮结束，即放掉箱中的热水，打开箱盖，待箱体冷却至恒温，取出试件，测量雷氏夹指针尖端间的距离(C)，记录至小数点后一位。

（2）试饼法。

1）以标准稠度的用水量，按前述方法制成标准稠度净浆。

2）取出一部分标准稠度的净浆分成两等份，使之呈球形，放在玻璃板上，轻轻振动玻璃板，并用湿布擦过的小刀由边缘向中央抹动，做成直径为 70~80 mm、中心厚约为 10 mm、边缘渐薄、表面光滑的试饼，然后将试饼放入湿气养护箱内养护(24±2)h。

3）脱去玻璃板取下试件。先检查试饼是否完整（如已开裂翘曲需检查原因，确定不是因外因引起的，该试饼为不合格，不必煮沸），在试饼无缺陷的情况下，将试饼放在沸煮箱的水中算板上，然后在(30±5)min 内加热至沸腾，并恒沸 3 h±5 min。

4. 结果整理

沸煮结束后，即放掉水箱中的热水，打开箱盖，待箱体冷却至室温，取出试件进行判别。

（1）雷氏法。当两个试件煮后增加距离(C−A)的平均值不大于 5.0 mm 时，即认为该水泥安定性合格；当两个试件煮后增加距离(C−A)值超过 4.0 mm 时，应用同一样品水泥立即重做一次试验。

（2）试饼法。目测未发现裂缝，用直尺检查也没有弯曲的试饼为安定性合格；反之为不合格。当两个试饼判别结果有矛盾时，该水泥的安定性为不合格。

五、水泥胶砂强度试验

1. 适用范围

本方法适用于硅酸盐水泥、普通硅酸盐水泥、矿渣硅酸盐水泥、火山灰质硅酸盐水泥、粉煤灰硅酸盐水泥和复合硅酸盐水泥、道路硅酸盐水泥，以及石灰石硅酸盐水泥的抗压强度和抗折强度的检验，采用其他水泥时必须研究本方法的适用性。

2. 试验仪器设备

（1）胶砂搅拌机：由胶砂搅拌锅和搅拌叶及相应的机构组成。搅拌叶呈扇形，搅拌顺时针自转，外沿锅周边逆时针公转，并且具有高低两种速度，属行星式搅拌机。

（2）胶砂振实台：由可以跳动的台盘和使其跳动的凸轮等组成。台盘上有固定试模用的卡具，并连有两根起稳定作用的臂。卡具与模套连成一体，可沿与臂杆垂直方向向上转动不小于100°。

（3）胶砂试模：试模为同时可成型三条 40 mm×40 mm×160 mm 棱柱体的可拆卸试模，由隔板、端板、底座、紧固装置及定位销组成。

（4）抗折试验机：一般采用双杠杆的，也可采用性能符合要求的其他试验机。

（5）抗压试验机和抗压夹具。

3. 试验步骤

（1）试件成型。

1）成型前将试模擦净，四周的模板与底座的接触面上应涂黄油，紧密装配，防止漏浆，内壁均匀地刷一薄层机油。

2）胶砂的质量配合比应为一份水泥、三份标准砂和半份水（水胶比为0.5）。一锅胶砂成三个试件，每锅胶砂材料需用量见表 4-12。

表 4-12　每锅胶砂材料需用量　　　　　　　　　　　　　　g

水泥品种	材料用量		
	水泥	标准砂	水
硅酸盐水泥	450±2	1 350±5	225±1
普通硅酸盐水泥			
矿渣硅酸盐水泥			
粉煤灰硅酸盐水泥			
复合硅酸盐水泥			
火山灰质硅酸盐水泥			

3）每锅胶砂用搅拌机进行机械搅拌时，先使搅拌机处于待工作状态，然后按以下的程序操作。

①将水加入锅里，再加入水泥，将锅放在固定架上，上升至固定位置。

②立即开动机器，低速搅拌 30 s 后，在第二个 30 s 开始的同时均匀地将砂子加入。

③当各级砂石分装时，从最粗粒级开始一次将所需的每级砂量加完。把机器转至高速再搅拌 30 s。停拌 90 s，在第一个 15 s 内用一胶皮刮具将叶和锅壁上的胶砂刮入锅中间。在高速下继续搅拌 60 s。各个搅拌阶段的时间偏差在 1 s 以内。

4）胶砂制备后立即用捣实台成型，将空试模和模套固定在振实台上，用一个适当的勺子直接从搅拌锅里将胶砂分两层装入试模，装入第一层时，每个槽里约放 300 g 胶砂，用大播料器垂直架在模套顶部沿每个模槽来回一次将料层播平，接着振实 60 次。再装入第二层胶砂，用小播料器播平，再振实 60 次，移走模套，从振实台上取下试模，用一金属直尺以近似 90°的角度架在试模顶的一端，然后沿试模长度方向以横向锯割动作慢慢向另一端移动，一次将超过试模部分的胶砂刮去，并用同一直尺以近乎水平的状态将试件表面抹平。

在试模上做标记或加字条标明试件编号和试件相对于振实台的位置。

（2）养护。

1）脱模。对于 24 h 龄期的应在破模试验前 20 min 内脱模，对于 24 h 以上龄期的，应在成型后 20～24 h 脱模。

2）水中养护。将做好标记的试件立即水平或垂直放在（20±1）℃水中养护，水平放置时刮平面应朝上。试件放在不易腐烂的箅子上，并彼此间保持一定距离，以让水与试件的六个面接触，养护期间试件之间间隔或试件上表面的水深不得小于 5 mm。

每个养护池只养护同类型的水泥试件。

最初用自来水装满养护池，随后随时加水，保持适当的恒定水位，不允许在养护期间全部换水。

（3）强度试验。试件龄期是从水泥加水搅拌开始试验时算起，不同龄期强度试验在表 4-13 所列的时间内进行。

表 4-13　不同龄期强度试验的时间

龄期/d	1	2	3	7	28
时间	24 h±15 min	48 h±30 min	72 h±45 min	7 d±2 h	28 d±8 h

试件从水中取出后，在强度试验前应用湿布覆盖。

（4）抗折强度试验。

1）将试件一个侧面放在试验机支撑圆柱上，通过加荷圆柱以（50±10）N/s 的速度均匀地将荷载垂直加在棱柱体相对侧面上，直至折断。

2）保持两个半截棱柱体处于潮湿状态直至抗压试验。

3）抗折强度按式（4-9）计算：

$$R_f = \frac{1.5 F_f L}{b^3} \tag{4-9}$$

式中　R_f——抗折强度（MPa）；

　　　F_f——折断时施加于棱柱体中部的荷载（N）；

　　　L——支撑圆柱之间的距离（mm）；

　　　b——棱柱体正方形截面的边长（mm）。

4）抗折强度的评定：以一组三个棱柱体抗折强度结果的平均值作为试验结果。当三个强度值中有超出平均值±10％时，应剔除后再取平均值作为抗折强度试验结果。

（5）抗压强度试验。

1）抗折试验后的两个断块应立即进行抗压试验，抗压试验必须用抗压夹具进行，试件受压面尺寸为 40 mm×40 mm。试验时以半截棱柱体的侧面作为受压面，试件的底面靠近夹具定位销，并使夹具对准压力机压板中心。

2）压力机加荷速度应控制在（2 400±200）N/s，均匀加荷，直至破坏。

3）抗压强度按式（4-10）计算：

$$R_c = \frac{F_c}{A} \tag{4-10}$$

式中　R_c——抗压强度（MPa）；

　　　F_c——破坏时的最大荷载（N）；

　　　A——受压部分面积（mm²）。

4）抗压强度的评定：以一组三个棱柱体上得到的六个抗压强度测定值的算术平均值作为试验结果。

如六个测定值中有一个超出平均值的±10%，就应剔除这个结果，而以剩下五个的平均值为结果，如果五个测定值中再有超过它们平均值±10%的，则此结果作废。

知识拓展

火山灰质硅酸盐水泥、粉煤灰硅酸盐水泥、复合硅酸盐水泥和掺火山灰质混合材料的普通硅酸盐水泥在进行胶砂强度检验时，其用水量按水胶比为0.50和胶砂流动度不小于180 mm来确定。当流动度小于180 mm时，应以0.01的整倍数递增的方法将水胶比调整至流动度不小于180 mm。

土木名人录

茅以升

茅以升（1896—1989），字唐臣，江苏镇江人。他领导设计、修建的杭州钱塘江大桥，是我国第一座由中国人自己设计建造的铁路公路两用桥，著有《中国桥梁史》《中国的古桥和新桥》等，被评选为我国"最美奋斗者"。他勉励青年"科学并不神秘，科学的高峰是一切不畏艰险、敢于攀登的勇士们都可能达到的"，作为青年工程技术人员的我们，应该如何继承和发扬茅以升精神呢？

茅以升

小结

硅酸盐水泥是一种水硬性胶凝材料，由硅酸三钙、硅酸二钙、铝酸三钙和铁铝酸四钙四种矿物成分所组成。水泥的凝结、硬化是一个复杂的物化过程，水泥水化后由可塑性的水泥浆体逐步凝结硬化成具有一定强度的水泥石。

水泥的主要技术指标包括细度、凝结时间、安定性和强度。道路水泥还具备一定的抗干缩性和耐磨性，并具有较高的抗折强度。

硅酸盐水泥、普通硅酸盐水泥、矿渣硅酸盐水泥、火山灰质硅酸盐水泥、粉煤灰硅酸盐水泥和复合硅酸盐水泥统称为通用硅酸盐水泥。它们是在硅酸盐水泥熟料中掺含量不同的混合材料，目的是改善水泥某些性能，增加水泥产量，降低水泥成本。

一、名词解释

1. 活性混合材料
2. 非活性混合材料
3. 初凝时间
4. 终凝时间
5. 体积安定性
6. 标准稠度用水量

二、填空题

1. 硅酸盐水泥的主要水化产物是_____、_____。

2. 生产硅酸盐水泥时，必须掺适量的石膏，其目的是_____，当石膏掺量过多时会导致_____。

3. 矿渣水泥与硅酸盐水泥相比，其早期强度_____，后期强度_____，水化热_____，抗蚀性_____，抗冻性_____。

4. 欲制取低热水泥，应提高硅酸盐水泥熟料中的_____的含量，降低_____的含量。

5. 活性混合材料是指_____的材料。常用的活性混合材料有_____、_____、_____和_____。

三、选择题

1. 引起硅酸盐水泥体积安定性不良的原因之一是水泥熟料中（ ）含量过多。
   A. CaO B. 游离 CaO C. $Ca(OH)_2$ D. $CaCO_3$

2. 硅酸盐水泥水化时，放热量最大且放热速度最快的是（ ）矿物。
   A. C_3S B. C_3A C. C_2S D. C_4AF

3. 硅酸盐水泥熟料中，（ ）矿物含量最多。
   A. C_4AF B. C_2S C. C_3A D. C_3S

4. 对硅酸盐水泥强度贡献最大的矿物是（ ）。
   A. C_3A B. C_3S C. C_4AF D. C_2S

5. 大体积混凝土不应选用（ ）。
   A. 硅酸盐水泥   B. 矿渣水泥
   C. 粉煤灰水泥   D. 火山灰质硅酸盐水泥

6. 对干燥环境中的工程，应优先选用（ ）。
   A. 火山灰质硅酸盐水泥   B. 矿渣水泥
   C. 普通水泥   D. 粉煤灰硅酸盐水泥

四、是非判断题

1. 硅酸盐水泥中 C_2S 的早期强度低，后期强度高，而 C_3S 正好相反。（ ）

2. 硅酸盐水泥中含有游离的 CaO、MgO 和过多的石膏都会造成水泥的体积安定性不良。（ ）

3．抗渗性要求高的混凝土工程不能选用矿渣硅酸盐水泥。（　　　）

4．硅酸盐水泥的细度越细越好。（　　　）

五、问答题

1．硅酸盐水泥的主要矿物组成是什么？它们单独与水作用时的特性如何？

2．水泥的水化热对混凝土工程有何危害？

3．为何生产硅酸盐水泥时掺适量石膏对水泥不起破坏作用，而石膏掺量过多却会对水泥起破坏作用？

4．何谓六大通用水泥？它们各自特点是什么？

5．矿渣硅酸盐水泥与普通硅酸盐水泥在强度发展方面有何不同？为什么？

技能测试

项目五　混凝土检测与应用

情境描述

　　普通混凝土是由胶凝材料、砂、石和水，适量的掺合料和外加剂组成的混合材料，在建筑工程中应用广泛。混凝土主要技术性能包括硬化前混凝土拌合物的和易性、硬化后混凝土的强度和耐久性。目前，混凝土生产以商品混凝土为主，以某工程基础混凝土生产为例，基础部分采用强度等级为 C40、抗渗等级为 P6 混凝土。

　　1. 施工单位根据施工要求向商品混凝土搅拌站提交订货单。

　　2. 某混凝土搅拌站材料员采购原料，试验工程师根据订货单设计配合比。

　　3. 混凝土搅拌站技术员根据施工进度要求，生产合格的混凝土并运输到施工现场。

　　4. 施工员检查验收合格后，进行浇筑、养护，并按规范要求留置相应试件，监理员旁站监督。

　　5. 施工员、监理员送检试件至工程质量检测第三方机构。

　　6. 工程质量检测机构收样员将送检混凝土试件送入标准养护室养护，达到龄期后按相关标准进行检测，出具检测报告。

　　7. 施工员根据检测报告，评定混凝土质量，并报监理员验收。

任务发布

　　1. 采购混凝土组成的原料，明确材料品种、规格和质量要求。

　　2. 根据订货单，设计 C40 普通混凝土配合比。

　　3. 编制大体积混凝土在运输、浇筑、养护过程中质量控制要点。

　　4. 检测混凝土和易性、强度、耐久性。

　　5. 根据检测报告评定混凝土质量。

学习目标

　　本项目主要介绍普通混凝土的组成材料、技术性能、设计方法和质量控制，通过学习要达到如下知识目标、能力目标及素养目标。

　　知识目标：掌握普通混凝土主要技术性能和指标、主要特点及应用、配合比设计、取样规定和检测方法。

　　能力目标：会正确取样、检测普通混凝土和易性及强度，会填写检测报告；能根据检测结果判断普通混凝土是否达到设计要求。

　　素养目标：初步具备把控混凝土和砂、石质量的责任意识，培养学生树立再生混凝土、高性能混凝土等新材料的绿色环保和创新意识。

任务一 了解混凝土

一、混凝土的定义与分类

混凝土是由胶凝材料、粗细骨料、水及其他材料，按适当的比例混合并硬化而成的具有所需形状、强度和耐久性的人造石材。

混凝土可按其组成、特性和功能等从不同角度进行分类。

1. 按胶凝材料分类

(1)无机胶凝材料混凝土，如普通混凝土、石膏混凝土、硅酸盐混凝土和水玻璃混凝土等。

(2)有机胶凝材料混凝土，如沥青混凝土、聚合物混凝土等。

2. 按表观密度分类

(1)重混凝土，是表观密度大于 2 500 kg/m³，用特别密实和特别重的骨料制成的混凝土，如重晶石混凝土、钢屑混凝土等，它们具有不透 X 射线和 γ 射线的性能。

(2)普通混凝土，是在建筑中常用的混凝土，表观密度为 1 900～2 500 kg/m³，骨料为砂、石。

(3)轻质混凝土，是表观密度小于 1 900 kg/m³ 的混凝土。它可分为以下三类。

1)轻骨料混凝土，其表观密度为 800～1 950 kg/m³，轻骨料包括浮石、火山渣、陶粒、膨胀珍珠岩和膨胀矿渣等。

2)多孔混凝土(泡沫混凝土、加气混凝土)，其表观密度为 300～1 000 kg/m³。泡沫混凝土是由水泥浆或水泥砂浆与稳定的泡沫制成的；加气混凝土是由水泥、水与发气剂制成的。

3)大孔混凝土(普通大孔混凝土、轻骨料大孔混凝土)，其组成中无细骨料。普通大孔混凝土的表观密度为 1 500～1 900 kg/m³，是用碎石、软石和重矿渣作骨料配制的；轻骨料大孔混凝土的表观密度为 500～1 500 kg/m³，是用陶粒、浮石、碎砖和矿渣等作为骨料配制的。

3. 按使用功能分类

根据使用功能的不同，混凝土可分为结构混凝土、保温混凝土、装饰混凝土、防水混凝土、耐火混凝土、水工混凝土、海工混凝土、道路混凝土和防辐射混凝土等。

4. 按施工工艺分类

根据施工工艺的不同，混凝土可分为离心混凝土、真空混凝土、灌浆混凝土、喷射混凝土、碾压混凝土、挤压混凝土、泵送混凝土等。

二、混凝土的优点、缺点与发展趋势

1. 优点

(1)就地取材，比较经济。

(2)易成型，混凝土拌合物有良好的可塑性和浇筑性。

(3)匹配性好，材料之间结合良好，钢筋与混凝土之间有摩擦力、黏结力和机械啮合力。

(4)可根据使用性能的要求与设计来配制相应的混凝土。

(5)代替木、钢等结构材料。

(6)耐久性好。

2. 缺点

混凝土具有质量重、比强度小、抗拉强度低、变形能力差、易开裂等缺点。

3. 发展趋势

(1)大中城市发展商品混凝土，对提高技术质量有利。

(2)高性能混凝土。

(3)环保混凝土，如再生混凝土。

三、混凝土的质量要求

(1)满足施工所需的和易性。

(2)满足设计要求的强度。

(3)满足与环境相适应的耐久性。

(4)经济上应合理，即水泥用量应少。

要满足上述要求就必须合理选择原料并控制原料质量，合理地设计混凝土的配合比，严格控制和管理施工质量。

商品混凝土

商品混凝土是指以集中搅拌、远距离运输的方式向建筑工地供应一定要求的混凝土。它包括混凝土搅拌、运输、泵送和浇筑等工艺过程。严格地讲，商品混凝土是指混凝土的工艺和产品，而不是混凝土的品种，它包括大流动性混凝土、流态混凝土、泵送混凝土、高强度混凝土、大体积混凝土、防渗抗裂混凝土或高性能混凝土等。因此，商品混凝土是现代混凝土与现代化施工工艺的结合，它的普及程度能代表一个国家或地区的混凝土施工水平和现代化程度。集中搅拌的商品混凝土主要用于现浇混凝土工程，混凝土从搅拌、运输到浇灌需 1～2 h，有时超过 2 h。因此，商品混凝土搅拌站合理的供应半径应在 10 km 之内。

商品混凝土的特点如下。

(1)由于是集中搅拌，因此能严格控制原料质量和配合比，能保证混凝土的质量要求。

(2)拌合物具有好的和易性，即高流动性、坍落度损失小，不泌水、不离析、可泵性好。

(3)经济，成本低，性价比高。

》》任务二　普通混凝土组成材料的选用

普通混凝土的基本组成包括水泥、粗骨料、细骨料和水。凝结前，水泥浆起到黏结和润滑作用，使混凝土拌合物具有一定的和易性；硬化后，水泥则起到了胶结作用，将粗、细骨料胶结为一整体。粗、细骨料在混凝土中起到了骨架作用，可提高混凝土的抗压强度和耐久性，并可减少混凝土的变形和降低造价。在现代混凝土中，为了调节和改善其工艺性能和力学性能，还加入各种化学外加剂（减水剂、引气剂等）及矿物外加剂（矿粉、粉煤灰等）。

一、水泥

（1）**水泥品种**的选择：应根据工程特点及混凝土所处气候与环境条件选择。

（2）**水泥强度等级**：应与混凝土设计强度等级相对应，**低强度**时，水泥强度等级为混凝土设计强度等级的 **1.5～2.0** 倍；**高强度**时，比例可降至 **0.9～1.5** 倍，但一般不能低于0.8；即低强度混凝土应选择低强度等级的水泥，高强度混凝土应选择高强度等级的水泥。因为若采用低强度水泥配制高强度混凝土会增加水泥用量，同时引起混凝土收缩和水化热增大；若采用高强度水泥配制低强度混凝土，会因水泥用量过少而影响混凝土拌合物的和易性与密实度，导致混凝土强度和耐久性下降，具体强度等级对应关系推荐见表5-1。

表 5-1　不同强度混凝土所选用的水泥强度等级推荐

混凝土强度等级	所选水泥强度等级	混凝土强度等级	所选水泥强度等级
C15～C25	32.5	C50～C60	52.5
C30	32.5，42.5	C65	52.5，62.5
C35～C45	42.5	C70～C80	62.5

二、细骨料

混凝土用细骨料一般采用**粒径小于4.75 mm** 的级配良好、质地坚硬、颗粒洁净的天然砂（如河砂、海砂、山砂），也可采用机制砂。根据《建设用砂》（GB/T 14684—2022）和《普通混凝土用砂、石质量及检验方法标准（附条文说明）》（JGJ 52—2006），砂按**技术要求**可分为Ⅰ类、Ⅱ类、Ⅲ类。Ⅰ类砂用于强度等级大于C60的混凝土；Ⅱ类砂用于强度等级等于C30～C60的混凝土；Ⅲ类砂用于强度等级小于C30的混凝土。普通混凝土所用细骨料需满足的技术要求如下。

典型案例：海砂屋

由于砂石资源的短缺，人们把目光投向海砂，但是，海砂能否直接使用，大家知道直接使用海砂会带来哪些质量问题吗？作为一位质量员，应该如何正确使用海砂呢？

1. 有害杂质含量

骨料中含有妨碍水泥水化或降低骨料与水泥石黏附性，以及能与水泥水化产物产生不良化学反应的各种物质，称为有害杂质。细骨料中常包含的**有害杂质主要有泥土、泥块、云母、轻物质、硫酸盐、有机质及硫化物**等。

微课：砂的
质量要求

（1）含泥量、石粉含量及泥块含量。含泥量是指天然砂中粒径小于0.075 mm的颗粒含量；石粉含量是指人工砂中粒径小于0.075 mm的颗粒含量；泥块含量是指粒径大于1.18 mm，经水浸洗、手捏后小于600 μm的颗粒含量。这些颗粒的存在**影响混凝土的强度和耐久性**。天然砂含泥量和泥块含量应符合表5-2的规定。人工砂石粉含量和泥块含量应符合表5-3的规定。

表 5-2　天然砂含泥量和泥块含量

项目	指标		
	Ⅰ类	Ⅱ类	Ⅲ类
含泥量(按质量计,%)	≤1.0	≤3.0	≤5.0
泥块含量(按质量计,%)	≤0.2	≤1.0	≤2.0

表 5-3　人工砂石粉含量和泥块含量

项目				指标		
				Ⅰ类	Ⅱ类	Ⅲ类
1	亚甲蓝试验	MB 值<1.40 或快速试验合格	MB 值	≤0.5	≤1.0	≤1.4 或合格
			石粉含量 (按质量计,%)	≤10.0		
			泥块含量 (按质量计,%)	0	≤1.0	≤2.0
2		MB 值≥1.40 或快速试验不合格	石粉含量 (按质量计,%)	≤1.0	≤3.0	≤5.0
			泥块含量 (按质量计,%)	0	≤1.0	≤2.0

(2)云母含量。云母呈薄片状,表面光滑,极易沿节理开裂,与水泥石黏附性极差,对混凝土拌合物的和易性及硬化后混凝土的抗冻性和抗渗性都有不利影响。

(3)轻物质含量。细骨料中轻物质是指表观密度小于 2 000 kg/m^3 的颗粒,如煤、褐煤等。

(4)有机质含量。天然砂中有时混杂有机物质,如动植物的腐殖质、腐殖土等,会延缓水泥的硬化过程,降低混凝土强度,特别是早期强度。

(5)硫化物与硫酸盐含量。天然砂中常掺硫铁矿(FeS_2)或石膏($CaSO_4 \cdot 2H_2O$)的碎屑,如含量过多,将在已硬化的混凝土中与水化铝酸钙发生反应,生成水化硫铝酸钙晶体,导致体积膨胀,在混凝土内部产生破坏作用。

砂中云母、轻物质、有机物、硫化物及硫酸盐、氯盐等含量应符合表 5-4 的规定。

表 5-4　部分有害物质限量

项目	指标		
	Ⅰ类	Ⅱ类	Ⅲ类
云母(按质量计,%)	1.0	2.0	3.0
轻物质(按质量计,%)	≤1.0		
有机物(比色法)	合格		
硫化物及硫酸盐(按 SO_3 质量计,%)	≤0.5		
氯化物(以氯离子质量计,%)	≤0.01	≤0.02	≤0.03
贝壳(按质量计,%)	≤3.0	≤5.0	≤8.0

2. 坚固性

混凝土中细骨料应具备一定的强度和坚固性。天然砂采用硫酸钠溶液法进行试验，砂样经 5 次循环后测定其质量损失，具体规定见表 5-5；人工砂采用压碎指标法进行试验，具体规定见表 5-6。

表 5-5　坚固性指标

项目	指标		
	Ⅰ类	Ⅱ类	Ⅲ类
质量损失/%	≤8		≤10

表 5-6　压碎指标

项目	指标		
	Ⅰ类	Ⅱ类	Ⅲ类
单级最大压碎指标/%	≤20	≤25	≤30

3. 表观密度、堆积密度、空隙率

砂表观密度、堆积密度、空隙率应符合如下规定：表观密度大于 2 500 kg/m³；松散堆积密度大于 1 400 kg/m³；空隙率小于 44%。

4. 粗细程度与颗粒级配

砂的粗细程度和颗粒级配会使所配制混凝土达到设计强度等级和节约水泥的目的。

(1)粗细程度。细骨料的粗细程度用细度模数 M_x 来表示，由标准筛（筛孔尺寸为 4.75 mm、2.36 mm、1.18 mm、0.60 mm、0.30 mm、0.15 mm 的筛）的各筛的累计筛余百分率按式(5-1)计算，得出细度模数值后进行评定。

微课：砂的颗粒级配

$$M_x = \frac{A_2 + A_3 + A_4 + A_5 + A_6 - 5A_1}{100 - A_1} \qquad (5-1)$$

式中　M_x——细度模数；

　　　A_1、A_2、…、A_6——分别为 4.75、2.36、1.18、0.60、0.30、0.15(mm)筛的累计筛余百分率(%)。注意：代入式(5-1)时需去除%。

M_x 越大，表示砂越粗，普通混凝土用砂的细度模数范围一般为 3.7～1.6，其中 $M_x=3.1～3.7$ 为粗砂，$M_x=2.3～3.0$ 为中砂，$M_x=1.6～2.2$ 为细砂，$M_x=0.7～1.5$ 为特细砂。

骨料越粗大，则骨料的比表面积越小，所需用水量和水泥浆的数量越少。若保持用水量不变，混凝土拌合料的流动性会提高；若保持流动性和水泥用量不变，可以减少拌合用水量，从而使硬化后混凝土的强度和耐久性提高，变形值降低。若强度不变，可降低水泥用量，减少水化热和变形值。砂过粗时，会引起混凝土拌合物离析、分层。砂过细，则又会增加水泥用量或降低混凝土的强度，同时，对混凝土拌合物的流动性也不利，宜优先采用中砂($M_x=2.3～3.0$)和粗砂($M_x=3.1～3.7$)。前者适合配制各种流动性的混凝土，特别适合配制流动性大的混凝土(如流态混凝土、泵送混凝土等)；后者则

更宜配制低流动性的混凝土或富混凝土(水泥用量多的混凝土)。

(2)骨料的级配。级配表示大小颗粒的搭配程度。级配好,即搭配好,亦即大小颗粒之间的空隙率小。因此,级配好的骨料可降低水泥用量和用水量,有利于改善混凝土拌合物的和易性,提高混凝土的强度、耐久性,减小混凝土的变形。粗骨料级配对性质的影响大于细骨料级配的影响。

混凝土用砂的级配根据《建设用砂》(GB/T 14684—2022)的规定划分为三个级配区,砂的级配区应符合表5-7或如图5-1所示的任何一个级配区所规定的级配范围。

表 5-7　天然砂的分区及级配范围

级配区	筛孔尺寸/mm						
	9.5	4.75	2.36	1.18	0.6	0.3	0.15
	累计筛余/%						
Ⅰ(粗)	0	10~0	35~5	65~35	85~71	95~80	100~90
Ⅱ(中)	0	10~0	25~0	50~10	70~41	92~70	100~90
Ⅲ(细)	0	10~0	15~0	25~0	40~16	85~55	100~90

注:1. 砂的实际颗粒级配与表中所列数字相比,除4.75 mm和0.6 mm筛档外,可以略有超出,但超出总量应小于5%。

　　2. Ⅰ区人工砂中0.15 mm筛孔的累计筛余可以放宽到100%~85%;Ⅱ区人工砂中0.15 mm筛孔的累计筛余可以放宽到100%~80%;Ⅲ区人工砂中0.15 mm筛孔的累计筛余可以放宽到100%~75%

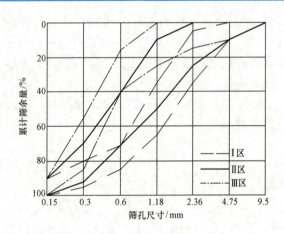

图 5-1　砂的级配区

Ⅰ区砂属于粗砂范畴,用Ⅰ区砂配制混凝土时应采用比Ⅱ区大的砂率,否则新拌混凝土内摩阻力较大、保水性差、不易捣实;Ⅱ区砂由中砂和一部分偏粗的细砂组成;Ⅲ区砂由细砂和一部分偏细的中砂组成。用Ⅲ区砂配制混凝土时,应采用比Ⅱ区小的砂率。因用Ⅲ区砂配制的新拌混凝土黏性略大,较细软,易振捣成型,但由于Ⅲ区砂级配偏细,比表面积大,所以对新拌混凝土的和易性及硬化后混凝土的强度及耐久性影响均比较敏感。

砂筛分析

某工地用 500 g 烘干砂样做砂的粗细程度和颗粒级配检测，筛分结果见表 5-8，试判断该砂的粗细程度和颗粒级配情况。

表 5-8　砂样筛分结果

筛孔尺寸/mm	分计筛余量/g	分计筛余率/%	累计筛余率/%
4.75	30	6.0	6
2.36	45	9.0	15
1.18	151	30.2	45
0.60	90	18.0	63
0.30	76	15.2	78
0.15	88	17.6	96
筛底	20	4.0	100

解：（1）计算砂样细度模数。

$$M_x = \frac{A_2 + A_3 + A_4 + A_5 + A_6 - 5A_1}{100 - A_1} = \frac{15 + 45 + 63 + 78 + 96 - 5 \times 6}{100 - 6} = 2.8$$

（2）判断砂样粗细程度和级配情况。

因为 $M_x = 2.8$，在 2.3～3.0，所以该砂为中砂。

由于该砂在 0.60 mm 筛上的累计筛余率 $A_4 = 63\%$，在 41%～70%，属于 Ⅱ 区；将计算的各累计筛余率与 Ⅱ 区标准逐一对照，由于各 A 值均落入 Ⅱ 区内，因此该砂的级配良好。

三、粗骨料

普通混凝土常用的粗骨料主要是指粒径大于 4.75 mm 的碎石和卵石（砾石）。卵石是指由自然形成的岩石颗粒，分为河卵石、海卵石和山卵石；碎石由天然岩石经机械破碎、筛分而得，表面粗糙有棱角，与水泥石黏结比较牢固。根据《建设用卵石、碎石》（GB/T 14685—2022）和《普通混凝土用砂、石质量及检验方法标准（附条文说明）》（JGJ 52—2006）的规定，卵石、碎石按技术要求分为 Ⅰ 类、Ⅱ 类、Ⅲ 类。Ⅰ 类用于强度等级大于 C60 的高强度混凝土；Ⅱ 类用于强度等级等于 C30～C60 的中强度混凝土及有抗冻、抗渗或其他要求的混凝土；Ⅲ 类用于强度等级小于 C30 的低强度混凝土。普通混凝土所用粗骨料需满足的技术要求如下。

1. 有害杂质含量

粗骨料中常含有一些有害杂质，如黏土、淤泥、硫酸盐、硫化物和有机物等，其危害与在细骨料中的作用相同。混凝土用碎石和卵石中有害杂质含量规定见表 5-9。

表 5-9　碎石和卵石中有害杂质含量规定

技术指标	技术要求		
	Ⅰ类	Ⅱ类	Ⅲ类
泥块含量/%	0	≤0.2	≤0.5
含泥量/%	≤0.5	≤1.0	≤1.5
针片状颗粒含量/%	≤5	≤10	≤15
碎石压碎指标/%	≤10	≤20	≤30
卵石压碎指标/%	≤12	≤14	≤16
有机物含量(比色法)	合格	合格	合格
硫化物及硫酸盐含量(按 SO_3 质量计)/%	≤0.5	≤1.0	≤1.0
坚固性(质量损失)/%	≤5	≤8	≤12
岩石抗压强度/MPa	在水饱和状态下的抗压强度：火成岩应不小于 80 MPa；变质岩应不小于 60 MPa；沉积岩应不小于 30 MPa		
表观密度	表观密度大于 2 600 kg/m³		
空隙率/%	≤43	≤45	≤47
碱-骨料反应	经碱-骨料反应试验后，由卵石、碎石制备的试件无裂缝、酥裂、胶体外溢等现象，在规定的试验龄期的膨胀率应小于 0.10%		
吸水率/%	≤1.0	≤2.0	≤2.0

2. 强度与坚固性

(1)强度。为保证混凝土的强度要求，粗骨料必须具有足够的强度。碎石和卵石的强度采用岩石立方体抗压强度和压碎指标两种方法表示。混凝土用碎石和卵石的强度规定见表 5-9。

(2)坚固性。为保证混凝土的耐久性要求，粗骨料必须具有足够的坚固性，以抵抗冻融等自然因素的风化作用。《建设用卵石、碎石》(GB/T 14685—2022)规定，用硫酸钠溶液进行坚固性试验，经 5 次循环后测其质量损失的具体规定见表 5-9。

3. 最大粒径及颗粒级配

(1)最大粒径。粗骨料公称粒径的上限称为该粒级的最大粒径。骨料粒径越大，总表面积越小，有利于降低水泥用量；和易性与水泥用量一定时，则能减少用水量，提高混凝土强度。所以，粗骨料最大粒径在条件容许的前提下，越大越好。但受工程结构及施工条件影响，《混凝土结构工程施工质量验收规范》(GB 50204—2015)规定，混凝土用粗骨料的最大粒径不得大于结构截面最小尺寸的 1/4，同时不得大于钢筋最小净距的 3/4，对于混凝土实心板，允许采用最大粒径达 1/3 板厚的颗粒级配，但最大粒径不得超过40 mm，对泵送混凝土，碎石最大粒径不应大于输送管内径 1/3，卵石不应大于 2/5。

(2)颗粒级配。粗骨料的颗粒级配与细骨料颗粒级配的原理相同。采用级配良好的粗骨料，可以减少空隙率，增强密实度，从而节约水泥，保证混凝土拌合物的和易性及混凝土强度。

粗骨料的颗粒级配可采用连续粒级或连续粒级与单粒级配合使用。在特殊情况下，通过试验证明混凝土无离析现象时，也可采用单粒级。碎石和卵石的颗粒级配范围规定见表 5-10。

表 5-10　碎石和卵石的颗粒级配范围

公称粒级/mm		累计筛余/%											
		方孔筛/mm											
		2.36	4.75	9.50	16.0	19.0	26.5	31.5	37.5	53.0	63.0	75.0	90
连续粒级	5~16	95~100	85~100	30~60	0~10	0							
	5~20	95~100	90~100	40~80	—	0~10	0						
	5~25	95~100	90~100	—	30~70		0~5	0					
	5~31.5	95~100	90~100	70~90	—	15~45		0~5	~0				
	5~40	—	95~100	70~90	—	30~65		—	0~5	0			
单粒粒级	5~10	95~100	80~100	0~15	0								
	10~16		95~100	80~100	0~15								
	10~20		95~100	85~100		0~15	0						
	16~25			95~100	55~70	25~40	0~10						
	16~31.5		95~100		85~100			0~10	0				
	20~40			95~100		80~100			0~10	0			
	40~80					95~100			70~100		30~60	0~10	0

4. 颗粒形状及表面特征

粗骨料的颗粒形状可分为棱角形、卵形、针状和片状。一般来说，比较理想的颗粒形状是接近正立方体，而针状、片状颗粒含量不宜过多。针状颗粒是指颗粒长度大于骨料平均粒径 2.4 倍的颗粒；片状颗粒是指颗粒厚度小于骨料平均粒径 0.4 倍的颗粒。当针状、片状颗粒含量超过一定界限时，骨料空隙会增加，混凝土拌合物和易性会变差，混凝土强度会降低。所以，混凝土粗骨料中针状、片状颗粒含量应当限制。

骨料表面特征主要是指骨料表面粗糙程度及孔隙特征等。碎石表面粗糙且具有吸收水泥浆的孔隙特征，因此，它与水泥石的黏结性能较强；卵石表面光滑，因此与水泥石的黏结能力较差，但有利于混凝土拌合物的和易性。一般情况下，当混凝土水泥用量与用水量相同时，碎石混凝土的强度比卵石混凝土高 10% 左右。

5. 碱活性检验

对于重要的混凝土工程用粗骨料，应进行骨料碱活性检验，即混凝土碱-硅酸盐反应和碱-硅酸反应的可能性检验，可采用方法如下：

(1)用岩相法检验确定哪些骨料可能与水泥中的碱发生反应。当骨料中下列材料含量为 1% 或更少时即有可能成为有害反应的骨料，主要包括以下形式的二氧化硅：蛋白石、玉髓、鳞石英、方石英；在流纹岩、安石岩或英安岩中可能存在的中性、中酸性

（富硅）的火山玻璃、某些沸石和千枚岩等。

（2）用砂浆长度法检验骨料可能产生有害反应的可能性。如果用高碱硅酸盐水泥制成的砂浆长度膨胀率 3 个月低于 0.05％或 6 个月低于 0.10％，即可判定为非活性骨料。超过上述指标时，应通过混凝土试验结果做出最终评定。

四、混凝土拌和及养护用水

混凝土拌和及养护混凝土用水中，不得含有影响混凝土的和易性及凝结、有损于强度发展、降低混凝土耐久性、加快钢筋腐蚀及导致预应力钢筋脆断、污染混凝土表面等的酸类、盐类或其他物质。有害物质（主要指硫酸盐、硫化物、氯化物、不溶物和可溶物等）的含量及 pH 值需满足表 5-11 的要求。

表 5-11　混凝土拌合用水水质要求

项目	预应力混凝土	钢筋混凝土	素混凝土
pH 值	≥5.0	≥4.5	≥4.5
不溶物/$(mg \cdot L^{-1})$	≤2 000	≤2 000	≤5 000
可溶物/$(mg \cdot L^{-1})$	≤2 000	≤5 000	≤10 000
Cl^-/$(mg \cdot L^{-1})$	≤500	≤1 000	≤3 500
SO_4^{2-}/$(mg \cdot L^{-1})$	≤600	≤2 000	≤2 700
碱含量/$(mg \cdot L^{-1})$	≤1 500	≤1 500	≤1 500

注：碱含量按 $Na_2O + 0.658K_2O$ 计算值来表示。采用非碱活性骨料时，可不检验碱含量

五、混凝土外加剂

混凝土外加剂是指在拌制混凝土过程中，掺入能显著改善混凝土拌合物或硬化混凝土性能的物质，常称为混凝土的第五组分，其掺量一般不大于水泥质量的 5％。通常包含减水剂、早强剂、引气剂、缓凝剂、速凝剂、膨胀剂、防冻剂、阻锈剂、加气剂、防水剂、泵送剂、泡沫剂和保水剂等。下面介绍几种主要的外加剂。

1. 减水剂

在混凝土拌合物流动性不变的情况下可显著减少用水量，或在用水量不变的情况下可显著增加混凝土拌合物流动性的物质，称为减水剂。

（1）减水剂的减水机理。绝大多数减水剂属于表面活性剂。可溶于水并定向排列于界面上，从而显著降低表面张力或界面张力的物质，称为表面活性剂。表面活性剂分子由亲水基团和憎水基团两个部分组成。常用的表面活性剂是溶于水后亲水基团带负电的阴离子型表面活性剂。由于减水剂具有表面活性，其定向排列于（或吸附于）水泥颗粒表面，使水泥颗粒表面能降低，且均带有相同电性的电荷，产生静电斥力，使水泥浆中的絮状结构中的原来没有起到增大流动性作用的水释放出来；同时，减水剂的亲水基团又吸附了大量的水分子，增加了水泥颗粒表面水膜的厚度，使润滑作用增强；另外，减水剂也增强了湿润能力，因而起到了提高流动性或减水的作用（图 5-2）。

（2）减水剂的效能。

1）若用水量不变，可不同程度增大混凝土拌合物的坍落度。

2）若混凝土拌合物的坍落度及水泥用量不变，可减水 10％～20％，降低水胶比，提高混凝土强度 15％～20％，特别是早期强度，同时提高耐久性。

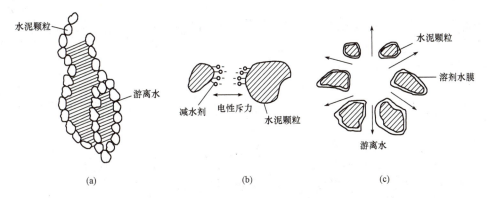

图 5-2　减水剂对水泥颗粒的分散作用

(a)吸附水泥颗粒；(b)静电斥力释放水；(c)增加水泥颗粒表面水膜厚度

3)若混凝土拌合物的流动性与混凝土的强度不变，可减水 10％～20％，节约水泥 10％～20％，降低混凝土成本。

4)减少混凝土拌合物的分层、离析、泌水，减缓水化放热速度和减小最高温度。

5)可配制特殊混凝土或高强度混凝土。

(3)常用减水剂。

1)木质素系减水剂(M 型)。木质素系减水剂主要使用木质素磺酸钙(木钙)，属于阴离子表面活性剂，为普通减水剂，其适宜掺量为 0.2％～0.3％，减水率为 10％左右。对混凝土有缓凝作用，一般缓凝 1～3 h。其适用于各种预制混凝土、大体积混凝土、泵送混凝土。

2)萘系减水剂。萘系减水剂属高效减水剂，其主要成分为 β-萘磺酸盐甲醛缩合物，属阴离子表面活性剂，可减水 10％～20％，或坍落度提高 100～150 mm，或提高强度 20％～30％。萘系减水剂适宜掺量为 0.5％～1.0％，缓凝性很小，大多为非引气型。其适用于日最低气温 0 ℃以上的所有混凝土工程，尤其适用于配制高强、早强、流态等混凝土。

3)树脂类减水剂。树脂类减水剂属早强非引气型高效减水剂，为水溶性树脂，主要为磺化三聚氰胺甲醛树脂减水剂，简称密胺树脂减水剂，为阴离子表面活性剂。我国产品有 SM 树脂减水剂，为非引气型早强高效减水剂，其各项功能与效果均比萘系减水剂好。

4)糖蜜类减水剂。糖蜜类减水剂属普通减水剂。它是以制糖工业的糖渣、废蜜为原料，采用石灰中和而成，为棕色粉状物或糊状物，其中含糖较多，属非离子表面活性剂，其适宜掺量为 0.2％～0.3％，减水率为 10％左右，属于缓凝减水剂。

2. 早强剂

早强剂是指掺入混凝土中能够提高混凝土早期强度，对后期强度无明显影响的外加剂。常用早强剂的品种、掺量及作用效果见表 5-12。

表 5-12　常用早强剂的品种、掺量及作用效果

种类	无机盐类早强剂	有机物类早强剂	复合早强剂
主要品种	氯化钙、硫酸钠	三乙醇胺、三异丙醇胺、尿素等	二水石膏＋亚硝酸钠＋三乙醇胺
适宜掺量	氯化钙 1％～2％；硫酸钠 0.5％～2％	0.02％～0.05％	2％二水石膏＋1％亚硝酸钠＋0.05％三乙醇胺

种类	无机盐类早强剂	有机物类早强剂	复合早强剂
作用效果	氯化钙：可使 2～3 d 强度提高 40%～100%，7 d 强度提高 25%	—	能使 3 d 强度提高 50%
注意事项	氯盐会锈蚀钢筋，掺量必须符合有关规定	对钢筋无锈蚀作用	早强效果显著，适用于严格禁止使用氯盐的钢筋混凝土

3. 引气剂

引气剂是指在混凝土搅拌过程中，能引入大量分布均匀的微小气泡，以减少混凝土拌合物的泌水、离析，改善和易性，并能显著提高硬化混凝土抗冻性、耐久性的外加剂。目前，应用较多的引气剂为松香热聚物、松香皂和烷基苯磺酸盐等。引气剂的掺量极小，为 0.005%～0.01%，引气量为 3%～6%。

4. 缓凝剂

能延缓混凝土的凝结时间，并对混凝土后期强度发展无不利影响的外加剂，称为缓凝剂。缓凝剂主要有四类，即糖类，如糖蜜；木质素磺酸盐类，如木钙、木钠；羟基羧酸及其盐类，如柠檬酸、酒石酸；无机盐类，如锌盐、硼酸盐等。常用的缓凝剂是木钙和糖蜜，其中糖蜜的缓凝效果最好。

缓凝剂主要用于大体积工程、水工工程、滑模施工、夏期施工的混凝土，以及搅拌与浇筑成型时间间隔较长的工程。

5. 速凝剂

能使混凝土速凝，并能改善混凝土与基底黏结性和稳定性的外加剂，称为速凝剂。速凝剂主要用于喷射混凝土、堵漏等。对喷射混凝土的抗渗性、抗冻性有利，但不利于耐腐蚀性。

6. 膨胀剂

膨胀剂是指能使混凝土产生补偿收缩膨胀的外加剂。常用的品种为 U 形（明矾石型）膨胀剂，掺量为 10%～15%。掺量较大时可在钢筋混凝土内产生自应力。掺入后对混凝土力学性能影响不大，可提高抗渗性，并使抗裂性大幅度提高。

六、混凝土掺合料

在混凝土拌合物制备时，为了节约水泥、改善混凝土性能和调节混凝土强度等级而加入的天然或人造的矿物材料，统称为混凝土掺合料。用于混凝土中的掺合料，常见的有磨细的粉煤灰、硅灰、粒化高炉矿渣及火山灰质（如硅藻土、黏土、页岩和火山凝灰岩）等。

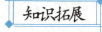

再生骨料

再生骨料混凝土（Recycled Aggregate Concrete，RAC）简称再生混凝土（Recycled Concrete），是指将废弃混凝土块经过破碎、清洗与分级后，按一定的比例与级配混合而成。

再生混凝土骨料（Recycled Concrete Aggregate，RCA）简称再生骨料（Recycled Aggregate），部分或全部代替砂石等天然骨料（主要是粗骨料）配制而

微课：再生混凝土

成新的混凝土。开发应用 RCA 既能有效缓解天然骨料资源紧缺问题，保护天然骨料产地的生态环境，又能解决城市废弃物的堆放、占地和环境污染等问题，有着极为显著的社会环境效益。RAC 是对传统混凝土技术的一种革新，符合低碳时代对绿色建筑的要求，是当今世界众多国家可持续战略追求目标之一，也是发展绿色混凝土的主要举措。

▶▶ 任务三　混凝土的技术性能与应用

混凝土的技术性能主要包含混凝土拌合物的和易性、硬化混凝土的力学性质、混凝土的变形和混凝土的耐久性。

一、混凝土拌合物的和易性

1. 混凝土拌合物和易性的含义

混凝土拌合物的和易性也称为工作性，是指混凝土拌合物易于施工操作（拌和、运输、浇筑、振捣）且成型后质量均匀、密实。其主要包括流动性、黏聚性和保水性三个方面。

（1）流动性。流动性是指混凝土拌合物在自身重力或机械振动作用下易于流动、输送、均匀密实充满混凝土模板的性质，对强度有较大的影响。

（2）黏聚性。黏聚性是指混凝土拌合物在施工过程中保持其整体均匀一致的能力。黏聚性好可保证混凝土拌合物在输送、浇注、成型等过程中不发生分层、离析，即保证硬化后混凝土内部结构均匀。此项性质对混凝土的强度和耐久性有较大的影响。

微课：混凝土
和易性

（3）保水性。保水性是指混凝土拌合物在施工过程中保持水分的能力。保水性好可保证混凝土拌合物在输送、成型及凝结过程中不发生大的或严重的泌水。保水性对混凝土的强度和耐久性有较大的影响。

2. 新拌混凝土和易性的测定方法

目前，仅能测定混凝土拌合物在自重作用下的流动性，而黏聚性和保水性则凭经验观察和评定。混凝土拌合物流动性的测定方法有坍落度法和维勃稠度法。

（1）坍落度法。坍落度法只适用于骨料公称最大粒径不大于31.5 mm、坍落度大于 10 mm 的混凝土的坍落度测定。按规定拌和混凝土混合料，将坍落度筒按要求润湿，然后分三层将拌合物装入筒内，每层装料高度为筒高的 1/3，每层用捣棒捣实 25 次，装满刮平后，立即将筒垂直提起，提筒在 5～10 s 内完成。新拌混凝土拌合物在自重作用下的坍落高度 H（mm）即坍落度，以此作为流动性指标，如图 5-3 所示。

典型案例：超高
泵送技术

试验的同时，还需观察稠度、含砂情况、黏聚性、保水性，以评定新拌混凝土和易性。

（2）维勃稠度法。维勃稠度法只适用于骨料公称最大粒径不大于 31.5 mm 及维勃稠度时间为 5～30 s 的干硬性混凝土的稠度测定。测定方法是将坍落度筒放在直径为240 mm、高为 200 mm 的圆筒中，圆筒安装在专用的振动台上，按坍落度试验方法将新拌混凝土装于坍落度筒中，小心垂直提起坍落度筒，在新拌混凝土顶上置一透明圆盘，开动振动台并记录时间，从开始振动至透明圆盘底面布满水泥浆的瞬间所经历时间，即新拌混凝土的维勃稠度值，以秒计。维勃稠度仪如图5-4所示。

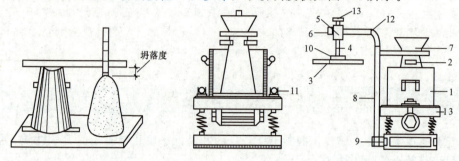

图 5-3　坍落度测定

图 5-4　维勃稠度仪

1—容器；2—坍落度筒；3—圆盘；4—滑棒；5—套筒；
6、13—螺栓；7—漏斗；8—支柱；9—定位螺钉；
10—荷载；11—元宝螺钉；12—旋转架；13—振动台

3. 新拌混凝土流动性(坍落度)的选择

混凝土的坍落度宜根据构件截面尺寸大小、钢筋的疏密程度和施工工艺等要求确定。流动性大的混凝土拌合物，虽施工容易，但水泥浆用量多，不利于节约水泥，易产生离析和泌水现象，对硬化后混凝土的性质不利；流动性小的混凝土拌合物，施工较困难，但水泥浆用量少有利于节约水泥，对硬化后混凝土的性质较为有利。因此，在不影响施工操作和保证密实成型的前提下，应尽量选择较小的流动性。对于混凝土结构截面较大、配筋较疏且采用机械振捣的，应尽量选择流动性小的混凝土。依据《混凝土结构工程施工质量验收规范》(GB 50204—2015)，坍落度可参照表5-13的规定选用。

表 5-13　混凝土浇筑入模时的坍落度

结构类别	坍落度(振动器振动)/mm
小型预制块及便于浇筑振动的结构	0～20
桥涵基础、墩台等无筋或少筋的结构	10～30
普通配筋率的钢筋混凝土结构	30～50
配筋较密、截面较小的钢筋混凝土结构	50～70
配筋极密、截面高而窄的钢筋混凝土结构	70～90

注：1. 本表建议的坍落度未考虑掺外加剂而产生的作用。
　　2. 水下混凝土、泵送混凝土的坍落度不在此列。
　　3. 用人工捣实时，坍落度宜增加 20～30 mm。
　　4. 浇筑较高结构物混凝土时，坍落度宜随混凝土浇筑高度上升而分段变动

4. 新拌混凝土和易性的影响因素

(1)水泥浆的用量。水泥浆包裹骨料表面、填充骨料之间空隙的同时应略有富余，以使混凝土拌合物具有一定流动性。在水胶比一定的条件下，水泥浆用量越多则流动性越大，但水泥浆过多会造成混凝土拌合物流浆、泌水、分层和离析，使黏聚性和保水性变差，混凝土的强度和耐久性降低；若水泥浆用量过少，则无法很好包裹骨料表面及填充骨料之间空隙，会造成混凝土拌合物崩塌，失去稳定性。因此，水泥浆的数量应以满足流动性为宜。

(2)水泥浆的稠度。水泥浆的稠度是由水胶比决定的。在水泥用

微课：混凝土和
易性的影响因素

量一定的情况下，水胶比越小，水泥浆越稠，混凝土拌合物流动性越小；水胶比越大，水泥浆越稀，流动性越大；水胶比过小，水泥浆稠度过大，则流动性过小，使难以成型或不能密实成型。水胶比过大则水泥浆较稀，流动性大，但黏聚性和保水性较差，会使拌合物流浆、离析，严重影响混凝土强度及耐久性，因此，水胶比不宜过大或过小，一般应根据混凝土的强度和耐久性选择合理水胶比。

水泥浆的数量和稠度取决于用水量与水胶比。实际上用水量是影响混凝土流动性最大的因素，并且当用水量一定时，水泥用量适当变化（增减 $50 \sim 100 \ kg/m^3$）时，基本上不影响混凝土拌合物的流动性，即流动性基本上保持不变。这种关系称为固定用水量法则。由此可知，在用水量相同的情况下，采用不同的水胶比可配制出流动性相同而强度不同的混凝土。该法则在配合比的调整中会经常用到。用水量可根据骨料的品种与规格及要求的流动性，参考表 5-25、表 5-26 选取。

（3）砂率。砂率是指砂用量与砂、石总用量的质量百分率。

砂率过大则骨料的比表面积和空隙率大，在水泥浆数量一定时，相对减薄了起到润滑骨料作用的水泥浆层厚度，使流动性减小。砂率过小，骨料的空隙率大，混凝土拌合物中砂浆数量不足，造成流动性变差，特别是黏聚性和保水性很差，即易崩坍、离析，另外，对混凝土的强度及耐久性也不利。合理的砂率应是砂子体积填满石子的空隙后略有富余，此时可获得最大的流动性和良好的黏聚性与保水性，或在流动性一定的情况下可获得最小的水泥用量。砂率对坍落度的影响，如图 5-5 所示（水与水泥用量一定）。

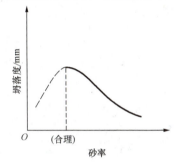

图 5-5　砂率与坍落度关系图

合理砂率可通过骨料的品种（碎石、卵石）和规格（最大粒径、细度模数）及水胶比参照表 5-28 确定。工程量较大时，应通过试验确定，以节约水泥用量和提高流动性。

（4）原料的品种、规格、质量。采用卵石、河砂时，混凝土拌合物的流动性优于碎石、破碎砂、山砂拌和的混凝土。

水泥品种对流动性也有一定的影响，但相对较小。水泥品种对保水性的影响较大，如矿渣水泥的泌水性大。

（5）时间和温度。新拌混凝土随时间推移，部分拌和水蒸发或被骨料吸收，同时，水泥水化进而导致混凝土拌合物变稠，流动性变小，造成坍落度损失，影响混凝土施工质量。

新拌混凝土的和易性还受温度的影响，在不同施工环境温度下会发生变化。尤其是当前推广使用的商品混凝土需经过长距离的运输才能到达施工面，在这个过程中，空气湿度、温度、风速均会导致混凝土拌合物的和易性因失水而产生变化。

（6）外加剂与掺合物。使用外加剂，可在不增加用水量及水泥用量的前提下，有效地改善新拌混凝土的和易性，同时提高混凝土的强度和耐久性，如减水剂等。

掺粉煤灰、矿粉等混合物时，也可改善混凝土拌合物的和易性。

5. 新拌混凝土和易性的改善措施

根据影响新拌混凝土和易性的因素，可采取以下措施改善新拌混凝土和易性。

（1）调节材料组成。在保证混凝土强度、耐久性和经济性的前提下，合理调整配合比，使之具有较好的和易性。

（2）掺外加剂（如减水剂、引气剂等）。合理地利用外加剂，改善混凝土的和易性。

（3）提高振捣机械的效能。振捣效能的提高，可降低施工条件对混凝土拌合物和易性的要求，因而保持原有和易性也能达到捣实的性能。

二、硬化混凝土的力学性能

1. 强度简介

微课：混凝土
强度及强度等级

强度是混凝土凝结硬化后的主要力学性能，按现行国家标准《混凝土物理力学性能试验方法标准》(GB/T 50081—2019)规定，混凝土强度包括立方体抗压强度、轴心抗压强度和立方体劈裂抗拉强度等。

（1）立方体抗压强度。

1）立方体抗压强度（f_{cu}）的测定。按标准的制作方法制作边长为 150 mm 的立方体试件，在标准养护条件[温度为(20±2)℃，相对湿度为95%以上]下，养护至 28 d 龄期，按标准测定方法测得的抗压强度值称为混凝土立方体试件抗压强度，用 f_{cu} 表示，按式(5-2)计算：

$$f_{cu} = \frac{F}{A} \tag{5-2}$$

式中　F——试件破坏荷载(N)；

　　　A——试件承压面积(mm^2)。

以三个试件为一组，以三个试件强度的算术平均值作为强度代表值。

若按非标准尺寸试件测得的立方体抗压强度，应乘以换算系数，见表 5-14。

表 5-14　试件尺寸及其强度换算系数

试件尺寸/(mm×mm×mm)	100×100×100	150×150×150	200×200×200
换算系数	0.95	1.00	1.05
最大粒径/mm	≤31.5	≤37.5	≤63.0

2）立方体抗压强度标准值（$f_{cu,k}$）。混凝土立方体抗压强度标准值是指按标准的制作方法制作和养护边长为 150 mm 的立方体试件，在 28 d 龄期，按标准测定方法测得的具有95%保证率的抗压强度，用 $f_{cu,k}$ 表示。

3）强度等级。混凝土强度等级是根据立方体抗压强度标准值来确定的强度等级表示方法，用符号 C 和立方体抗压强度标准值来表示。如"C40"即混凝土立方体抗压强度标准值 $f_{cu,k}=$ 40 MPa。现行国家标准《混凝土结构设计标准(2024 年版)》(GB/T 50010—2010)规定，混凝土强度等级分为 C20、C25、C30、C35、C40、C45、C50、C55、C60、C65、C70、C75、C80 十三个强度等级。

（2）轴心抗压强度（f_{cp}）。混凝土的立方体抗压强度只是评定强度等级的标志，不能直接作为结构设计的依据。为符合实际情况，在结构设计中混凝土受压构件的计算采用混凝土的轴心抗压强度（棱柱体强度）。

按现行国家标准《混凝土物理力学性能试验方法标准》(GB/T 50081—2019)规定，采用尺寸为 150 mm×150 mm×300 mm 的棱柱体作为标准试件，轴心抗压强度（f_{cp}）按式(5-3)计算。一般情况下，轴心抗压强度与立方体抗压强度的比值为 0.7～0.8。

$$f_{cp} = \frac{F}{A} \tag{5-3}$$

式中　F——试件破坏荷载(N)；

　　　A——试件承压面积(mm^2)。

（3）立方体劈裂抗拉强度（f_{ts}）。混凝土在直接受拉时，很小的变形就会开裂。混凝土抗拉强度只有抗压强度的 1/20～1/10，且随强度等级的提高比值有所降低。因此，混凝土在工作时一般不依靠其抗拉强度，但抗拉强度对开裂具有重要的意义，是确定混凝土抗裂度的重要指标。

按现行国家标准《混凝土物理力学性能试验方法标准》(GB/T 50081—2019)规定，采用尺寸为 150 mm×150 mm×150 mm 的立方体作为标准试件，在立方体试件中心面内用圆弧状钢垫条辅助上下压板施加两个方向相反、均匀分布的压应力。当压力增大至一定程度时，试件就沿此平面劈裂破坏，这样测得的强度称为立方体劈裂抗拉强度，简称劈拉强度(f_{ts})，按式(5-4)计算：

$$f_{ts} = \frac{2F}{\pi A} = \frac{0.637F}{A} \tag{5-4}$$

式中　F——试件破坏荷载(N)；
　　　A——试件承压面积(mm^2)。

2. 影响混凝土强度的因素

(1)材料组成。

1)水泥强度和水胶比。普通混凝土的强度主要来源于水泥石，在配合比相同的条件下，水泥强度等级越高，则混凝土强度也越高。当水泥品种及强度等级相同时，混凝土强度取决于水胶比的大小。一般来说，水泥水化需要水量仅占水泥质量的 25% 左右，即水胶比为 0.25，可保证水泥完全水化，但拌制混凝土拌合物时，为获得必要的流动性，通常加入较多的水，即采用较大水胶比。但用水量过大时，混凝土硬化后，多余的水分就挥发而形成众多孔隙，影响混凝土的强度和耐久性。因此，水泥强度等级相同时，水胶比越小，混凝土强度越高。根据混凝土研究和实践经验，混凝土强度与水胶比、水泥实际强度关系按式(5-5)计算：

$$f_{cu,28} = \alpha_a f_{ce}(B/W - \alpha_b) \tag{5-5}$$

式中　$f_{cu,28}$——混凝土 28 d 的立方体抗压强度(MPa)；
　　　B/W——胶水比，是指胶凝材料用量与水的质量比，胶凝材料包括水泥和活性矿物掺合料；
　　　α_a、α_b——回归系数，与骨料品种有关，按《普通混凝土配合比设计规程》(JGJ 55—2011)规定，碎石分别为 0.53、0.20，卵石分别为 0.49、0.13；
　　　f_{ce}——水泥的实际强度，可经过试验测定，也可用下列经验公式(5-6)计算：

$$f_{ce} = \gamma_c \cdot f_{ce,g} \tag{5-6}$$

　　　$f_{ce,g}$——水泥强度等级的标准值(MPa)；
　　　γ_c——水泥强度等级的富余系数，可按实际统计资料确定；当无实际统计资料时，也可按表 5-15 的规定选用。

表 5-15　水泥强度等级的富余系数

水泥强度等级	32.5	42.5	52.5
富余系数	1.12	1.16	1.10

2)骨料特征。骨料对混凝土的强度有明显影响，特别是粗骨料的形状与表面特征与强度有着直接的关系。在我国现行混凝土强度公式中，表面粗糙、有棱角的碎石和表面光滑圆润的卵石所对应的回归系数 α_a 和 α_b 均不同。

3)浆集比。混凝土中水泥浆的体积和骨料体积之比值对混凝土强度也有一定影响。特别是高强度混凝土更为明显，就混凝土强度而言，存在着最优浆集比。在水胶比相同的条件下，在达到最优浆集比后，混凝土强度随浆集比的增加而降低。

(2)养护条件(温度、湿度)。混凝土拌合物浇捣完毕后，必须

知识储备：粗骨料品质
对混凝土性能的影响

保持适当的湿度和温度，使水泥充分水化，以保证混凝土强度不断提高。

混凝土浇筑后，必须有较长时间在潮湿环境下养护。当湿度适当时，水泥水化才能顺利进行，混凝土强度才能充分发展。如果湿度不够，混凝土会失水干燥，影响水泥水化正常进行甚至停止水化。这会严重降低混凝土强度，同时，因为水泥水化未完成，使混凝土结构疏松，渗水性增大或产生干缩裂缝，从而影响混凝土耐久性。具体影响规律如图 5-6 所示。

一般来说，水泥水化和混凝土强度发展的速度随环境温度的上升而增加，如图 5-7 所示。当温度降至 0 ℃时，混凝土中水分大部分结冰，水泥水化基本停止，混凝土强度停止增长，严重时由于孔隙内水分结冰引起体积膨胀，特别是水化初期，混凝土强度较低时，遭遇严寒会引起混凝土崩溃。

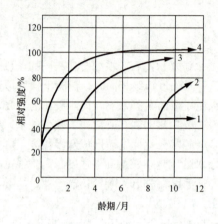

图 5-6　湿度条件对混凝土强度的影响
1—空气中养护；2—九个月后水中养护；
3—三个月后水中养护；4—标准湿度下养护

图 5-7　养护温度对混凝土强度的影响

（3）龄期。混凝土在正常养护条件下，强度随龄期的增长而增长，初期增长较快，后期增长缓慢，但在空气中养护时，后期强度会略有降低。

在标准养护条件下，混凝土强度与龄期的对数大致成正比，如图 5-8 所示。工程中常利用这一关系，根据混凝土早期强度估算其后期强度，具体关系式见式（5-7）。

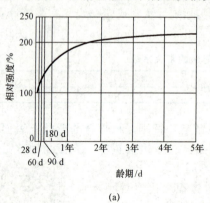

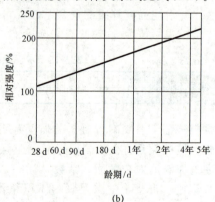

(a)

(b)

图 5-8　混凝土强度与龄期关系
（a)龄期为常数坐标；(b)龄期为对数坐标

$$f_n = f_{28} \cdot \frac{\lg n}{\lg 28} \qquad\qquad (5\text{-}7)$$

式中　f_n——n d 龄期的混凝土抗压强度（MPa）；

　　　　f_{28}——28 d 龄期的混凝土抗压强度（MPa）；

　　　　n——养护龄期（d），$n \geqslant 3$。

（4）试验条件。同一批次混凝土，如果试验条件不同，所测得的混凝土强度值仍会有所差异，试验条件主要是指试件形状与尺寸、试件湿度、试件温度、支撑条件和加载方式等。一般情况下，试件尺寸越大，测得的强度值越小；试件表面与压板之间摩擦越小，测得的强度值越小；加荷速度越快，测得的强度越大。

微课：混凝土
强度试验

环箍效应

测定混凝土立方体试件抗压强度，也可以按粗骨料最大粒径的尺寸选用不同试件的尺寸。但是试件尺寸不同、形状不同，会影响试件的抗压强度测定结果。因为混凝土试件在压力机上受压时，在沿加荷方向发生纵向变形的同时，也按泊松比效应产生横向膨胀，而钢制压板的横向膨胀较混凝土小，因而，在压板与混凝土试件受压面形成摩擦力，对试件的横向膨胀起着约束作用，这种约束作用称为"环箍效应"。

3. 提高混凝土强度的措施

（1）采用高强度等级或早强型水泥。在混凝土配合比相同的条件下，水泥强度等级越高，混凝土 28 d 龄期的强度值就越大；采用早强型水泥可提高混凝土的早期强度，加快施工进程。

（2）采用较小的水胶比，增加混凝土密实度。降低水胶比，增加混凝土的密实度，则混凝土的强度明显提高；但降低水胶比会导致混凝土拌合物和易性降低。因此，必须有相应的技术措施配合，如采用机械强力振捣，掺提高和易性的外加剂等。

（3）采用蒸汽养护、蒸压养护。蒸汽养护是将混凝土放在温度低于 100 ℃ 的常压蒸汽中养护，一般混凝土经过 16～20 h 蒸汽养护后，其强度可达正常混凝土 28 d 强度的 70%～80%；蒸汽养护最适宜的温度随水泥品种不同而变化，采用普通水泥时，最适宜温度为 80 ℃ 左右；而采用矿渣水泥和火山灰水泥时，则温度为 90 ℃ 左右。蒸汽养护方法主要用于提高混凝土早期强度。

蒸压养护是将浇筑完成的混凝土构件静停 8～10 h 后，放入蒸压釜内，通入高温高压饱和蒸汽养护，使水泥水化加速、硬化加快、提高混凝土强度。

（4）掺外加剂。在混凝土中掺外加剂可改善混凝土技术性质。掺早强剂可以提高混凝土的早期强度。掺减水剂可减少混凝土拌合物用水量，降低水胶比，提高混凝土的强度。还可采取掺细度大且活性高的混合材料（如硅灰、粉煤灰、磨细矿渣粉等）或树脂，并严格控制混凝土的施工工艺等措施。

（5）采用机械搅拌、振捣成型。机械施工更有利于混凝土拌合物均匀及流动性增大，以更好地充满模板，提高混凝土密实度和强度。在水胶比较小的情况下，效果显著。

知识拓展

同条件养护是指试块和构件在同样温度、湿度环境下进行养护，作为构件的拆模、出池、出厂、吊装、张拉、放张、临时负荷和继续施工及结构验收的依据。同条件养护试件应在达到等效养护龄期时进行强度试验，等效养护龄期可取按日平均温度逐日累计达到600 ℃时所对应的龄期，0 ℃及以下温度不计入；等效养护龄期不应小于 14 d，也不宜大于 60 d。

自然养护是在室外自然环境中(自然温度、湿度条件下)养护，但混凝土表面要洒水或覆盖保湿材料，防止水分从混凝土表面蒸发损失。

三、混凝土的变形

混凝土在凝结硬化过程中，受各种因素作用，会产生各种变形。混凝土的变形直接影响混凝土的强度及耐久性，特别是对裂缝的产生有直接的影响。硬化后混凝土的变形主要包含非荷载作用下的化学变形、干湿变形、温度变形，以及荷载作用下的弹-塑性变形和徐变。

1. 非荷载作用变形

(1)化学收缩。混凝土在硬化过程中，由于水泥水化产物平均密度比反应前物质的平均密度大些，因而使混凝土产生收缩。称为化学收缩。其特点是收缩量随混凝土龄期的延长而增加，在 40 d 左右趋于稳定，化学收缩是不可恢复的，一般对结构没有影响。

(2)干湿变形。干湿变形主要表现为干缩湿胀。混凝土在干燥空气中硬化时，随着水分逐渐蒸发，体积逐渐发生收缩；若在水中或潮湿环境中养护时，混凝土干缩将随之减少或产生微膨胀。干缩的主要危害是引起混凝土表面开裂，使混凝土的耐久性受损。干缩主要与水胶比，水泥用量或砂、石用量，骨料的质量(杂质多少、级配好坏等)和规格(大小或粗细)，养护温度和湿度，特别是与养护初期的湿度等有关。另外，与水泥品种、强度等级、细度等也有一定的关系。因此，可通过调整骨料级配、增大粗骨料的粒径或减少水泥浆用量、适当选择水泥品种，以及采用振动捣实、早期养护等措施来降低混凝土干缩值。

(3)温度变形。混凝土具有热胀冷缩的性能。混凝土的温度膨胀系数为$(1\sim1.5)\times10^{-5}/℃$，即温度每升降 1 ℃，每米胀缩 1～1.5 mm。温度变形包括两个方面：一方面是混凝土在正常使用情况下的温度变形；另一方面是混凝土在成型和凝结硬化阶段由于水化热引起的温度变形。温度变形对于大体积混凝土工程、纵向很长的混凝土结构及大面积混凝土工程极为不利，容易引起混凝土温度裂缝。为避免这种危害，对于上述混凝土工程，应尽量降低其内部热量，如选用低热水泥、减少水泥用量、掺缓凝剂及采用人工降温等。对纵向或面积大的混凝土结构，应设置伸缩缝。

2. 荷载作用变形

(1)弹-塑性变形与弹性模量。混凝土是一种弹-塑性体，在持续荷载作用下，既产生弹性变形，也产生塑性变形，即应力与应变为曲线关系，而非直线关系，但在应力较小时近似为直线关系，如图5-9所示。

混凝土在弹性变形阶段，其应力和应变呈正比关系，其比例系数称为弹性模量。计算钢筋混凝土结构的变形、裂缝开展及大体积混凝土的温度应力时，均需用到混凝土的弹性模量。混凝土强度越高、骨料含量越多且弹性模量越大，则混凝土的弹性模量越高；混凝土的水胶比较小、养护得较好、龄期较长，则混凝土的弹性模量较大。

（2）徐变。混凝土在长期恒定荷载作用下，沿受力方向随时间而增加的塑性变形称为徐变。徐变初期增长较快，以后逐渐变慢，2～3年后，徐变才趋于稳定。产生徐变的原因一般被认为是水泥石中凝胶体在长期荷载作用下产生黏性流动，使凝胶孔中的水向毛细孔迁移的结果。混凝土的徐变与许多因素有关，混凝土水胶比大，龄期短，徐变大；荷载应力大，徐变大；混凝土水泥用量多时，徐变大；混凝土弹性模量小，徐变大。徐变对结构物的影响既有利又有弊，有

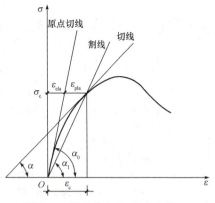

图 5-9　混凝土应力-应变曲线

利的是它可以减弱钢筋混凝土内的应力集中，使应力重新分布，并能减小大体积混凝土的温度应力；不利的是，它会使预应力钢筋混凝土的预加应力受到损失。

四、混凝土的耐久性

混凝土的耐久性是指在外部和内部不利因素的长期作用下，混凝土保持其原有设计性能和使用功能的性质，是混凝土结构经久耐用的重要指标。外部因素是指酸、碱、盐的腐蚀作用、冰冻破坏作用、水压渗透作用、碳化作用、干湿循环引起的风化作用、荷载应力作用和振动冲击作用等；内部因素主要指的是碱-骨料反应和自身体积变化。通常，用混凝土的抗渗性、抗冻性、抗碳化性能、抗腐蚀性能和碱-骨料反应综合评价混凝土的耐久性。

微课：混凝土的耐久性

《混凝土结构设计标准（2024 年版）》（GB 50010—2010）对混凝土结构耐久性做了明确界定，共分为五大环境类别，见表 5-16。

表 5-16　混凝土结构耐久性设计的环境类别

环境类别	条件
一	室内干燥环境； 无侵蚀性静水浸没环境
二 a	室内潮湿环境； 非严寒和非寒冷地区的露天环境； 非严寒和非寒冷地区与无侵蚀性的水或土壤直接接触的环境； 严寒和寒冷地区的冰冻线以下与无侵蚀性的水或土壤直接接触的环境
二 b	干湿交替环境； 水位频繁变动环境； 严寒和寒冷地区的露天环境； 严寒和寒冷地区冰冻线以上与无侵蚀性的水或土壤直接接触的环境
三 a	严寒和寒冷地区冬季水位变动区环境； 受除冰盐影响环境； 海风环境
三 b	盐渍土环境； 受除冰盐作用环境； 海岸环境

环境类别	条件
四	海水环境
五	受人为或自然的侵蚀性物质影响的环境

注：1. 室内潮湿环境是指构件表面经常处于结露或湿润状态的环境。

2. 严寒和寒冷地区的划分应符合现行国家标准《民用建筑热工设计规范（含光盘）》（GB 50176—2016）的有关规定。

3. 海岸环境和海风环境宜根据当地情况，考虑主导风向及结构所处迎风、背风部位等因素的影响，由调查研究和工程经验确定。

4. 受除冰盐影响环境是指受到除冰盐盐雾影响的环境；受除冰盐作用环境是指被除冰盐溶液溅射的环境以及使用除冰盐地区的洗车房、停车楼等建筑。

5. 暴露的环境是指混凝土结构表面所处的环境

1. 抗渗性

混凝土的抗渗性是指抵抗压力液体渗透作用的能力，是决定混凝土耐久性最主要的技术指标。混凝土抗渗性好、混凝土密实性高，外界腐蚀介质不易侵入混凝土内部，从而抗腐蚀性能就好。同样水不易进入混凝土内部，冰冻破坏作用和风化作用就小。因此，混凝土的抗渗性可以认为是混凝土耐久性指标的综合体现。对一般混凝土结构，特别是地下建筑、水池、水塔、水管、水坝、排污管渠、油罐及港工、海工混凝土结构，更应保证混凝土具有足够的抗渗性能。混凝土的抗渗性能用抗渗等级表示。抗渗等级是根据《普通混凝土长期性能和耐久性能试验方法标准》（GB 50082—2009）的规定，通过试验确定，分为 P4、P6、P8、P10 和 P12 共 5 个等级，分别表示混凝土能抵抗 0.4 MPa、0.6 MPa、0.8 MPa、1.0 MPa 和 1.2 MPa 的水压力而不渗漏。

水胶比和水泥用量是影响混凝土抗渗透性能的最主要指标。水胶比越大，多余水分蒸发后留下的毛细孔道就多，也即孔隙率大，又多为连通孔隙，故混凝土抗渗性能越差。特别是当水胶比大于 0.6 时，抗渗性能急剧下降。因此，为了保证混凝土的耐久性，对水胶比必须加以限制。如某些工程从强度计算出发可以选用较大水胶比，但为了保证耐久性又必须选用较小水胶比时，只能提高强度、服从耐久性要求。为保证混凝土耐久性，水泥用量的多少，在某种程度上可用水胶比表示。因为混凝土达到一定流动性的用水量基本一定，水泥用量少，亦即水胶比大。《普通混凝土配合比设计规程》（JGJ 55—2011）对混凝土工程最大水胶比和最小水泥用量的限制条件，见表 5-17、表 5-18。

2. 抗冻性

混凝土抗冻性是指混凝土在吸水饱和状态下，能经受多次冻融循环，而不被破坏，同时，也不严重降低其各种性能的能力，用抗冻等级来表示。混凝土抗冻等级以 100 mm×100 mm×400 mm 的棱柱体作为标准试件，养护 28 d 吸水饱和后，于[（−18±2）℃～（5±2）℃]的条件下快速冻结和融化循环，以抗压强度损失不超过 25%，且质量损失不大于 5% 时所能抵抗的最多冻融循环次数来确定。混凝土抗冻等级用 F 表

微课：混凝土
抗硫酸盐侵蚀

示，共有 F10、F15、F25、F50、F100、F150、F200、F250、F300 九个级别，即抗压强度损失不超过 25%，且质量损失不大于 5% 时可承受最大冻融循环次数为 10、15、25、50、100、150、200、250 和 300（次）。

3. 抗侵蚀性

抗侵蚀性主要与所用水泥品种、混凝土的孔隙率，特别是开口孔隙率有关。

4. 抗碳化性

混凝土的碳化是指空气中二氧化碳与水泥石中氢氧化钙的作用，反应的产物是碳酸钙和水。碳化过程是二氧化碳由表及里向混凝土内部扩散的过程，在相对湿度为 50％～75％时碳化速度最快。碳化会降低碱度，减弱混凝土对钢筋的保护作用，另外，还会增加混凝土的体积收缩，导致混凝土表面产生应力而出现微裂缝，从而降低混凝土抗拉、抗折及抗渗能力。

混凝土碳化速度与环境二氧化碳浓度、水胶比、水泥品种、环境湿度等因素相关。为提高混凝土抗碳化能力可采取以下措施：合理选择水泥品种；采用较小水泥用量及水胶比；使用减水剂等外加剂，改善孔隙结构；保证振捣质量，加强养护以提高密实度。

5. 碱-骨料反应

水泥中的碱（Na_2O、K_2O）与骨料中的活性 SiO_2 发生化学反应，在骨料表面生成复杂的碱-硅酸凝胶，吸水、体积膨胀（体积可增大 3 倍以上），从而导致混凝土产生膨胀开裂而破坏，这种现象称为碱-骨料反应。碱-骨料反应是引发混凝土破损的主要原因之一，会导致混凝土的开裂和破坏，并且这种破坏会继续发展，维修困难。

碱-骨料反应必须具备以下 3 个条件。

（1）混凝土中骨料具有活性；

（2）混凝土中含有一定量可溶性碱；

（3）有一定湿度。

为防止碱-骨料反应的危害，具体规定如下：

（1）应使用含碱量低于 0.6％的水泥，或采用抑制碱-骨料反应的掺合料；

（2）当使用含钾、钠离子的混凝土外加剂时，必须进行专门试验。

6. 提高耐久性措施

耐久性影响因素很多，主要包含材料本身性质及混凝土的密实度、强度等。故可采取以下措施提高混凝土的耐久性。

（1）合理选择水泥品种或强度等级，适量掺加活性混合材料，以利于抗冻性、抗渗性、耐磨性、抗碳化性和抗侵蚀性等。

（2）采用较小的水胶比，限制最大水胶比和最小水泥用量，以保证混凝土的孔隙率较小，见表 5-17、表 5-18。

（3）采用杂质少、粒径较大、级配好、坚固性好的砂、石。

（4）掺减水剂和引气剂。

（5）加强养护，特别是早期养护。

（6）采用机械施工，改善施工操作方法。

其中，一类、二类和三类环境，设计使用年限为 50 年的混凝土结构应符合表 5-17 的规定。

表 5-17　混凝土结构材料的耐久性基本要求

环境类别		最大水胶比	最低强度等级	水溶性氯离子最大含量/％	最大碱含量/(kg·m⁻³)
一		0.60	C20	0.30	不限制
二	a	0.55	C25	0.20	3.0
	b	0.50(0.55)	C30(C25)	0.15	
三	a	0.45(0.50)	C35(C30)	0.15	
	b	0.40	C40	0.10	

注：1. 氯离子含量是指其占胶凝材料用量的质量百分比，计算时辅助胶凝材料的量不应大于硅酸盐水泥的量。

2. 预应力构件混凝土中的水溶性氯离子最大含量不得超过 0.06%，最低混凝土强度等级应按表中规定提高不少于两个等级。

3. 素混凝土结构的混凝土最大水胶比及最低强度等级的要求可适当放松，但混凝土最低强度等级应符合《混凝土结构设计标准（2024 年版）》(GB 50010—2010) 的有关规定。

4. 有可靠的工程经验时，二类环境中的最低混凝土强度等级可为 C25。

5. 处于严寒和寒冷地区二 b、三 a 类环境中的混凝土应使用引气剂，并可采用括号中的有关参数。

6. 当使用非碱活性骨料时，对混凝土中的碱含量可不作限制

根据《普通混凝土配合比设计规程》(JGJ 55—2011) 的规定，除配制 C15 及其以下强度等级的混凝土外，混凝土最小胶凝材料用量应符合表 5-18 的规定。

表 5-18　混凝土最小胶凝材料用量

最大水胶比	最小胶凝材料用量/(kg·m⁻³)		
	素混凝土	钢筋混凝土	预应力混凝土
0.60	250	280	300
0.55	280	300	300
0.50	320		
≤0.45	330		

任务四　普通混凝土质量控制与强度评定

混凝土的质量是影响钢筋混凝土结构可靠性的一个重要因素，为保证结构可靠地使用，必须对混凝土的生产和合格性进行控制。生产控制是对混凝土生产过程的各个环节进行有效质量控制，以保证产品质量可靠。合格性控制是对混凝土质量进行准确判断，目前采用的是数理统计的方法，通过对混凝土强度的检验评定来完成。

一、混凝土生产的质量控制

混凝土的生产是配合比设计、配料搅拌、运输浇筑、振捣养护等一系列过程的综合。要保证生产出的混凝土质量合格，必须在各个环节给予严格的质量控制。

1. 原料的质量控制

混凝土是由多种材料混合制作而成的，任何一种组成材料的质量偏差或不稳定都会造成混凝土整体质量的波动。水泥要严格按其技术质量标准进行检验，并按有关条件进行品种的合理选用，特别要注意水泥的有效期；粗、细骨料应控制其杂质和有害物质含量，若不符合要求应经处理并检验合格后方能使用；采用天然水现场进行拌和的混凝土，对拌合用水的质量应按相关标准进行检验。水泥、砂、石、外加剂等主要材料应检查产品合格证、出厂检验报告或进场复验报告。

2. 配合比设计的质量控制

混凝土应按行业标准《普通混凝土配合比设计规程》(JGJ 55—2011) 的有关规定，根

据混凝土的强度等级、耐久性与和易性等要求进行配合比设计。首次使用的混凝土配合比应进行开盘鉴定，其和易性应满足设计配合比的要求。开始生产时应至少留置一组标准养护试件，作为检验配合比的依据。混凝土拌制前，应测定砂、石含水率，根据测试结果及时调整材料用量，提出施工配合比。生产时应检验配合比设计资料、试件强度试验报告、骨料含水率测试结果和施工配合比通知单。

3. 生产、使用、养护等过程的控制

混凝土的原料必须称量准确，每盘称量的允许偏差应控制在水泥、掺合料±2%，粗、细骨料±3%，水、外加剂±1%。每工作班抽查不少于一次，各种仪器应定期检验。

混凝土运输、浇筑完毕后，应按施工技术方案及时采取有效的养护措施，应随时观察并检查施工记录。

混凝土的运输、浇筑及间歇的全部试件不应超过混凝土的初凝时间。要实际观察、检查施工记录。在运输、浇筑过程中要防止离析、泌水、流浆等不良现象发生，并分层按顺序振捣，严防漏振。

混凝土浇筑完毕后，应按施工技术方案及时采取有效的养护措施，并应随时观察及检查施工记录。

二、混凝土的质量评定

在混凝土施工中，既要保证混凝土达到设计要求的性能，又要保持其质量的稳定性，但实际上，混凝土的质量不可能是均匀稳定的。造成其质量波动的因素比较多，如水泥、骨料等原料质量的波动；原料计量的误差；水胶比的波动；搅拌、浇筑、振捣和养护条件的波动；取样方法、试件制作、养护条件和试验操作等因素。

在正常施工条件下，这些影响因素是随机的，混凝土的性能也是随机变化的，因此，可采用数理统计方法来评定混凝土强度和性能是否达到质量要求。混凝土的抗压强度与其他性能有较好的相关性，能反映混凝土的质量，所以，通常是以混凝土抗压强度作为评定混凝土质量的一项重要指标。

1. 混凝土强度的波动规律

在施工条件一定的情况下，对同一批混凝土进行随机抽样，制作成型，养护28 d，测定其抗压强度并绘制出强度概率分布曲线，该曲线符合正态分布规律，如图5-10所示。正态分布曲线呈钟形，以平均强度为对称轴，两边对称，距离对称轴越远，出现的概率越小，最后逐渐趋向于零；在对称轴两侧

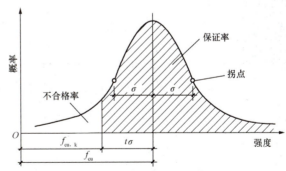

图 5-10　混凝土强度概率分布曲线

曲线上各有一个拐点，拐点与对称轴距离为标准差 σ；曲线和横坐标之间围成的面积为概率总和(100%)。用数理统计方法评定混凝土质量时，常用强度平均值、标准差、变异系数和强度保证率统计参数进行综合评定。

(1)强度平均值。强度平均值的计算公式如下：

$$\overline{f}_{cu} = \frac{1}{n}\sum_{i=1}^{n} f_{cu,i} \tag{5-8}$$

式中　　n——试件组数；

　　　　$f_{cu,i}$——第 i 组抗压强度值（MPa）。

　　强度平均值只能反映该批混凝土总体强度的平均水平，而不能反映混凝土强度波动性的情况。

　　（2）标准差。标准差的计算公式如下：

$$\sigma = \sqrt{\frac{\sum\limits_{i=1}^{n}(f_{cu,i} - \overline{f}_{cu})^2}{n-1}} = \sqrt{\frac{\sum\limits_{i=1}^{n}f_{cu,i}^2 - n\,\overline{f}_{cu}^2}{n-1}} \tag{5-9}$$

　　标准差也称均方差，是评定混凝土质量均匀性的指标。它是强度分布曲线上拐点距平均强度的差距。σ 值越小，曲线高而窄，说明强度值分布较集中，混凝土质量越稳定，均匀性越好。

　　（3）变异系数。变异系数按式（5-10）计算：

$$C_v = \frac{\sigma}{\overline{f}_{cu}} \times 100\% \tag{5-10}$$

　　变异系数又称为离差系数，也是用来评定混凝土质量均匀性的指标。C_v 数值越小，说明混凝土质量越均匀。

　　（4）混凝土强度保证率。强度保证率 P 是指混凝土强度总体分布中，强度不低于设计强度等级 $f_{cu,k}$ 的概率，以图 5-10 所示正态分布曲线的阴影部分面积来表示。由图 5-10 可知

$$\overline{f}_{cu} = f_{cu,k} + t\sigma \tag{5-11}$$

式中　　t——概率度。

　　由概率度再根据正态分布曲线可计算强度保证率 $P(\%)$，或利用表 5-19 查到 P 值。

$$P = \frac{1}{\sqrt{2\pi}} \int_{t}^{\infty} e^{\frac{t^2}{2}} dt \tag{5-12}$$

表 5-19　不同 t 值的保证率

t	0.00	0.50	0.80	0.84	1.00	1.04	1.20	1.28	1.40	1.50	1.60
$P/\%$	50.0	69.2	78.8	80.0	84.1	85.1	88.5	90.0	91.9	93.3	94.5
t	1.645	1.70	1.75	1.81	1.88	1.96	2.00	2.05	2.33	2.50	3.00
$P/\%$	95.0	95.5	96.0	96.5	97.0	97.5	97.7	98.0	99.0	99.4	99.87

　　在工程中，P 值可根据统计周期内混凝土试件强度不低于强度等级的组数 N_0 与试件总数 N 之比求得

$$P = \frac{N_0}{N} \times 100\% \tag{5-13}$$

2. 混凝土的试配强度

　　在配制混凝土时，由于各种因素的影响，混凝土的质量会出现不稳定现象。如果按设计强度等级配制混凝土，由图 5-10 可以看出，混凝土强度保证率只有 50%，因此，配制混凝土时，为保证 95% 的强度保证率，必须使混凝土的配制强度大于设计强度。

　　根据《普通混凝土配合比设计规程》（JGJ 55—2011）规定，混凝土配制强度 $f_{cu,0}$ 应按式（5-14）计算：

$$f_{cu,0} \geqslant f_{cu,k} + 1.645\sigma \tag{5-14}$$

(1)当施工单位具有近期同一品种混凝土资料时，混凝土强度标准差 σ 可按式(5-9)求得，且应符合表 5-20 的规定。

表 5-20　强度标准差　　　　　　　　　　　　　　　　　　　MPa

生产场所	强度标准差 σ		
	<C20	C20～C40	≥C45
预拌混凝土搅拌站 预制混凝土构件厂	≤3.0	≤3.5	≤4.0
施工现场搅拌站	≤3.5	≤4.0	≤4.5

当施工单位无统计资料时，σ 可按表 5-21 的规定取值。

表 5-21　混凝土 σ 取值

混凝土强度等级	≤C20	C25～C35	C40～C55
σ	4.0	5.0	6.0

(2)当设计强度等级不小于 C60 时，配置强度应按式(5-15)确定：

$$f_{cu,0} \geq 1.15 f_{cu,k} \tag{5-15}$$

3. 混凝土强度的评定

根据《混凝土强度检验评定标准》(GB/T 50107—2010)规定，对混凝土强度应分批进行检验评定。一个验收批的混凝土应由强度等级相同、龄期相同，以及生产工艺条件和配合比基本相同的混凝土组成。对施工现场的现浇混凝土，应按单位工程的验收项目划分验收批，每个验收项目应按照现行国家标准《混凝土结构工程施工质量验收规范》(GB 50204—2015)确定。

微课：混凝土强度
检验评定

(1)统计方法一（已知标准差法）。当混凝土的生产条件在较长时间内能保持一致，且同一品种混凝土的强度变异性能保持稳定时，强度评定应由连续三组试件组成一个验收批，其强度应同时满足下列要求：

$$m_{f_{cu}} \geq f_{cu,k} + 07\sigma_0 \tag{5-16}$$

$$f_{cu,min} \geq f_{cu,k} - 0.7\sigma_0 \tag{5-17}$$

检验批混凝土立方体抗压强度的标准差应按式(5-9)计算。

当混凝土强度等级不高于 C20 时，其强度的最小值还应满足式(5-18)的要求：

$$f_{cu,min} \geq 0.85 f_{cu,k} \tag{5-18}$$

当混凝土强度等级高于 C20 时，其强度的最小值还应满足式(5-19)的要求：

$$f_{cu,min} \geq 0.90 f_{cu,k} \tag{5-19}$$

式中　$m_{f_{cu}}$——同一验收批混凝土立方体抗压强度的平均值(N/mm²)，精确至 0.1 N/mm²；

　　　$f_{cu,k}$——混凝土立方体抗压强度标准值(N/mm²)，精确至 0.1 N/mm²；

　　　σ_0——检验批混凝土立方体抗压强度的标准差(N/mm²)，精确至 0.01 N/mm²；当检验批混凝土强度标准差 σ_0 计算值小于 2.5 N/mm² 时，应取 2.5 N/mm²；

　　　$f_{cu,i}$——前一个检验期内同一品种、同一强度等级的第 i 组混凝土试件的立方体抗压强度代表值(N/mm^2)，精确至 $0.1\ N/mm^2$；该检验期不应少于 60 d，也不得大于 90 d；

　　n——前一检验期内的样本容量，在该期间内样本容量不应少于 45；

　　$f_{cu,min}$——同一检验批混凝土立方体抗压强度的最小值(N/mm^2)，精确至 $0.1\ N/mm^2$。

　　(2)统计方法二(未知标准差法)。当混凝土的生产条件在较长时间内不能保持一致，且混凝土强度变异性不能保持稳定，或前一个检验期内的同一品种混凝土没有足够的数据以确定验收批混凝土立方体强度的标准差时，应由不少于 10 组的试件组成一个验收批。其强度应同时满足下列要求：

$$m_{f_{cu}} \geqslant f_{cu,k} + \lambda_1 \cdot S_{f_{cu}} \tag{5-20}$$

$$f_{cu,min} \geqslant \lambda_2 \cdot f_{cu,k} \tag{5-21}$$

式中　$S_{f_{cu}}$——同一验收批混凝土立方体抗压强度标准差(N/mm^2)，精确至 $0.1\ N/mm^2$；当检验批混凝土强度标准差 $S_{f_{cu}}$ 计算值小于 $2.5\ N/mm^2$ 时，应取 $2.5\ N/mm^2$；

　　λ_1、λ_2——合格判定系数，按表 5-22 的规定取用；

　　n——本检验期内的样本容量。

表 5-22　混凝土强度的合格判定系数

试件组数	10~14	15~19	≥20
λ_1	1.15	1.05	0.95
λ_2	0.90	0.85	

　　同一检验批混凝土立方体抗压强度的标准差应按式(5-22)计算。

$$S_{f_{cu}} = \sqrt{\frac{\sum\limits_{i}^{n} f_{cu,i}^2 - n m_{f_{cu}}^2}{n-1}} \tag{5-22}$$

式中　$f_{cu,i}$——第 i 组混凝土试件的立方体抗压强度值(N/mm^2)。

　　(3)非统计方法。按非统计方法评定混凝土强度时，其强度应同时满足下列要求：

$$m_{f_{cu}} \geqslant \lambda_3 \cdot f_{cu,k} \tag{5-23}$$

$$f_{cu,min} \geqslant \lambda_4 \cdot f_{cu,k} \tag{5-24}$$

式中　λ_3、λ_4——合格评定系数，应按表 5-23 的规定取用。

表 5-23　混凝土强度的非统计法合格评定系数

混凝土强度等级	<C60	≥C60
λ_3	1.15	1.10
λ_4	0.95	

　　(4)混凝土强度的合格性判定。混凝土强度分批检验结果能满足以上评定的规定时，则该批混凝土判为合格；否则，判为不合格。对评定不合格批混凝土，可按现行国家的有关标准处理。

任务五 普通混凝土配制

一、概述

1. 混凝土配合比表示方法

(1)单位用量表示法：以 1 m³ 混凝土中各种材料的用量表示。例如，水泥：水：细骨料：粗骨料＝330 kg：150 kg：720 kg：1 260 kg。

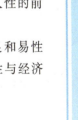

微课：混凝土的配合比设计(一)

(2)相对用量表示法：以水泥质量为1，按"水泥：细骨料：粗骨料，水胶比"的顺序表示。例如，1：2.15：3.82，$W/B=0.45$。

2. 混凝土配合比设计的基本要求

(1)满足结构物设计强度的要求。为保证结构物的可靠性，采用比设计强度高的试配强度。

(2)满足施工和易性的要求。按照结构物截面尺寸和形状、配筋疏密及施工方法和设备来确定和易性。

(3)满足环境耐久性的要求。设计配合比时，根据结构物所处环境条件，考虑最大水胶比、最小水泥用量。

(4)满足经济性的要求。在满足工程质量的前提下，尽量节约水泥，合理使用材料，以降低成本。

3. 混凝土配合比设计的重要参数

(1)水胶比(W/B)。水胶比即水的质量与水泥质量之比。水胶比是影响混凝土强度和耐久性的重要参数，在满足强度和耐久性的前提下，应采用较大水胶比，以便节约水泥。

(2)砂率(β_s)。砂率即砂子的质量与砂加石总质量的比值。在满足强度和耐久性的前提下，应尽量采用较小的砂率，以满足经济性要求。

(3)单位体积用水量。单位体积用水量即单位体积混凝土水的用量。在满足和易性要求的前提下，单位体积用水量尽量取较小值，以便用较少的水泥浆满足和易性与经济性要求。

4. 混凝土配合比设计的步骤

(1)计算初步配合比。根据原始资料，按我国现行的配合比设计方法，计算初步配合比，即水泥：水：细骨料：粗骨料＝$m_{c0}:m_{w0}:m_{s0}:m_{g0}$。

(2)提出基准配合比。根据初步配合比，采用施工实际材料进行试拌，测定混凝土拌合物的和易性，调整材料用量，提出满足和易性要求的基准配合比，即 $m_{ca}:m_{wa}:m_{sa}:m_{ga}$。

(3)确定实验室配合比。以基准配合比为基础，增大和减小水胶比，拟定几组适合和易性要求的配合比，通过制备试块、测定强度，确定既符合强度与和易性要求，又较经济的试验室配合比，即 $m_{cb}:m_{wb}:m_{sb}:m_{gb}$。

(4)换算施工配合比。根据工地现场材料的实际含水率，将试验室配合比换算为施工配合比，即 $m_c:m_w:m_s:m_g$。

二、普通混凝土配合比设计方法

1. 初步配合比计算

(1)确定混凝土配制强度 $f_{cu,0}$。为了使所配制的混凝土具有必要的强度保证率(95%),要求混凝土配制强度必须大于其强度标准值。

$$f_{cu,0} = f_{cu,k} + 1.645\sigma \qquad (5-25)$$

微课:混凝土的配合比设计(二)

式中　$f_{cu,0}$——混凝土配制强度(MPa);

　　　$f_{cu,k}$——混凝土立方体抗压强度标准值(MPa);

　　　σ——混凝土强度标准差(MPa)。

(2)计算水胶比。

1)按混凝土要求强度等级计算水胶比和水泥实际强度:

当混凝土强度等级小于 C60 时,水胶比可按式(5-26)计算:

$$W/B = \frac{\alpha_a f_{ce}}{f_{cu,0} + \alpha_a \alpha_b f_{ce}} \qquad (5-26)$$

式中　α_a、α_b——回归系数,应根据工程所使用的水泥、骨料,通过试验由表 5-24 选取;

　　　f_{ce}——水泥 28 d 抗压强度实测值,无水泥 28 d 抗压强度实测值时,可按式(5-27)计算:

$$f_{ce} = \gamma_c \cdot f_{ce,k} \qquad (5-27)$$

　　　γ_c——水泥强度等级的富余系数,按各地区实际统计资料确定,按表 5-15 选取;

　　　$f_{ce,k}$——水泥强度等级的标准值(MPa)。

表 5-24　回归系数

系数	石子种类	
	碎石	卵石
α_a	0.53	0.49
α_b	0.20	0.13

2)按耐久性校核水胶比。确定水胶比时还应根据混凝土所处环境条件,校核满足耐久性要求的允许最大水胶比。如按强度计算的水胶比大于耐久性允许的最大水胶比,应采用允许的最大水胶比,见表 5-25。

表 5-25　普通混凝土最大水胶比和最小水泥用量的规定

环境类别		最大水胶比	最小水泥用量/kg		
			素混凝土	钢筋混凝土	预应力混凝土
一		0.60	250	280	300
二	a	0.55	280	300	300
	b	0.50	320		
三	a	0.45	330		
	b	0.40			

注:1. 当活性掺合料取代部分水泥时,表中最大水胶比和最小水泥用量为替代前的水胶比和水泥用量。

2. 配制 C15 级及以下等级混凝土时,可不受本表限制。

3. 摘自《普通混凝土配合比设计规程》(JGJ 55—2011)和《混凝土结构设计标准(2024 年版)》(GB 50010—2010)

（3）确定单位用水量 m_{w0}。

1）水胶比在 0.40～0.80 范围内时，根据粗骨料的品种、粒径及施工要求的混凝土拌合物的稠度，按表 5-26、表 5-27 选取。

表 5-26　塑性混凝土的单位用水量　　　　　　　　　　　　　kg/m^3

拌合物稠度		卵石最大粒径/mm				碎石最大粒径/mm			
项目	指标	10	20	31.5	40	16	20	31.5	40
坍落度/mm	10～30	190	170	160	150	200	185	175	165
	35～50	200	180	170	160	210	195	185	175
	55～70	210	190	180	170	220	205	195	185
	75～90	215	195	185	175	230	215	205	195

注：1. 本表用水量采用中砂时的平均值。采用细砂时，每立方米混凝土用水量可增加 5～10 kg；采用粗砂时，则减少 5～10 kg。

　　2. 掺用矿物掺和物和外加剂时，用水量应当调整

表 5-27　干硬性混凝土的单位用水量　　　　　　　　　　　　　kg/m^3

拌合物稠度		卵石最大粒径/mm			碎石最大粒径/mm		
项目	指标	10	20	40	16	20	40
维勃稠度/s	16～20	175	160	145	180	170	155
	11～15	180	165	150	185	175	160
	5～10	185	170	155	190	180	165

2）掺外加剂时，每立方米流动性或大流动性混凝土的用水量（m_{w0}）可按式（5-28）计算：

$$m_{w0} = m'_{w0}(1-\beta) \qquad (5\text{-}28)$$

式中　m_{w0}——计算配合比每立方米混凝土的用水量（kg/m^3）；

　　　m'_{w0}——未掺外加剂时推定的满足实际坍落度要求的每立方米混凝土用水量（kg/m^3），以表 5-27 中 90 mm 坍落度的用水量为基础，按每增大 20 mm 坍落度相应增加 5 kg/m^3 用水量来计算，当坍落度增大到 180 mm 以上时，随坍落度相应增加的用水量可减少；

　　　β——外加剂的减水率（％），应经混凝土试验确定。

3）每立方米混凝土中外加剂用量（m_{a0}）应按式（5-29）计算：

$$m_{a0} = m_{b0}\beta_a \qquad (5\text{-}29)$$

式中　m_{a0}——计算配合比每立方米混凝土中外加剂用量（kg/m^3）；

　　　m_{b0}——计算配合比每立方米混凝土中胶凝材料用量（kg/m^3），计算应符合《普通混凝土配合比设计规程》（JGJ 55—2011）的规定；

　　　β_a——外加剂掺量（％），应经混凝土试验确定。

（4）计算单位水泥用水量 m_{c0}。

1）按混凝土强度要求计算单位水泥用量。由已求得的水胶比和单位用水量可计算水泥用量，即

$$m_{c0} = \frac{m_{w0}}{W/B} \qquad (5\text{-}30)$$

2)**按耐久性校核单位水泥用量**。确定水泥用量时还应根据混凝土所处环境条件，校核满足**耐久性要求的允许最小水泥用量**。按强度计算的水泥用量应不低于表 5-25 规定的最小水泥用量。

(5)选定砂率 β_s。

1)坍落度为 10～60 mm 的混凝土砂率，可根据**粗骨料品种**、**最大粒径**及**水胶比**按表 5-28 的规定选取。

表 5-28　混凝土的砂率　　　　　　　　　　　%

水胶比	卵石最大公称粒径/mm			碎石最大公称粒径/mm		
	10.0	**20.0**	**40.0**	**16.0**	**20.0**	**40.0**
0.40	26～32	25～31	24～30	30～35	29～34	27～32
0.50	30～35	29～34	28～33	33～38	32～37	30～35
0.60	33～38	32～37	31～36	36～41	35～40	33～38
0.70	36～41	35～40	34～39	39～44	38～43	36～41

注：1. 本表数值是中砂的选用砂率，对细砂或粗砂可相应减少或增大砂率；

　　2. 采用人工砂配制混凝土时，砂率可适当增大；

　　3. 只用一个单粒级粗骨料配制混凝土时，砂率可适当增大

2)坍落度大于 60 mm 的混凝土砂率，可经试验确定；也可在表 5-28 的基础上，按坍落度每增大 20 mm 砂率增大 1% 的幅度予以调整。

3)坍落度小于 10 mm 的混凝土，其砂率应经试验确定。

(6)**计算细、粗骨料单位用量**（m_{s0}、m_{g0}）。

1)**质量法**。该方法假定混凝土拌合物的表观密度为一固定值，混凝土拌合物各组成材料的单位用量之和即其表观密度。在砂率已知的情况下，粗、细骨料的用量可由式（5-31）求得：

$$\begin{cases} m_{c0}+m_{w0}+m_{s0}+m_{g0}=m_{cp} \\ \dfrac{m_{s0}}{m_{s0}+m_{g0}}\times100\%=\beta_s \end{cases} \quad (5\text{-}31)$$

式中　m_{c0}、m_{s0}、m_{g0}、m_{w0}——1 m³ 混凝土中水泥、砂（细骨料）、石子（粗骨料）、水的用量（kg）；

　　　m_{cp}——1 m³ 混凝土拌合物的假定质量（kg），可根据施工单位积累经验确定，如缺乏资料，可在 2 350～2 450 kg/m³ 范围内选取；

　　　β_s——混凝土砂率。

2)**体积法**。体积法又称绝对体积法，该方法假定 1 m³ 混凝土拌合物的体积等于各组成材料的绝对体积与混凝土拌合物中所含空气体积之和。在砂率已知情况下，粗、细骨料的用量可由式（5-32）求得：

$$\begin{cases} \dfrac{m_{c0}}{\rho_c}+\dfrac{m_{s0}}{\rho_s}+\dfrac{m_{g0}}{\rho_g}+\dfrac{m_{w0}}{\rho_w}+0.01\alpha=1 \\ \dfrac{m_{s0}}{m_{s0}+m_{g0}}\times100\%=\beta_s \end{cases} \quad (5\text{-}32)$$

式中　ρ_c、ρ_s、ρ_g、ρ_w——水泥的密度、砂的表观密度、石子(粗骨料)的表观密度、水的密度(kg/m^3)，水泥的密度可取 2 900～3 100 kg/m^3；

　　　　　α——混凝土的含气量百分数，在不使用引气型外加剂时，可取 $\alpha=1$。

　　一般认为，质量法比较简单，不需要各种组成材料的密度资料，如果施工单位已积累当地常用材料所组成的混凝土假定表观密度资料，也可获得较准确结果。体积法较复杂但较准确。

　　通过上述六个步骤，可计算出 1 m^3 混凝土中水泥、水、粗骨料、细骨料的用量，即混凝土的初步配合比。

2. 试配、调整，提出基准配合比

微课：混凝土的
配合比设计(三)

(1)试配。按初步配合比称取相应的材料进行试配。试配时，混凝土的搅拌量按表 5-29 选取。当采用机械搅拌时，其搅拌量不应小于搅拌机额定搅拌量的 1/4。

表 5-29　混凝土试配的最小搅拌量

骨料最大粒径/mm	拌合物数量/L
≤31.5	20
40.0	25

(2)校核和易性，确定基准配合比。试拌后立即测定混凝土拌合物坍落度，并检查其黏聚性和保水性能，如实测坍落度小于或大于设计要求，可保持水胶比不变，增加或减少适量水泥浆；如出现黏聚性和保水性不良，可适当提高砂率；每次调整后再试拌，直到符合要求为止。最后提出供混凝土强度校核的基准配合比，即 $m_{ca} : m_{wa} : m_{sa} : m_{ga}$。

3. 检验强度，确定实验室配合比

(1)制作试件，检验强度。一般采用三个不同的配合比，其中一个为基准配合比，另外两个配合比的水胶比值应较基准配合比分别增加或减少 0.05，其用水量应该与基准配合比相同，砂率值可增加或减少 1%。进行混凝土强度试验时，每种配合比至少应制作一组(三块)强度试块，标准养护 28 d 进行强度测定。

(2)确定实验室配合比。根据强度检验结果及湿表观密度测定结果，进一步修订配合比，即可得到实验室配合比设计值。

1)根据混凝土强度检验结果修正配合比。

①单位用水量(m_{wb})应在基准配合比用水量的基础上，根据制作强度试件时测得的坍落度或维勃稠度进行调整确定；

②水泥用量(m_{cb})应以用水量乘以选定的胶水比计算确定；

③细骨料和粗骨料用量(m_{sb}、m_{gb})应在基准配合比的用量基础上，按选定的水胶比进行调整后确定。

2)根据实测混凝土拌合物湿表观密度结果修正配合比。

3)根据强度检验结果修正后的混凝土配合比计算混凝土的表观密度计算值 $\rho_{c,c}$：

$$\rho_{c,c} = m_c + m_s + m_g + m_w \tag{5-33}$$

4)按式(5-34)计算混凝土配合比校正系数 δ：

$$\delta = \frac{\rho_{c,t}}{\rho_{c,c}} \tag{5-34}$$

式中　$\rho_{c,t}$——混凝土表观密度实测值(kg/m^3)；

$\rho_{c,c}$——混凝土表观密度计算值(kg/m^3)。

（3）当混凝土表观密度实测值与计算值之差的绝对值不超过计算值的2%时，则 $m_{cb} : m_{wb} : m_{sb} : m_{gb}$ 即得确定的实验室配合比；当两者之差超过2%时，应将配合比中各组成材料用量均乘以校正系数 δ，即得最终确定的实验室配合比。

$$\begin{cases} m'_{cb} = m_{cb} \cdot \delta \\ m'_{wb} = m_{wb} \cdot \delta \\ m'_{sb} = m_{sb} \cdot \delta \\ m'_{gb} = m_{gb} \cdot \delta \end{cases} \tag{5-35}$$

$m'_{cb} : m'_{wb} : m'_{sb} : m'_{gb}$ 为最终确定的实验室配合比。

4. 施工配合比换算

实验室最后确定的配合比是按骨料为绝干状态计算的。而施工现场砂、石材料均为露天堆放，都有一定含水率。因此，施工现场应根据砂、石的实际含水率的变化，将实验室配合比换算为施工配合比。

设施工现场实测砂、石含水率分别为 $a\%$、$b\%$，则施工配合比的各种材料单位用量可按式(5-36)计算：

$$\begin{cases} m_c = m'_{cb} \\ m_s = m'_{sb}(1+a\%) \\ m_g = m'_{gb}(1+b\%) \\ m_w = m'_{wb} - (m'_{sb} \cdot a\% + m'_{gb} \cdot b\%) \end{cases} \tag{5-36}$$

施工配合比为 $m_c : m_w : m_s : m_g$。

三、普通混凝土配合比设计例题

已知混凝土设计强度等级为C30，无强度历史统计资料，要求混凝土拌合物坍落度为30~50 mm，混凝土所处环境属寒冷地区。

材料组成：硅酸盐水泥，强度等级为42.5级，密度 $\rho_c = 3\ 100\ kg/m^3$，砂为中砂，表观密度 $\rho_s = 2\ 650\ kg/m^3$，含水率 $w_s = 3\%$，碎石最大粒径 $d_{max} = 31.5\ mm$，表观密度 $\rho_g = 2\ 700\ kg/m^3$，含水率 $w_g = 1\%$。

【设计内容】

（1）按原始资料计算初步配合比。

（2）按初步配合比在试验室进行材料调整得出试验室配合比。

（3）根据工地砂石材料含水率，进行施工配合比换算。

【设计步骤】

1. 计算初步配合比

（1）确定混凝土配制强度($f_{cu,0}$)。由题意可知，设计要求混凝土强度 $f_{cu,k} = 30$ MPa，无历史强度统计资料，查表5-21得标准差 σ 数值为5.0 MPa，则配制强度为

$$f_{cu,0} = f_{cu,k} + 1.645\sigma = 30 + 1.645 \times 5.0 = 38.2(MPa)$$

（2）计算水胶比(W/B)。

1）计算水泥实际强度。由题意可知，采用强度等级为42.5级的硅酸盐水泥，$f_{ce,k} = 42.5$ MPa，查表5-15可知，水泥强度富余系数 $\gamma_c = 1.16$，则水泥实际强度为

$$f_{ce} = \gamma_c \cdot f_{ce,k} = 1.16 \times 42.5 = 49.3(MPa)$$

2)计算水胶比。

$$W/B=\frac{\alpha_a f_{ce}}{f_{cu,0}+\alpha_a\alpha_b f_{ce}}=\frac{0.53\times49.3}{38.2+0.53\times0.20\times49.3}=0.60$$

3)按耐久性复核水胶比。由题意可知，混凝土所处环境属寒冷地区，查表 5-16 可知属于二 a 类等环境，查表 5-17 可知允许最大水胶比为 0.55，0.60＞0.55，故取 $W/B=0.55$。

（3）确定单位用水量（m_{w0}）。由题意可知，要求混凝土拌合物坍落度为 30～50 mm，碎石最大粒径 $d_{max}=31.5$ mm，则查表 5-26 可知 $m_{w0}=185$ kg/m^3。

（4）计算单位水泥用量（m_{c0}）。

1)按强度计算单位水泥用量。由上已知混凝土单位用水量 $m_{w0}=185$ kg/m^3，水胶比 $W/B=0.55$，则单位水泥用量为

$$m_{c0}=\frac{m_{w0}}{W/B}=\frac{185}{0.55}=336(kg/m^3)$$

2)按耐久性校核单位水泥用量。由题意可知，混凝土所处环境属于寒冷地区配筋混凝土，查表 5-25 可知最小水泥用量为 300 kg/m^3，则 $m_{c0}=336$ kg/m^3。

（5）选定砂率（β_s）。由题意可知，混凝土采用碎石，最大粒径 $d_{max}=31.5$ mm，水胶比 $W/B=0.55$。查表 5-28 可知，选定混凝土砂率 $\beta_s=33\%$。

（6）计算砂石用量。

1)采用质量法。

已知：单位水泥用量 $m_{c0}=336$ kg/m^3，单位用水量 $m_{w0}=185$ kg/m^3，混凝土砂率 $\beta_s=33\%$。混凝土拌合物假定表观密度 $m_{cp}=2\ 400$ kg/m^3，则由式(5-31)可得

$$\begin{cases}336+185+m_{s0}+m_{g0}=2\ 400\\ \dfrac{m_{s0}}{m_{s0}+m_{g0}}\times100\%=33\%\end{cases}$$

解得：砂用量 $m_{s0}=620$ kg/m^3，碎石用量 $m_{g0}=1\ 259$ kg/m^3。

按质量法计算的初步配合比为 $m_{c0}:m_{w0}:m_{s0}:m_{g0}=336:185:620:1\ 259$。

即　　　　　　　　　　　　　　　$1:1.85:3.75,W/B=0.55$。

2)采用体积法。

已知：水泥密度 $\rho_c=3\ 100$ kg/m^3，砂表观密度 $\rho_s=2\ 650$ kg/m^3，碎石表观密度 $\rho_g=2\ 700$ kg/m^3，非引气混凝土，$\alpha=1$，则由式(5-32)可得

$$\begin{cases}\dfrac{336}{3\ 100}+\dfrac{m_{s0}}{2\ 650}+\dfrac{m_{g0}}{2\ 700}+\dfrac{185}{1\ 000}+0.01\times1=1\\ \dfrac{m_{s0}}{m_{s0}+m_{g0}}\times100\%=33\%\end{cases}$$

解得：砂用量 $m_{s0}=617$ kg/m^3；碎石用量 $m_{g0}=1\ 252$ kg/m^3。

按体积法计算的初步配合比为 $m_{c0}:m_{w0}:m_{s0}:m_{g0}=336:185:617:1\ 252$。

即　　　　　　　　　　　　　　　$1:1.84:3.73,W/B=0.55$。

2. 调整和易性，提出基准配合比

（1）计算试拌材料用量。按初步配合比(以质量法计算结果为例)，计算试拌 20 L 混凝土混合料各材料用量。

水泥：$336\times0.020=6.72(kg)$；

水：$185\times0.020=3.70(kg)$；

砂：$620×0.020＝12.40(kg)$；

碎石：$1\ 259×0.020＝25.18(kg)$。

(2)调整和易性。将上述各材料拌和后，测定其坍落度为 15 mm，不满足施工和易性要求。因此，保持水胶比不变，增加 5% 水泥浆用量。重新搅拌后再检验其坍落度为 45 mm，黏聚性及保水性均良好，满足施工和易性要求，此时混凝土拌合物各组成材料实际用量为

水泥：$6.72×(1＋5\%)＝7.06(kg)$；

水：$3.7×(1＋5\%)＝3.88(kg)$；

砂：$12.4\ kg$；

碎石：$25.18\ kg$。

(3)提出基准配合比。

3. 检验强度，测定试验室配合比

(1)检验强度。拌制三组混凝土拌合物，砂、碎石用量不变，用水量也保持不变，三组试件水胶比及水泥用量分别为

A：0.50　水泥用量：$3.88/0.50＝7.76(kg)$；

B：0.55　水泥用量：$3.88/0.55＝7.05(kg)$；

C：0.60　水泥用量：$3.88/0.60＝6.47(kg)$。

分别测定三组拌合物的坍落度并观察其黏聚性和保水性，经检测均合格。分别振捣成型，在标准条件下养护 28 d 后，按规定方法测定其立方体抗压强度值，见表 5-30。

表 5-30　不同水胶比的混凝土强度值

组别	水胶比	胶水比	28 d 立方体抗压强度标准值 $f_{cu,28}/MPa$
A	0.50	2.0	45.1
B	0.55	1.82	38.3
C	0.60	1.69	33.8

胶水比 B/W 为 1.82，即水胶比为 0.55，对应于混凝土配制强度 $f_{cu,0}＝38.3$ MPa，符合要求。

(2)确定实验室配合比。

1)按强度检验结果修正配合比，各材料用量为

用水量 $m_{wb}＝185×(1＋5\%)＝194(kg)$；

水泥用量 $m_{cb}＝336×(1＋5\%)＝353(kg)$；

砂用量 $m_{sb}＝620\ kg/m^3$；

碎石用量 $m_{gb}＝1\ 259\ kg/m^3$。

修正后配合比为 $m_{cb}：m_{wb}：m_{sb}：m_{gb}＝353：194：620：1\ 259$，即

$$1：1.76：3.57，W/B＝0.55。$$

2)计算湿表观密度为

$$\rho_{c,c}＝353＋194＋620＋1\ 259＝2\ 426(kg/m^3)$$

实测湿表观密度 $\rho_{c,t}＝2\ 450\ kg/m^3$。

修正系数为

$$\delta＝\frac{\rho_{c,t}}{\rho_{c,c}}＝\frac{2\ 450}{2\ 426}＝1.01$$

因为混凝土表观密度实测值与计算值之差的绝对值未超过计算值的 2%，则不需校正各种材料用量。

4. 施工配合比换算

根据工地实测砂石含水率分别为3％和1％。则各种材料用量为

水泥用量：$m_c=353\ kg/m^3$；

砂用量：$m_s=620\times(1+3\%)=639(kg/m^3)$；

石子用量：$m_g=1\ 259\times(1+1\%)=1\ 272(kg/m^3)$；

水用量：$m_w=194-620\times3\%-1\ 259\times1\%=163(kg/m^3)$；

施工配合比：$m_c:m_w:m_s:m_g=353:163:639:1\ 272$，即

$$1:1.81:3.60，W/B=0.46。$$

▶▶ 任务六　特种混凝土的性能与应用

一、高强高性能混凝土

典型案例：高强
高性能混凝土

强度等级大于等于C60的混凝土称为高强度混凝土；具有良好的施工和易性与优异耐久性，且均匀密实的混凝土称为高性能混凝土；同时，具有上述各性能的混凝土称为高强高性能混凝土。

1. 高强高性能混凝土的原料

（1）优质高强水泥。高强高性能混凝土用水泥的矿物成分中C_3S和C_3A含量较高，特别是C_3S含量较高。水泥经两次振动磨细后，细度应达到$4\ 000\sim6\ 000\ cm^2/g$及以上。

（2）拌和水。高强高性能混凝土采用磁化水拌和，磁化水是普通的水以一定速度流经磁场，通过磁化作用提高水的活性。用磁化水拌制混凝土，使水泥水化更安全、充分，因而可提高混凝土强度30％～50％。

（3）硬质高强的骨料。高强高性能混凝土的粗骨料应使用质地坚硬、级配良好的碎石。骨料的抗压强度应比所配制的混凝土强度高50％以上。含泥量应小于5％，骨料的最大粒径宜小于26.5 mm。

（4）外加剂。高强高性能混凝土均采用减水剂及其他外加剂，并应选用优质高效的NNO、MF等减水剂。

2. 高强高性能混凝土的主要技术性质

（1）高强高性能混凝土的早期强度高，但后期强度增长率一般不及普通混凝土。故不能用普通混凝土的龄期-强度关系式（或图表），由早期强度推算后期强度。如C60～C80混凝土，3 d强度为28 d的60％～70％；7 d强度为28 d的80％～90％。

（2）高强高性能混凝土由于非常致密，故抗渗、抗冻、抗碳化和抗腐蚀等耐久性指标均十分优异，可极大地提高混凝土结构物的使用年限。

（3）混凝土强度高，因此构件截面尺寸可大幅减小，从而改变"肥梁胖柱"的现状，减轻建筑物自重，简化地基处理，并使高强度钢筋的应用和效能得以充分利用。

（4）高强度混凝土的弹性模量高，徐变小，可大幅提高构筑物的结构刚度。特别是对预应力混凝土结构，可大幅减小预应力损失。

（5）高强度混凝土的抗拉强度增长幅度往往小于抗压强度，即拉压比相对较低，且随着强度等级提高，脆性增大，韧性下降。

（6）高强度混凝土的水泥用量较大，故水化热大，自收缩大，干缩也较大，较易产生裂缝。

3. 高强高性能混凝土的应用

高强高性能混凝土作为住房和城乡建设部推广应用的十大新技术之一，是建设工程发展的必然趋势。发达国家早在 20 世纪 50 年代即已开始对其加以研究应用。我国约在 20 世纪 80 年代初首先在轨枕和预应力桥梁中应用高强高性能混凝土，高层建筑中的应用则始于 20 世纪 80 年代末，进入 20 世纪 90 年代以来，对其研究和应用增加，北京、上海、广州、深圳等许多大中城市已建起了多幢高强高性能混凝土建筑。

随着国民经济的发展，高强高性能混凝土在建筑、道路、桥梁、港口、海洋、大跨度及预应力结构、高耸建筑物等工程中的应用将越来越广泛，强度等级也将不断提高，C50～C80 的混凝土普遍得到使用，C80 以上的混凝土将在一定范围内得到应用。

二、泵送混凝土

泵送混凝土是指坍落度不小于 100 mm 并用泵送施工的混凝土。它能一次连续完成水平运输和垂直运输，效率高，节约劳动力，因而，近年来在国内外的应用也十分广泛。

泵送混凝土拌合物必须具有较好的可泵性。所谓可泵性，是指拌合物具有顺利通过管道、摩擦阻力小、不离析、不阻塞和黏聚性良好的性能。

1. 泵送混凝土组成材料的基本要求

（1）水泥。泵送混凝土应选用硅酸盐水泥、普通硅酸盐水泥、矿渣硅酸盐水泥、粉煤灰硅酸盐水泥，不宜采用火山灰质硅酸盐水泥。

（2）骨料。泵送混凝土所用粗骨料宜用连续级配，其针片状含量不宜大于 10％。最大粒径与输送管径之比，当泵送高度在 50 m 以下时，碎石不宜大于 1∶3，卵石不宜大于 1∶2.5；泵送高度在 50～100 m 时，碎石不宜大于 1∶4，卵石不宜大于 1∶3；泵送高度在 100 m 以上时，不宜大于 1∶4.5。宜采用中砂，其通过 0.315 mm 筛孔的颗粒含量不应少于 15％，通过 0.160 mm 筛孔的含量不应少于 5％。

（3）掺合料与外加剂。泵送混凝土应掺泵送剂或减水剂，并宜掺粉煤灰或其他活性掺合料以改善混凝土的可泵性。

2. 泵送混凝土配合比设计及性能要求

泵送混凝土的水胶比不宜大于 0.60，水泥和矿物掺合料总量不宜小于 300 kg/m³，且不宜采用火山灰质硅酸盐水泥，砂率宜为 35％～45％。采用引气剂的泵送混凝土，其含气量不宜超过 4％。实践证明，泵送混凝土掺优质的磨细粉煤灰和矿粉后，可显著改善和易性及节约水泥，而强度不降低。泵送混凝土的用水量和用灰量较大，使混凝土易产生离析和收缩裂纹等问题。

微课：泵送混凝土技术要求

泵送混凝土入泵时的坍落度一般应符合表 5-31 的要求。

表 5-31　混凝土入泵坍落度选用表

泵送高度/m	30 以下	30～60	60～100	100 以上
坍落度/mm	100～140	140～160	160～180	180～200

三、纤维增强混凝土

纤维增强混凝土简称纤维混凝土，是以混凝土为基材、以不连续且分散的纤维为增强材料组成的一种复合材料，常作为增强材料的纤维，有钢纤维、玻璃纤维、合成纤维和天然纤维等。因为其他几类纤维模量较低、增强效果较差，以下仅介绍钢纤维。

1. 钢纤维的构造和性能

钢纤维主要是采用碳钢加工制成的纤维。对长期处于潮湿条件下的混凝土，也有采用不锈钢加工制成的纤维。

钢纤维的尺寸主要由强化效果和施工难易性决定。钢纤维若太粗或太短，其强化效果较差；如过长或过细，施工时不易拌和，容易结团。为了增加钢纤维和混凝土之间的黏结力，采用增加纤维表面积的方法，将其加工为异形纤维，如波形、哑铃形、端部带弯钩等形状。

钢纤维的几个特征通常用长径比表示，即纤维的长度与截面直径之比。如纤维截面不是圆形，则用具有相等截面面积的圆形直径（当量直径）计算长径比。一般纤维的长径比在 30～150。圆形截面面积钢纤维直径一般为 0.25～0.75 mm，扁平状钢纤维的厚度为 0.15～0.40 mm，宽度为 0.25～0.90 mm，长度为 20～60 mm。为了便于搬运和拌和，也可以用水溶性胶将 10～30 根纤维胶结成体束。这样，集束状纤维在拌和时遇水即可分离为单根纤维，并均匀分布于混凝土中。

2. 钢纤维混凝土的力学性能

钢纤维混凝土的力学性能除与基体混凝土组成有关外，还与钢纤维的形状尺寸、掺量、配置方向和分散程度有关。

钢纤维的掺量以纤维体积表示。当钢纤维的形状和尺寸在适合范围内，钢纤维混凝土的强度随纤维体积率和长径比增加而增加。通常，圆截面纤维合适尺寸范围为直径 0.2～0.6 mm，长径比 40～100。钢纤维体积率通常为 0.5%～2.0%。如圆形截面钢纤维，其直径为 0.3～0.6 mm，长度为 20～40 mm，掺量为 2% 的钢纤维混凝土与普通混凝土比较，其抗拉强度可提高 1.2～2.0 倍，伸长率约提高 2 倍，而韧性可提高 40～200 倍。所以，钢纤维混凝土的力学性能主要表现为抗弯抗拉强度提高，特别是冲击韧性得到了很大的提高，抗疲劳强度也有一定的提高。

另外，钢纤维混凝土的配置方向和分散度对混凝土也有影响，配置方向和分散度与混凝土的组成及施工工艺等因素有关。

3. 钢纤维的工程应用

钢纤维与混凝土组成复合材料后，可使混凝土的抗弯抗拉强度、抗裂强度、韧性和冲击强度等性能得到改善，所以，钢纤维混凝土广泛应用于道路与桥隧工程中，如机场道面、桥梁桥面铺装和隧道衬砌等工程。

微课：新型混凝土——透水混凝土

你知道海绵城市吗？对于混凝土路面材料如何做到透水呢？

》》 任务七　混凝土性能检测

一、砂的筛分试验

1. 试验目的

通过试验测定砂的颗粒级配，计算砂的细度模数，评定砂的粗细程度；掌握《建设用砂》(GB/T 14684—2022)中的测试方法，正确使用所用仪器与设备，并熟悉其性能。

2. 主要仪器和用具

(1)标准筛。

(2)天平。

(3)鼓风烘箱。

(4)摇筛机。

(5)浅盘、毛刷等。

3. 试样制备

按规定取样，用四分法分取不少于 4 400 g 试样，并将试样缩分至 1 100 g，放在烘箱中于(105±5)℃下烘干至恒重，待冷却至室温后，筛除大于 9.50 mm 的颗粒并计算出其筛余百分率，分为大致相等的两份备用。

4. 试验步骤

(1)准确称取试样 500 g，精确至 1 g。

(2)将标准筛按孔径由大到小的顺序叠放，加底盘后，将称量好的试样倒入最上层的 4.75 mm 筛内，加盖后置于摇筛机上，摇约 10 min。

(3)将套筛自摇筛机上取下，按筛孔大小顺序再逐个用手筛，筛至每分钟通过量小于试样总量的 0.1% 为止。通过的颗粒并入下一号筛中，并与下一号筛中的试样一起过筛，按这样的顺序进行，直至各号筛全部筛完为止。

(4)称取各号筛上的筛余量，精确至 1 g，试样在各号筛上的筛余量不得超过式(5-37)计算出的筛余量。

$$G = \frac{A \times d^{\frac{1}{2}}}{200} \tag{5-37}$$

式中　G——在一个筛上的筛余量(g)；

　　　A——筛面面积(mm²)；

　　　d——筛孔尺寸(mm)。

5. 试验结果计算与评定

(1)计算分计筛余百分率：各号筛上的筛余量与试样总量相比，精确至 0.1%。

(2)计算累计筛余百分率：每号筛上的筛余百分率加上该号筛以上各筛余百分率之和，精确至 0.1%。筛分后，若各号筛的筛余量与筛底的量之和同原试样质量之差超过 1%，须重新试验。

(3)砂的细度模数按式(5-1)计算，精确至 0.01。

(4)累计筛余百分率取两次试验结果的算术平均值，精确至 1%。细度模数取两次试验结果的算术平均值，精确至 0.1；如两次试验的细度模数之差超过 0.20 时，须重新试验。

二、砂的表观密度试验

1. 试验目的与适用范围

标准法试验目的是用容量瓶法测定砂(天然砂、石屑、机制砂)的表观密度，适用于含有少量大于 2.36 mm 部分的细骨料。

2. 试验主要仪器和用品

(1)天平：量程为 1 kg，感量为 0.1 g。

(2)容量瓶：500 mL。

(3)烘箱：能控温为(105±5)℃。

(4)其他：干燥器、浅盘、铝制料勺、温度计、洁净水等。

3. 试验准备

将缩分至约 660 g 的试样在温度为(105±5)℃的烘箱中烘干至恒重，并在干燥器内冷却至室温，分成两份备用。

4. 试验步骤

(1)称取烘干的试样约 300 g(m_0)，精确至 0.1 g，装入盛有半瓶洁净水的容量瓶中。

(2)摇转容量瓶，使试样在水中充分搅动以排除气泡，塞紧瓶塞，在恒温条件下静置 24 h，然后用滴管添水至容量瓶 500 mL 刻度线平齐，再塞紧瓶塞，擦干瓶外水分，称其总质量(m_1)，精确至 1 g。

(3)倒出瓶中的水和试样，将瓶的内外表面洗净，再向瓶内注入同样温度的洁净水(温差不超过 2 ℃)至 500 mL 刻度线，塞紧瓶塞，擦干瓶外水分，称其总质量(m_2)，精确至 1 g。

注：在砂的表观密度试验过程中应测量并控制水的温度，试验期间的温度差不得超过 2 ℃。

5. 计算

砂的表观密度按式(5-38)计算：

$$\rho_0 = \left(\frac{m_0}{m_0 + m_2 - m_1} - \alpha_t \right) \times 1\,000 \tag{5-38}$$

式中　ρ_0——细骨料的表观密度(kg/m³)；

m_0——试样的烘干质量(g)；

m_1——试样、水及容量瓶总质量(g)；

m_2——水及容量瓶总质量(g)；

α_t——水温对砂的表观密度影响的修正系数，见表 5-32。

表 5-32　水温对砂的表观密度影响的修正系数表

水温/℃	15	16	17	18	19	20
α_t	0.002	0.003	0.003	0.004	0.004	0.005
水温/℃	21	22	23	24	25	
α_t	0.005	0.006	0.006	0.007	0.008	

6. 试验报告

以两次平行试验结果的算术平均值作为测定值，精确至 10 kg/m³，如两次结果的差值大于 20 kg/m³ 时，应重新取样进行试验。

三、石子的压碎指标测定试验

1. 试验目的

通过测定碎石或卵石抵抗压碎的能力，间接地推测其相应的强度，评定石子的质量。通过试验应掌握《建设用碎石、卵石》(GB/T 14685—2022)的测试方法，正确使用所用仪器与设备，并熟悉其性能。

2. 主要仪器和用具

(1)压力试验机。

（2）压碎指标测定仪。

（3）方孔筛。

（4）天平。

（5）台秤。

（6）垫棒等。

3. 试样制备

按规定取样，风干后筛除大于 19.0 mm 及小于 9.50 mm 的颗粒，并去除针、片状颗粒，搅拌均匀后分成大致相等的三份备用（每份 3 000 g）。

4. 试验步骤

（1）置圆模于底盘上，取试样 1 份 3 000 g，精确至 1 g，分两层装入模内，每装完一层试样后，一只手按住模子，另一只手将底盘放在圆钢（直径为 10 mm）上振颤摆动，左右交替颠击地面各 25 次，两层颠实后，平整模内试样表面，盖上压头。

（2）装有试样的模子置于压力机上，开动压力试验机，按 1 kN/s 的速度均匀加荷 200 kN 并稳荷 5 s，然后卸荷，取下受压头，倒出试样，用孔径为 2.36 mm 的筛筛除被压碎的细粒，称取留在筛上的试样质量，精确至 1 g。

5. 试验结果计算与评定

（1）压碎指标值按式（5-39）计算，精确至 0.1%。

$$Y_i = \frac{G_1 - G_2}{G_1} \tag{5-39}$$

式中　Y_i——压碎指标值（%）；

　　　G_1——试样的质量（g）；

　　　G_2——压碎试验后筛余的试样质量（g）。

（2）压碎指标值取三次试验结果的算术平均值，精确至 1%。

四、混凝土拌合物的拌和与现场取样方法

1. 试验目的

本试验规定了在常温环境中室内混凝土拌合物的拌和与现场取样方法。为测试和调整混凝土的性能、进行混凝土配合比设计打下基础。

2. 主要仪器和用具

（1）混凝土搅拌机：自由式或强制式。

（2）磅秤：感量满足称量总量的 1%。

（3）天平：感量满足称量总量的 0.5%。

（4）振动台：符合《混凝土试验用振动台》（JG/T 245—2009）的规定。

（5）其他：拌合钢板、铁铲等。

3. 试验准备

（1）按所选混凝土配合比备料，所有材料应符合有关要求。拌和前材料应置于温度为（20±5）℃的环境下。

（2）为防止粗骨料的离析，可将骨料按不同粒径分开，使用时再按一定比例混合。试样从抽至试验完毕过程中，避免风吹日晒，必要时应采取保护措施。

4. 试验步骤

（1）混凝土拌合物的拌和。

1)拌和时保持室温在(20±5)℃。

2)拌合物的总量应比所需量高20%以上。拌制混凝土的材料用量应以质量计，称量的精确度：骨料为±1%，水、水泥、掺合料和外加剂为±0.5%。

3)粗骨料、细骨料均以干燥状态为基准，计算用水量时应扣除粗骨料、细骨料中的含水量。

注：干燥状态是指含水率小于0.5%的细骨料和含水率小于0.2%的粗骨料。

4)外加剂的加入。

①对于不溶于水或难溶于水且不含潮解型盐类的外加剂，应先与一部分水泥拌和，以保证充分分散。

②对于不溶于水或难溶于水但含潮解型盐类的外加剂，应先与细骨料拌和。对于水溶性或液体外加剂，应先与水拌和。

③其他特殊外加剂，应遵守有关规定。

5)拌制混凝土所用各种用具如铁板、铁铲、抹刀，应先用水润湿，使用完成后必须清洗干净。

6)使用搅拌机前，应先用少量砂浆刷膛，以免正式拌和混凝土时水泥砂浆黏附筒壁造成损失。刷膛砂浆的水胶比及砂灰比，应与正式的混凝土配合比相同。

7)用搅拌机拌和时，拌合量宜为搅拌机公称容量的1/4～3/4。

8)搅拌机搅拌：按规定称好原料，往搅拌机内顺序加入粗骨料、细骨料和水泥，开动搅拌机，将材料拌和均匀。在拌和过程中徐徐加水，全部加料时间不宜超过2 min。水全部加入后，继续拌和约2 min，然后将拌合物倾倒在铁板上，再经人工翻拌1～2 min，务必使拌合物均匀一致。

9)人工拌和：采用人工拌和时，先用湿布将铁板、铁铲润湿，再将称量好的砂和水泥在铁板上干拌均匀，加入粗骨料，再混合搅拌均匀。然后将此拌合物堆成堆，扒长槽，倒入剩余的水，继续进行拌和，来回翻拌至少6遍。

10)从试样制备完毕到开始做各项性能试验不宜超过5 min(不包括成型试件)。

(2)现场取样。

1)新混凝土现场取样：凡在搅拌机、料斗、运输小车及浇制的构件中采取新拌混凝土代表性试件时，均须从三处以上的不同部位抽取大致相同分量的代表性试件(不要抽取已经离析的混凝土)，集中用铁铲翻拌均匀，然后立即进行拌合物的试验。拌合物取样量应多于试验所需数量的1.5倍，其体积不小于20 L。

2)为使取样具有代表性，宜采用多次采样的方法，最后集中用铁铲翻拌均匀。

3)从第一次取样到最后一次取样不宜超过15 min。取回的混凝土拌合物应经过人工再次翻拌均匀，然后进行试验。

五、混凝土拌合物坍落度试验

1. 试验目的

坍落度是表示混凝土拌合物流动性的指标，本试验适用于测定骨料公称粒径不大于31.5 mm、坍落度不小于10 mm的混凝土拌合物稠度。通过测定拌合物流动性，观察其黏聚性和保水性，综合评定混凝土的和易性，作为调整配合比和控制混凝土质量的依据。

2. 主要仪器和用具

(1)台秤：量程为50 kg，感量为50 g。

(2)天平：量程为 5 kg，感量为 1 g。

(3)拌板：1.5 m×2.0 m 左右。

(4)标准坍落度筒：金属制圆锥体形，底部内径为 200 mm，顶部内径为 100 mm，高低为 300 mm，壁厚大于或等于 1.5 mm。

(5)弹头形捣棒：φ16×600 mm。

(6)直尺、抹刀、小铲等。

3. 试验准备

称量精度要求：砂石为±1%，水泥、水为±0.5%。配制用料与工程实际用料相符，同时满足技术标准。拌和时，环境温度宜处于(20±5)℃。根据所设计的计算配合比，称量 15 L 混凝土拌合物所需各材料用量。

4. 试验步骤

(1)用湿布将拌板、拌铲等搅拌工具、坍落度筒擦净并润湿，置于适当的位置，按砂、水泥、石子、水的投放顺序，先将砂和水泥在拌板上干拌均匀(用铲在拌板一端均匀翻拌至另一端，再从另一端均匀翻拌回来，如此重复)，再加石子干拌成均匀的干混合物。

(2)将干混合物堆成堆，其中间做一凹槽，将已称量好的水倒入一半左右于凹槽内(不能使水流淌掉)，仔细翻拌、铲切，并徐徐加入另一半剩余水，继续翻拌、铲切，直至拌和均匀。

从加水至搅拌均匀的时间控制参考值：拌合物体积在 30 L 以下时为 4～5 min；拌合物体积在 30～50 L 时为 5～9 min；拌合物体积在 50～70 L 时为 9～12 min。

(3)将润湿后的坍落度筒放在不吸水的刚性水平底板上，然后用脚踩住两边的脚踏板，使坍落度筒在装料时保持位置固定。

(4)将已搅拌均匀的混凝土试用小铲装入筒内，数量控制在经插捣后层厚为筒高的 1/3 左右。每层用捣棒插捣 25 次，插捣应沿螺旋方向由外向中心进行，各次插捣点在截面上均匀分布。插捣筒边混凝土时，捣棒可以稍稍倾斜；插捣底层时，捣棒应贯穿整个深度；插捣第二层和顶层时，捣棒应插透本层至下一层的表面以下。

插捣顶层前，应将混凝土灌满高出坍落度筒，如果插捣使拌合物沉落到低于筒口，应随时添加使之高于坍落度筒顶，插捣完毕，用捣棒将筒顶搓平，刮去多余的混凝土。

(5)清理筒周边的散落物，小心地垂直提起坍落度筒，特别注意平稳，不使混凝土试件受到碰撞或振动，筒体的提离过程应在 5～10 s 内完成。从开始装料于筒内到提起坍落度筒的操作不得间断，并应在 150 s 内完成。

将筒安放在拌合物试件一侧(注意整个操作基面要保持同一水平面)，立即测量筒顶与坍落后拌合物试件最高点之间的高度差(以 mm 表示)，即该混凝土拌合物的坍落度值，如图 5-3 所示。

(6)保水性目测。坍落度筒提起后，如有较多稀浆从底部析出，试件则因失浆使骨料外露，表示该混凝土拌合物保水性能不好。若无此现象，或仅有少量稀浆自底部析出，而锥体部分混凝土试件含浆饱满，则表示保水性良好，并做记录。

(7)黏聚性目测。用捣棒在已坍落的混凝土锥体一侧轻轻敲打，锥体渐渐下沉表示黏聚性良好；反之，锥体突然倒塌，部分崩裂或发生石子离析，表示黏聚性不好，并做记录。

(8)和易性调整。按计算备料的同时，另外，还需要备好两份为调整坍落度所需的材料量，该数量应是计算试拌材料用量的 5% 或 10%。

若测得的坍落度小于施工要求的坍落度值，可在保持水胶比 W/B 不变的同时，增加 5% 或 10% 的水泥、水的用量。若测得的坍落度大于施工要求坍落度值，可在保持砂率不变的同时，增加 5%或 10%（或更多）的砂、石用量。若黏聚性、保水性不好，则需要适当调整砂率，并尽快拌和均匀，重新测定，直到和易性符合要求为止。

注：①若采用机械搅拌，应备用搅拌机（容量为 75～100 L，转速为 18～22 r/min），一次拌合量应不小于搅拌机额定搅拌量的 1/4。使用前，先用同一配合比的少量水泥砂浆搅拌一次，倒出水泥砂浆，再按石子、砂、水泥、水的投料顺序，倒入石子、砂和水泥在搅拌机内干拌 1 min，再徐徐倒入水搅拌约 2 min。

②当坍落度筒提起后，若发现拌合物崩坍或一边剪切破坏，应立即重新拌和并重新试验测定，第二次试验又出现上述现象，则表示该混凝土拌合物和易性不好，应予以记录备查。

5. 试验结果处理

（1）混凝土拌合物坍落度以毫米为单位，测量精确至 1 mm。

（2）混凝土拌合物和易性评定，应按试验测定值和试验目测情况综合评议。其中，坍落度至少要测定两次，并以两次测定值之差不大于 20 mm 的测定值为依据，计算算术平均值作为本次试验的测定结果。

（3）记录调整前后拌合物的坍落度、保水性、黏聚性及各材料实际用量，并以和易性符合要求后的各材料用量为依据，对混凝土配合比进行调整，计算基准配合比。

六、混凝土拌合物维勃稠度试验

1. 试验目的

本试验用维勃时间测定混凝土拌合物的流动性，适用于骨料公称最大粒径不大于 31.5 mm 的混凝土及维勃时间为 5～30 s 的干硬性混凝土的稠度测定。

2. 主要仪器和用具

（1）维勃稠度仪（维勃仪）：如图 5-4 所示。

（2）容器：为金属圆筒，内径为（240±3）mm，高度为 200 mm，壁厚为 3 mm，底厚为 7.5 mm，容器应不漏水并有足够刚度，上有把手，底部外伸部分可用螺母将其固定在振动台上。

（3）坍落度筒：为截头圆锥，筒底部直径为（200±2）mm，顶部直径为（100±2）mm，高度为（300±2）mm，壁厚不小于 1.5 mm，上下开口并与锥体轴线垂直，内壁光滑，筒外安装有把手。

（4）圆盘：用透明塑料制成，上装有滑棒，滑棒可以穿过套筒垂直滑动。套筒装在一个可用螺栓固定位置的旋转悬臂上，悬臂上还装有一个漏斗。坍落度筒在容器中放置好后，转动悬臂，使漏斗底部套在坍落度筒上口，旋壁安装在支柱上，可用定位螺钉固定位置，滑棒和漏斗的轴线与容器的轴线重合。

圆盘直径为（230±2）mm，厚度为（10±2）mm，圆盘、滑棒及荷载在一起的滑动部分质量为（2 750±50）g，滑棒刻度可测量坍落度值。

（5）振动台：工作频率为 50 Hz，空载振幅为 0.5 mm，上有固定螺钉。

（6）其他：捣棒、秒表、镘刀等。

3. 试验步骤

（1）将容器用螺母固定在振动台上，放入坍落度筒，把漏斗转至坍落度筒上口，拧紧螺钉，使漏斗不偏离开坍落度筒口。

（2）按坍落度筒试验步骤，分三层装入拌合物，每层捣 25 次，捣毕第三层混凝土后，拧松螺丝，将漏斗转回原先位置并将筒模上的混凝土刮平，轻轻提起筒模。

（3）拧紧螺钉，使圆盘可定向地向下滑动，开动振动台并按动秒表，通过观察透明圆盘了解混凝土的振实情况。当圆盘底面刚为水泥浆布满时，迅速按停秒表并关闭振动台，记下秒表时间。

（4）仪器每测试一次后，必须将容器、筒模及透明圆盘洗净擦干，并在滑棒等处涂薄层黄油，以备下次使用。

4. 结果整理

秒表所记录的时间即混凝土拌合物稠度的维勃时间，精确至 1 s，以两次试验结果平均值作为结果。

混凝土稠度对照及分级表见表 5-33。

表 5-33　混凝土稠度对照及分级表

级别	维勃时间/s	坍落度/mm	级别	维勃时间/s	坍落度/mm
特干硬	≥31	—	低塑	10～5	50～90
很干稠	30～21	—	塑性	≤4	100～150
稠	20～11	10～40	流态	—	>160

七、混凝土立方体抗压强度试验

1. 试验目的

本试验规定测定混凝土抗压极限强度的方法，以确定混凝土的强度等级，作为评定混凝土品质的主要指标。

2. 主要仪器和用具

（1）压力试验机：试验机的精度（示值的相对误差）至少应为±1%，其量程应能使试件的预期破坏荷载不小于全量程的 20%，也不大于全量程的 80%。

（2）振动台：振动频率为（50±3）Hz，空载振幅为（0.5±0.1）mm。

（3）试模：试模由铸铁或钢制成，应具有足够的刚度并拆装方便。试模内表面应机械加工，其不平度应为 100 mm（不超过 0.05 mm），组装后各相邻面不垂直度应不超过±0.50。

（4）捣棒、小铁铲、金属直尺、抹刀等。

3. 试验准备

（1）试件的制作。立方体抗压强度试验以同时制作、同时养护、同一龄期的三个试件为一组进行，每组试件所用的混凝土拌合物应由同一次拌和成的拌合物中取出，取样后应立即制作试件。

试件尺寸按骨料最大粒径由表 5-34 选用。制作前应将试模涂上一层脱模剂。

表 5-34　不同骨料最大粒径选用的试件尺寸、插捣次数及抗压强度换算系数

试件尺寸/(mm×mm×mm)	骨料最大粒径/mm	每层的插捣次数/次	抗压强度换算系数
100×100×100	31.5	12	0.95
150×150×150	37.5	25	1.00
200×200×200	63	50	1.05

坍落度不大于 70 mm 的混凝土宜用振动台振实。将拌合物一次装入试模，装料时应用抹刀沿试模内壁略加插捣并使混凝土拌合物高出试模上口。振动时应防止试模在振动台上自由跳动。振动至拌合物表面出现水泥浆为止，记录振动时间。振动结束时刮去多余的混凝土，并用抹刀抹平。

坍落度大于 70 mm 的混凝土宜用捣棒人工捣实。将拌合物分两次装入试模，每次厚度大致相等。插捣时应按螺旋方向从边缘向中心均匀进行。插捣底层时，捣棒应达到试模底面，插捣上层时，捣棒应穿入下层深度 20~30 mm。插捣时捣棒应保持垂直，不得倾斜。同时，用抹刀沿试模内壁略加插捣并使混凝土拌合物高出试模上口。每层的插捣次数应根据试件的截面而定，一般每次 100 cm² 截面面积不应少于 12 次。插捣完毕后，刮去多余的混凝土，并用抹刀抹平。

(2)试件养护。采用标准养护的试件成型后，应用湿布覆盖表面，以防水分蒸发，并应在温度为(20±5)℃、相对湿度为 50% 的情况下静置 24~48 h，然后编号拆模。

拆模后的试件应立即放在温度为(20±2)℃、湿度为 95% 以上的标准养护室中养护。在标准养护室内试件应放在架上，彼此间隔 10~20 mm，并应避免用水直接冲淋试件。

无标准养护室时，混凝土试件可在温度为(20±2)℃的不流动 Ca(OH)₂ 饱和溶液中养护。

同条件自然养护的试件成型后应覆盖表面。试件的拆模时间可与实际构件的拆模时间相同，拆模后，试件仍需保持同条件养护。

4. 试验步骤

(1)试件从养护地点取出后，应尽快进行试验，以免试件内部的温度、湿度发生显著变化。

(2)先将试件擦拭干净，测量尺寸，并检查外观，试件尺寸测量精确至 1 mm，并据此计算试件的承压面积。

(3)将试件安放在试验机的下压板上，试件的承压面应与成型时的顶面垂直。试件的中心应与试验机下压板中心对准。开动试验机，当上板与试件接近时，调整球座，使接触均衡。

(4)混凝土试件的试验应连续而均匀地加荷，混凝土强度等级低于 C30 时，其加荷速度为 0.3~0.5 MPa/s；若混凝土强度等级≥C30 且小于 C60，则为 0.5~0.8 MPa/s；当混凝土强度等级≥C60 时，为 0.8~1.0 MPa/s。当试件接近破坏而开始迅速变形时，停止调整试验机油门，直到试件破坏，并记录破坏荷载。

(5)试件受压完毕，应清除上下压板上黏附的杂物，继续进行下一次试验。

5. 试验结果处理

(1)混凝土立方体试件抗压强度按式(5-2)计算，精确至 0.1 MPa。

(2)以三个试件测值的算术平均值作为该组试件的抗压强度值。如三个测值中最大值或最小值中有一个与中间值的差值超过中间值的 15%，则将最大或最小值一并舍去，取中间值作为该组试件的抗压强度值。如最大值和最小值与中间值的差均超过中间值的 15%，则该组试件的试验结果作废。

(3)混凝土立方体抗压强度是以 150 mm×150 mm×150 mm 的立方体试件作为抗压强度的标准值，其他尺寸试件的测定结果应乘以尺寸换算系数。200 mm×200 mm×200 mm 试件，其换算系数为 1.05；100 mm×100 mm×100 mm 试件，其换算系数为 0.95。

杭州湾跨海大桥海上预制墩

杭1*2湾跨海大桥的预制桥墩接头处在腐蚀条件最恶劣的浪溅区，受海水长期侵蚀引起结构严重损坏的情况屡见不鲜，在预制桥墩设计和施工过程中，我国工程人员是如何处理接头混凝土防腐蚀这一重大课题的？

杭州湾跨海
大桥海上预制墩

小结

混凝土是由胶凝材料、粗细骨料、水及其他材料，按适当的比例搅拌、成型、养护并硬化而成的具有所需形状、强度和耐久的人造石材。普通混凝土组成材料的质量对混凝土的性质起着重要的作用。粗、细骨料的质量要求：有害杂质含量、粗细程度或最大粒径、颗粒级配、强度与坚固性等。外加剂能显著改善混凝土拌合物或硬化混凝土性能，减水剂在混凝土拌合物流动性不变的情况下可减少用水量，或在用水量不变的情况下可增加混凝土拌合物流动性，引气剂可提高硬化混凝土抗冻性、耐久性，早强剂能提高混凝土早期强度，缓凝剂能延缓混凝土的凝结时间。

混凝土的技术性能主要包含混凝土拌合物的和易性、硬化混凝土的力学性质和耐久性。混凝土和易性包含流动性、黏聚性、保水性三个方面的内容，可通过坍落度方法检测，影响和易性的因素主要有水泥浆的用量、稠度、砂率、时间和温度等。混凝土强度包括立方体抗压强度、劈裂抗拉强度等，影响混凝土强度的因素有水泥强度、水胶比、骨料特征、养护条件、龄期、试验条件等。硬化后混凝土的变形主要包含非荷载作用下的化学变形、干湿变形、温度变形及荷载作用下的弹-塑性变形和徐变。评价混凝土耐久性的指标有抗渗性、抗冻性、抗碳化性能、抗腐蚀性能和碱-骨料反应等。

水胶比、砂率、单位体积用水量是混凝土配合比设计中的三个重要参数。混凝土配合比设计包括初步配合比设计、基准配合比设计、试验室配合比设计和施工配合比设计四个步骤。

自我测评

一、名词解释

1. 普通混凝土

2. 泵送混凝土

3. 高性能混凝土

4. 混凝土的和易性

5. 细度模数

6. 颗粒级配

7. 合理砂率

8. 饱和面干状态

9. 碱-骨料反应

10. 混凝土碳化

11. 解释关于混凝土强度的几个名词：

①立方体抗压强度；②立方体抗压强度标准值；③轴心抗压强度；④强度等级；⑤配制强度；⑥劈裂抗拉强度。

二、填空题

1. 在混凝土中，砂子和石子起_____作用，水泥浆在硬化前起_____作用，在硬化后起_____作用。

2. 普通混凝土用的粗骨料有_____石和_____石两种，其中用_____石比用_____配制的混凝土强度高，但_____较差。配制高强度混凝土时应选用_____石。

3. 级配良好的骨料，其_____小，_____也较小。使用这种骨料，可使混凝土拌合物_____较好，_____用量较少，同时有利于硬化混凝土_____和_____的提高。

4. 混凝土拌合物的和易性包括_____、_____、_____三个方面的含义。其中_____通常采用坍落度法和维勃稠度法两种方法来测定，_____和_____凭经验目测。

5. 混凝土拌合物坍落度选择原则：应在不妨碍_____并能保证_____的条件下，尽可能采用较_____的坍落度。

6. 当混凝土拌合物有流浆出现，同时坍落度锥体有崩坍松散现象时，说明其_____性不良，应保持_____不变，适当增加_____用量。

7. 当混凝土拌合物出现黏聚性尚好、有少量泌水、坍落度太大时，应在保持_____不变的情况下，适当地增加_____用量。

8. 测定混凝土立方体抗压强度的标准试件尺寸是_____，棱柱体强度的试件尺寸一般为_____，试件的标准养护温度为_____℃，相对湿度为_____%。

9. 影响混凝土强度的主要因素有_____、_____和_____。其中_____是影响混凝土强度的决定性因素。

10. 提高混凝土拌合物的流动性，又不降低混凝土强度的一般措施是_____和_____。

11. 设计混凝土配合比应同时满足_____、_____、_____和_____四项基本要求。

12. 混凝土配合比设计按绝对体积法计算的基本理论是混凝土_____等于_____和少量_____之和。

三、是非判断题

1. 级配好的骨料，其空隙率小，表面积大。（　　　）

2. 流动性大的混凝土比流动性小的混凝土强度低。（　　　）

3. 混凝土中水泥用量越多，混凝土的密实度和强度越高。（　　　）

4. 混凝土的抗压强度与水胶比呈线性关系。（　　　）

5. 两种砂的细度模数相同，它们的级配也一定相同。（　　）

6. 在其他原料相同的情况下，混凝土中的水泥用量越多，混凝土的密实性和强度越高。（　　）

7. 当混凝土的水胶比较小时，其所采用的合理砂率值较小。（　　）

8. 在结构尺寸及施工条件允许下，应尽可能选择较大粒径的粗骨料，这样可以节约水泥。（　　）

9. 在混凝土拌合物中，保持砂率不变增加砂石用量，可以减小混凝土拌合物的流动性。（　　）

10. 水胶比很小的混凝土，其强度不一定高。（　　）

四、问答题

1. 减水剂的作用机理及混凝土在不同条件下掺减水剂所产生的技术经济效果分别是什么？

2. 影响普通混凝土强度的因素有哪些？从原料的角度考虑提高混凝土强度有哪些途径？

3. 配制混凝土时，降低成本的途径有哪些？

4. 混凝土的变形性能（包括化学收缩、干湿变形、温度变形、受力变形）的含义是什么？

5. 混凝土的耐久性的概念是什么？提高混凝土耐久性的措施有哪些？

6. 当混凝土拌合物出现下列情况时，应如何调整？

(1)黏聚性好，无泌水现象，但坍落度太小；

(2)黏聚性尚好，有少量泌水，坍落度太大（骨料含砂率符合设计要求）；

(3)插捣难，有粗骨料堆叠现象，黏聚性差，同时有泌水现象，产生崩塌现象；

(4)拌合物色淡，有跑浆流浆现象，黏聚性差，产生崩塌现象。

7. 进行混凝土抗压试验时，在下列情况下，试验值将有无变化？如何变化？

(1)试件尺寸加大；

(2)试件高宽比加大；

(3)试件受压表面加润滑剂；

(4)加荷速度加快；

(5)试件位置偏离支座中心。

五、计算题

1. 干砂 500 g，其筛分结果如下：

筛孔尺寸/mm	4.75	2.36	1.18	0.6	0.30	0.15	<0.15
筛余量/g	25	50	100	125	100	75	25

计算该砂的细度模数，判断其属何种砂。

2. 甲、乙两种砂，各取 500 g 砂样进行筛分析试验，结果如下：

筛孔尺寸/mm		4.75	2.36	1.18	0.6	0.30	0.15	<0.15
筛余量/g	甲砂	0	0	30	80	140	210	40
	乙砂	30	170	120	90	50	30	10

(1)分别计算细度模数并评定其级配；

(2)这两种砂可否单独用于配制混凝土？欲将甲、乙两种砂配制出细度模数为 2.7 的砂，两种砂的比例应各占多少？混合砂的级配如何？

3.用强度为 42.5 级普通硅酸盐水泥拌制的混凝土，在 20 ℃的条件下养护 7 d，测得其 15 cm×15 cm×15 cm 立方体试件的抗压强度为 15 MPa，试估此混凝土在此温度下 28 d 的强度(lg28/lg7=1.71)。

4.用强度为 42.5 级普通硅酸盐水泥配制卵石混凝土，制作 10 cm×10 cm×10 cm 立方体试件 3 块，在标准条件下养护 7 d，测得破坏荷载分别为 200 kN、235 kN、240 kN。试求：

(1)该混凝土 28 d 的标准立方体试件抗压强度；

(2)该混凝土的水胶比值。

5.已知混凝土的水胶比为 0.60，每立方米混凝土拌和用水量为 180 kg，采用砂率为 33%，水泥的表观密度 $\rho_c=3.10$ g/cm³，砂子和石子的表观密度分别为 $\rho_s=2.62$ g/cm³ 及 $\rho_g=2.70$ g/cm³。试用绝对体积法求 1 m³ 混凝土中各材料的用量。

6.混凝土计算配合比为 1∶2.13∶4.31，水胶比为 0.58，在试拌调整时，增加了 10%的水泥浆用量。试求：

(1)该混凝土基准配合比；

(2)若以已知基准配合比配制混凝土，每立方米混凝土需用水泥 320 kg，计算每立方米混凝土中各材料的用量。

7.已知某混凝土 $W/B=0.60$，$S/(S+G)=0.36$，$W=180$ kg/m³，假定混凝土的表观密度为 2 400 kg/m³，使用卵石和 42.5 级普通硅酸盐水泥拌制。

(1)试估计该混凝土在标准养护条件下 28 d 龄期的抗压强度；

(2)计算 1 m³ 混凝土各种材料的用量。

8.设计要求混凝土强度等级为 C20，保证率为 95%，当标准差 $\sigma=5$ MPa 时，混凝土的配制强度应为多少？若施工中提高控制水平，σ 降为 3 MPa，混凝土的配制强度又为多少？采用 42.5 级普通硅酸盐水泥、卵石时，用水量为 180 kg/m³，σ 从 5 MPa 降为 3 MPa，每立方米混凝土可节约水泥多少千克？

9.某混凝土工程，混凝土设计强度等级为 C25，该工程不受冻结作用，也不受地下水作用，采用人工振捣，坍落度为 5～8 cm，水泥为 42.5 级矿渣硅酸盐水泥，表观密度 $\rho_c=3.1$ g/cm³。采用中砂表观密度 $\rho_s=2$ 620 kg/m³，粗骨料为花岗岩碎石，最大粒径为 40 mm，表观密度 $\rho_g=2$ 650 kg/m³，请用绝对体积法设计该混凝土的初步配合比。

10.某试验室试拌混凝土，经调整后各材料用量为 42.5 级矿渣水泥 4.5 kg，水 2.7 kg，砂 9.9 kg，碎石 18.9 kg，又测得拌合物的表观密度为 2 380 kg/m³。

试求：

(1)每立方米混凝土的各材料用量；

(2)当施工现场砂子的含水率为 3.5%、石子的含水率为 1%时的施工配合比；

(3)如果将试验室配合比直接用于现场施工，则现场混凝土的实际配合比将如何变化？对混凝土强度将产生哪些影响？

技能测试

项目六　建筑砂浆检测与应用

情境描述 >>>

　　建筑砂浆是由胶凝材料、细集料、拌和水，以及根据实际性能需求确定的其他成分（掺合料和外加剂）按要求适当比例配制、拌和、硬化而成的工程材料。建筑砂浆主要技术性能包括新拌砂浆的和易性、硬化砂浆的强度和耐久性。目前，建筑砂浆生产以预拌为主，以某工程砌筑砂浆为例，某住宅工程外墙蒸压加气混凝土砌块围护墙体砌筑部分采用强度为 M7.5 砌筑砂浆。

　　1. 施工单位根据施工要求向商品砂浆搅拌站提交订货单。

　　2. 某商品砂浆搅拌站材料员采购原料，试验工程师根据订货单，设计配合比。

　　3. 商品砂浆搅拌站技术员根据施工进度要求，生产合格的预拌砂浆运输到施工现场。

　　4. 施工员检查验收合格后，进行使用、养护，并按规范要求留置相应试件，监理员旁站监督。

　　5. 施工员、监理员送检砂浆试件至工程质量检测第三方机构。

　　6. 工程质量检测机构试验员对送检砂浆试件养护，并按相关标准进行检测，出具检测报告。

　　7. 施工员根据检测报告，评定砂浆质量，并报监理员验收。

任务发布 >>>

　　1. 采购砌筑砂浆组成的原料，明确材料品种、规格和质量要求。

　　2. 根据订货单，设计 M7.5 砌筑砂浆配合比。

　　3. 编制砌筑砂浆在拌和、浇筑、养护过程中质量控制要点。

　　4. 检测砌筑砂浆和易性、强度、耐久性。

　　5. 根据检测报告评定砌筑砂浆质量。

学习目标 >>>

　　本项目主要介绍了建筑砂浆的组成材料、技术性质、设计方法和质量控制，通过学习要达到如下知识目标、能力目标及素养目标。

　　知识目标：掌握砌筑砂浆的基本要求、配合比设计方法。

　　能力目标：会正确取样、检测砌筑砂浆的和易性和强度；正确填写检测报告并能根据检测结果判断砌筑砂浆是否达到设计要求。

　　素养目标：通过砂浆工程质量缺陷的不良影响，激发学生的专业责任感，让学生初步建立责任意识和职业道德感，培养学生节能环保的意识。

建筑砂浆是由胶结料、细骨料、掺合料和水配制而成的建筑工程材料，在建筑工程中起**黏结、衬垫和传递应力**的作用。建筑砂浆实为无粗骨料的混凝土，是建筑工程中用量大、用途广泛的建筑材料。在砌体结构中，砂浆可以将砖、石块、砌块胶结成整体。墙面、地面及钢筋混凝土梁、柱等结构表面需要用砂浆抹面，以起到保护结构和装饰的作用。镶贴大理石、水磨石、陶瓷面砖、马赛克及制作钢丝网水泥制品等都要使用砂浆。

根据**用途**的不同，建筑砂浆可分为砌筑砂浆、抹面砂浆、防水砂浆、装饰砂浆和特种砂浆等。根据**胶结材料**的不同，建筑砂浆可分为水泥砂浆（由水泥、细骨料和水配制而成的砂浆）、水泥混合砂浆（由水泥、细骨料、掺合料和水配制的砂浆）、石灰砂浆等。按**产品形式**的不同，建筑砂浆可分为现场拌制砂浆和专业生产厂生产的预拌砂浆。

知识拓展

预拌砂浆（商品砂浆）可分为湿拌砂浆和干混砂浆。湿拌砂浆是由水泥基胶凝材料、细骨料、外加剂和水及根据性能确定的其他成分，按一定比例，在搅拌站经计量、拌制后，采用搅拌运输车运至使用地点，放入专用容器储存，并在规定时间内使用完毕的湿拌拌合物；干混砂浆是由经干燥筛分处理的骨料与水泥基胶凝材料及根据性能确定的其他组分，按一定比例在专业生产厂混合而成，在使用地点按规定比例加水或配套液体拌和使用的干混拌合物，也称为干拌砂浆。

微课：预拌砂浆
特性及应用

任务一 砌筑砂浆的性能与应用

在砌体结构中，将砖、石、砌块等黏结成为砌体的砂浆称为砌筑砂浆。其起着黏结砌块、传递荷载的作用，是砌体的重要组成部分。

一、砌筑砂浆的组成材料

1. 胶凝材料

（1）水泥。水泥宜选用通用硅酸盐水泥或砌筑水泥。根据《砌筑砂浆配合比设计规程》(JGJ/T 98—2010)规定，水泥强度等级应根据砂浆品种和强度等级选用，**M15 及以下强度等级**的砌筑砂浆宜采用 **32.5 级通用硅酸盐水泥或砌筑水泥**；**M15 以上强度等级**的砌筑砂浆宜采用 **42.5 级通用硅酸盐水泥**。

（2）其他胶凝材料与混合材料。当采用较高强度等级水泥配制低强度等级砂浆时，为保证砂浆的和易性，应掺一些廉价的其他胶凝材料，如石灰石、粉煤灰等。

2. 砂

一般砌筑砂浆应使用级配合格的**中砂**，既能满足和易性要求，又能节约水泥，因此建议优先选用，其中**毛石砌体**宜选用**粗砂**。

砂中含泥量过大，不但会增加砂浆的水泥用量，还可能使砂浆的收缩值增大、耐久性降低，影响砌筑质量。其质量要求同混凝土用砂，应符合《普通混凝土用砂、石质量及检验方法标准》(JGJ 52—2006)的规定，且全部通过 4.75 mm 的筛孔。

对用于面层的抹面砂浆，应采用轻砂，如膨胀珍珠岩砂、火山渣等。配制装饰砂浆或混凝土时应采用白色或彩色砂(粒径可放宽到 7～8 mm)、石屑、玻璃或陶瓷碎粒等。

由于一些地区人工砂、山砂及特细砂资源较多，人工砂中石粉含量较多会增加砂浆的收缩，为合理利用这些资源及避免从外地调运而增加工程成本，使用时应满足《普通混凝土用砂、石质量及检验方法标准(附条文说明)》(JGJ 52—2006)的规定。

3. 掺合料

掺合料是为改善砂浆和易性而加入的无机材料，如石灰膏、电石膏(电石消解后，经过滤后的产物)、粉煤灰、粒化高炉矿渣、硅灰、天然沸石粉等。

4. 水

配制砂浆用水的质量要求与混凝土用水相同，应符合《混凝土用水标准》(JGJ 63—2006)的规定。

5. 外加剂

外加剂是在拌制砂浆过程中用以改善砂浆性能的掺入物质。砌筑砂浆中掺入砂浆外加剂，应具有法定检测机构出具的该产品砌体强度型式检验报告，并经砂浆性能试验合格后方可使用。在水泥砂浆中，可使用减水剂或防水剂、膨胀剂、微沫剂等。微沫剂在其他砂浆中也可以使用，其作用主要是改善砂浆的和易性及替代部分石灰。

知识拓展

考虑到拌制砂浆时会用到水泥、粉煤灰等可能含放射性物质的材料，砂浆所用原料不应对人体、生物与环境造成有害的影响，应符合《建筑材料放射性核素限量》(GB 6566—2010)的规定。

二、砌筑砂浆的基本要求

砌筑砂浆的基本要求包括四个方面：一是新拌砂浆应具有良好的和易性；二是硬化后砂浆的强度应满足设计要求；三是砂浆应具有小的变形；四是砂浆应具备较高的黏结力。

微课：砌筑砂浆的性能与检测

1. 和易性

新拌砂浆应具有良好的和易性。和易性良好的砂浆容易在粗糙的砖石基面上铺抹成均匀的薄层，且能够与底面紧密黏结，既便于施工操作、提高生产效率，又能保证工程质量。砂浆的和易性包括流动性和保水性两个方面。

(1)流动性(稠度)。砂浆的流动性是指在自重或外力作用下流动的能力。流动性大的砂浆便于泵送或铺抹。流动性过大、过小，都会对施工质量产生不利影响。砂浆的流动性用沉入度(mm)来表示，用砂浆稠度仪测定其稠度值(即沉入度)。砂浆的流动性与胶凝材料的品种和用量，用水量，砂的粗细、粒形和级配，搅拌时间等有关。

砌筑砂浆的稠度应按表 6-1 的规定选用。

表 6-1 砌筑砂浆的稠度选用

砌体种类	砂浆稠度/mm
烧结普通砖砌体、粉煤灰砖砌体	70～90
混凝土砖砌体、普通混凝土小型空心砌块砌体、灰砂砖砌体	50～70
烧结多孔砖砌体、烧结空心砖砌体、轻骨料混凝土小型空心砌块砌体、蒸压加气混凝土砌块砌体	60～80
石砌体	30～50

(2)保水性。砂浆的保水性是指砂浆保持水分及保持整体均匀一致的能力。保水性好，可以保证砂浆在运输、放置、使用(铺抹、浇灌等)过程中不发生较大的分层、离析和泌水，从而保证砂浆的铺抹和浇灌质量。砂浆的保水性主要与胶凝材料的品种和用量及是否掺微沫剂有关。为保证砂浆的和易性，砂浆中胶凝材料总用量应有足够的量。

砂浆保水性能用砂浆保水率表示。其计算公式为

$$W = \left[1 - \frac{m_4 - m_2}{\alpha \times (m_3 - m_1)}\right] \times 100\% \tag{6-1}$$

式中　W——砂浆保水率(%)；

m_1——底部不透水片与干燥试模的质量(g)，精确至 1 g；

m_2——15 片滤纸吸水前的质量(g)，精确至 0.1 g；

m_3——试模、底部不透水片与砂浆的总质量(g)，精确至 1 g；

m_4——15 片滤纸吸水后的质量(g)，精确至 0.1 g；

α——砂浆含水率(%)。

不同品种砂浆的保水率应符合表 6-2 的规定。

表 6-2 砂浆的保水率

砂浆种类	保水率/%
水泥砂浆	≥80
水泥混合砂浆	≥84
预拌砌筑砂浆	≥88

提示：在《砌筑砂浆配合比设计规程》(JGJ/T 98—2000)中，衡量砂浆保水性用分层度(mm)表示。分层度越大则保水性越差，普通砂浆一般以 10～20 mm 为宜，但不得大于 30 mm。分层度过大表示砂浆易产生分层离析，不利于施工及水泥硬化。分层度值接近于零的砂浆，容易产生干缩裂缝。

在现行《砌筑砂浆配合比设计规程》(JGJ/T 98—2010)中取消了原来的分层度指标，主要是考虑砂浆品种的增多，有些新品种砂浆用分层度试验来衡量砂浆各成分的稳定性和保持水分的能力已不太适宜。

2. 强度及强度等级

根据《建筑砂浆基本性能试验方法标准》(JGJ/T 70—2009)规定，砂浆的强度等级以三个 70.7 mm×70.7 mm×70.7 mm 的立方体，在标准养护条件[(20±2)℃，相对湿度为90%以上]下，用标准试验方法测得 28 d 龄期的抗压强度的平均值来划分。水泥砂浆及预拌砌筑砂浆的强度等级共分为 M5、M7.5、M10、M15、M20、M25、M30 七个等级，水泥混合砂浆的强度等级共分为 M5、M7.5、M10、M15 四个等级。砌筑砂浆强度等级为 M10 及 M10 以下，宜采用水泥混合砂浆。

用于砌筑不吸水材料(密实材料，如普通天然岩石)的砂浆，其强度主要取决于水泥强度等级和水胶比，可用式(6-2)表示：

$$f_{m,0}=0.29f_{ce}\left(\frac{B}{W}-0.4\right) \tag{6-2}$$

式中　$f_{m,0}$——砂浆的 28 d 抗压强度(MPa)；

　　　f_{ce}——水泥 28 d 的实测强度(MPa)；

　　　B/W——砂浆的胶水比。

用于砌筑吸水性强的材料(多孔材料，如烧结普通砖)的砂浆，因砂浆具有一定的保水性，拌和用水量在一定范围波动，块体材料吸水后，砂浆强度与拌和用水量或拌和水胶比无关，而主要取决于水泥强度等级和水泥用量，可用式(6-3)表示：

$$f_{m,0}=\alpha f_{ce}Q_c/1\,000+\beta \tag{6-3}$$

式中　Q_c——每立方米砂浆的水泥用量(kg/m^3)；

　　　α、β——砂浆的特征系数，其中 $\alpha=3.03$，$\beta=-15.09$。

3. 变形性能

砂浆在承受荷载、温度变化或湿度变化时，均会产生变形。如果变形过大或不均匀，都会引起沉陷或裂缝，降低砌体质量。掺太多轻骨料或掺合料配制的砂浆，其收缩变形比普通砂浆大，应采取措施防止砂浆开裂。如在抹面砂浆中，为防止产生干裂，可掺一定量的麻刀、纸筋等纤维材料。

4. 黏结力

砖石砌体是靠砂浆将块状的砖石材料黏结成为坚固的整体。因此，为保证砌体的强度、耐久性及抗振性等，要求砂浆与基层材料之间应有足够的黏结力。一般情况下，砂浆的抗压强度越高，它与基层的黏结力也越大。另外，砖石表面状态、清洁程度、湿润状况及施工养护条件等，都直接影响砂浆的黏结力。粗糙、洁净、湿润的表面与良好养护的砂浆，其黏结力好。

知识拓展

当砌筑烧结普通砖、烧结多孔砖、蒸压灰砂砖、蒸压粉煤灰砖砌体时，砖应提前 1~2 d 适度湿润，不得采用干砖或处于吸水饱和状态的砖砌筑。砖湿度程度宜符合下列规定：

(1)烧结类块体的相对含水率宜为 60%~70%；

(2)混凝土多孔砖及混凝土实心砖不宜浇水湿润，但在气候干燥炎热的情况下，宜在砌筑前对其浇水湿润。其他非烧结类块体的相对含水率宜为 40%~50%。

现场拌制的砂浆应随拌随用，拌制的砂浆应在 3 h 内使用完毕；当施工期间的最高温度超过 30 ℃时，应在 2 h 内使用完毕。

三、普通砌筑砂浆的配合比设计

砌筑砂浆要根据工程类别及砌体部位的设计要求，选择其强度等级，再按砂浆强度等级来确定配合比。

确定砂浆配合比，一般情况可查阅有关手册或资料来选择。重要工程用砂浆或无参考资料时，可根据《砌筑砂浆配合比设计规程》(JGJ/T 98—2010)，按下列步骤计算。

1. 吸水基层水泥混合砂浆配合比计算

(1)确定砂浆的试配强度($f_{m,0}$)。砂浆的试配强度应按式(6-4)计算：

$$f_{m,0} = k f_2 \tag{6-4}$$

式中　$f_{m,0}$——砂浆的试配强度(MPa)，精确至 0.1 MPa；

f_2——砂浆强度等级值(MPa)，精确至 0.1 MPa；

k——系数，按表 6-3 的规定取值。

表 6-3　砂浆强度标准差 σ 及 k 值

施工水平	砂浆强度等级							
	强度标准差 σ/MPa							k
	M5.0	M7.5	M10	M15	M20	M25	M30	
优良	1.00	1.50	2.00	3.00	4.00	5.00	6.00	1.15
一般	1.25	1.88	2.50	3.75	5.00	6.25	7.50	1.20
较差	1.50	2.25	3.00	4.50	6.00	7.50	9.00	1.25

砌筑砂浆现场强度标准差的确定应符合下列规定：

1)当有统计资料时，应按式(6-5)计算：

$$\sigma = \sqrt{\frac{\sum_{i=1}^{n} f_{m,i}^2 - n\mu_{fm}^2}{n-1}} \tag{6-5}$$

式中　$f_{m,i}$——统计周期内同一品种砂浆第 i 组试件的强度(MPa)；

μ_{fm}——统计周期内同一品种砂浆 n 组试件强度的平均值(MPa)；

n——统计周期内同一品种砂浆试件的总组数，$n \geqslant 25$。

2)当无近期统计资料时，砂浆现场强度标准差 σ 可按表 6-3 的规定取用。

(2)水泥用量计算。水泥用量的计算应符合下列规定：

1)每立方米砂浆中的水泥用量，应按式(6-6)计算：

$$Q_C = \frac{1\,000(f_{m,0} - \beta)}{\alpha \cdot f_{ce}} \tag{6-6}$$

式中　Q_C——每立方米砂浆的水泥用量(kg)，精确至 1 kg；

$f_{m,0}$——砂浆的试配强度(MPa)，精确至 0.1 MPa；

f_{ce}——水泥的实测强度(MPa)，精确至 0.1 MPa；

α、β——砂浆的特征系数，其中 $\alpha = 3.03$，$\beta = -15.09$。

注：各地区可用本地区试验资料确定 α、β 值，统计用的试验组数不得少于 30 组。

2)在无法取得水泥的实测强度值时，可按式(6-7)计算 f_{ce}：

$$f_{ce}=\gamma_c \cdot f_{ce,k} \tag{6-7}$$

式中　$f_{ce,k}$——水泥强度等级值(MPa)；

γ_c——水泥强度等级值的富余系数，该值应按实际统计资料确定；无统计资料时，可取 1.0。

(3)石灰膏用量计算。水泥混合砂浆石灰膏用量应按式(6-8)计算：

$$Q_D=Q_A-Q_C \tag{6-8}$$

式中　Q_D——每立方米砂浆的石灰膏用量(kg)，精确至 1 kg[石灰膏使用时的稠度为 (120 ± 5)mm]；

Q_C——每立方米砂浆的水泥用量(kg)，精确至 1 kg；

Q_A——每立方米砂浆的水泥和石灰膏的总量，精确至 1 kg，可为 350 kg。

(4)砂用量计算。每立方米砂浆中的砂子用量应按干燥状态(含水率小于 0.5％)的堆积密度值作为计算值(kg)。

(5)用水量计算。每立方米砂浆中的用水量可根据砂浆稠度等要求选用 210～310 kg。混合砂浆中的用水量不包括石灰膏中的水；当采用细砂或粗砂时，用水量分别取上限或下限；稠度小于 70 mm 时，用水量可小于下限；施工现场气候炎热或干燥季节，可酌量增加用水量。

(6)提出砂浆的基准配合比。

(7)现场配制水泥砂浆的试配应符合表 6-4 的规定。

表 6-4　每立方米水泥砂浆材料用量　　　　　　　　　　　kg/m³

强度等级	水泥	砂	水
M5	200～230	砂的堆积密度值	270～330
M7.5	230～260		
M10	260～290		
M15	290～330		
M20	340～400	砂的堆积密度值	270～330
M25	360～410		
M30	430～480		

注：1. M15 及 M15 以下强度等级的水泥砂浆，水泥强度等级为 32.5 级；M15 以上强度等级的水泥砂浆，水泥强度等级为 42.5 级；

2. 当采用细砂或粗砂时，用水量分别取上限或下限；

3. 稠度小于 70 mm 时，用水量可小于下限；

4. 施工现场气候炎热或干燥季节，可酌量增加用水量；

5. 试配强度应按式(6-4)计算

(8)配合比试配、调整与确定。

1)试配时应采用工程中实际使用的材料；砂浆试配时应采用机械搅拌。搅拌时间应自投料结束算起，对水泥砂浆和水泥混合砂浆，不得少于120 s；对掺粉煤灰和外加剂的砂浆，不得少于180 s。

2)按计算或查表所得配合比进行试拌时，应测定其拌合物的稠度和保水率，当不能满足要求时，应调整材料用量，直到符合要求为止，然后确定为试配时的砂浆基准配合比。

3)试配时至少应采用三个不同的配合比，其中一个为按上述第2)条规定得出的基准配合比，其他配合比的水泥用量应按基准配合比分别增加及减少10％。在保证稠度、保水率合格的条件下，可将用水量、石灰膏、保水增稠材料或粉煤灰等活性掺合料用量作相应调整。

4)砌筑砂浆试配时稠度应满足施工要求，并应按现行行业标准《建筑砂浆基本性能试验方法标准》(JGJ/T 70—2009)分别测定不同配合比砂浆的表观密度和强度；并应选定符合试配强度及和易性要求，水泥用量最低的配合比作为砂浆的试配配合比。

5)砌筑砂浆试配配合比还应按下列步骤进行校正：

①应根据上述第4)条确定的砂浆配合比材料用量，按式(6-9)计算砂浆的理论表观密度值：

$$\rho_t = Q_C + Q_D + Q_S + Q_W \qquad (6\text{-}9)$$

式中 ρ_t——砂浆的理论表观密度值(kg/m³)，精确至10 kg/m³。

②应按式(6-10)计算砂浆配合比校正系数 δ：

$$\delta = \frac{\rho_c}{\rho_t} \qquad (6\text{-}10)$$

式中 ρ_c——砂浆的实测表观密度值(kg/m³)，精确至10 kg/m³。

③当砂浆的实测表观密度值与理论表观密度值之差的绝对值不超过理论值的2％时，可将上述第4)条得出的试配配合比确定为砂浆设计配合比；当超过2％时，应将试配配合比中每种材料用量均乘以校正系数(δ)后，确定为砂浆设计配合比。

2. 砂浆配合比设计实例

要求设计用于砌筑砖墙的M7.5等级、稠度为70~100 mm的水泥石灰混合砂浆配合比。水泥为32.5级复合硅酸盐水泥；石灰膏稠度为120 mm；中砂堆积密度为1 450 kg/m³，含水率为2％；施工水平优良。

(1)计算试配强度：

$$f_{m,0} = k f_2 = 1.15 \times 7.5 = 8.6 \text{(MPa)}$$

(2)计算水泥用量：

$$Q_C = \frac{1\ 000(f_{m,0} - \beta)}{\alpha \cdot f_{ce}} = 1\ 000 \times (8.6 + 15.09)/(3.03 \times 32.5) = 241 \text{(kg/m}^3\text{)} \geqslant 200 \text{ kg/m}^3$$

式中 $\alpha = 3.03$，$\beta = -15.09$；$f_{ce} = \gamma_c \cdot f_{ce,k} = 1.0 \times 32.5 = 32.5 \text{(MPa)}$。

(3)计算石灰膏用量：

$$Q_D = Q_A - Q_C = 350 - 241 = 109 \text{(kg/m}^3\text{)}$$

式中 $Q_A = 350$ kg/m³(按水泥和掺合料总量规定选取)。

(4)根据砂子堆积密度和含水率，计算砂用量：

$$Q_s = 1\ 450 \times (1 + 2\%) = 1\ 479(\text{kg/m}^3)$$

(5)选择用水量：

$$Q_w = 300(\text{kg/m}^3)$$

砂浆试配时各材料的用量比例：

水泥：石灰膏：砂：水 = 241：109：1 479：300 = 1：0.45：6.11：1.24

知识拓展

根据《砌体结构工程施工质量验收规范》(GB 50203—2011)规定，砌筑砂浆试块强度验收时，其强度合格标准必须符合下列要求：同一验收批砂浆试块抗压强度平均值应大于或等于设计强度等级值的 1.10 倍；同一验收批砂浆试块抗压强度的最小一组平均值应大于或等于设计强度等级值的 85%。

任务二 其他建筑砂浆的性能与应用

一、抹面砂浆

凡涂抹在建筑物或建筑构件表面的砂浆，统称为抹面砂浆（也称抹灰砂浆）。施工中对抹面砂浆的基本要求是具有良好的和易性和较高的黏结强度。处于潮湿环境或易受外力作用时（如地面、墙裙等），抹面砂浆还应具有较高的强度等。

微课：抹面砂浆

普通抹面砂浆是建筑工程中普遍使用的砂浆，它可以保护建筑物不受风、雨、雪、大气等有害介质的腐蚀，提高建筑物的耐久性，同时使表面平整、美观。常用的有石灰砂浆、水泥砂浆、混合砂浆等。

抹面砂浆通常分为两层或三层进行施工，各层抹灰要求不同，所以各层选用的砂浆也有区别。底层抹灰的作用是使砂浆与底面能牢固地黏结，因此要求砂浆具有良好的和易性与黏结力，基层面也要求粗糙，以提高与砂浆的黏结力。中层抹灰主要是为了进一步找平，有时可省去。面层抹灰要求平整、光洁，达到规定的饰面要求。

底层及中层多用水泥混合砂浆，面层多用水泥混合砂浆或掺麻刀、纸筋的石灰砂浆。在潮湿的房间或地下建筑及容易碰撞的部位，应采用水泥砂浆。普通抹面砂浆的流动性及骨料最大粒径要求参见表 6-5，其配合比及应用范围可参见表 6-6。

表 6-5 抹面砂浆流动性及骨料最大粒径   mm

抹面层	沉入度（人工抹面）	砂的最大粒径
底层	90～110	2.5
中层	70～90	2.5
面层	70～80	1.2

表 6-6　常用抹面砂浆配合比及应用范围

材料	配合比(体积比)	应用范围
石灰：砂	(1：2)～(1：4)	用于砖石墙面(檐口、勒脚、女儿墙及潮湿房间的墙除外)
石灰：黏土：砂	(1：1：4)～(1：1：8)	干燥环境墙表面
石灰：石膏：砂	(1：0.4：2)～(1：1：3)	用于不潮湿房间的墙及天花板
石灰：石膏：砂	(1：2：2)～(1：2：4)	用于不潮湿房间的线脚及其他装饰工程
石灰：水泥：砂	(1：0.5：4.5)～(1：1：5)	用于檐口、勒脚、女儿墙，以及比较潮湿的部位
水泥：砂	(1：3)～(1：2.5)	用于浴室、潮湿车间等墙裙、勒脚或地面基层
水泥：砂	(1：2)～(1：1.5)	用于地面、顶棚或墙面面层
水泥：砂	(1：0.5)～(1：1)	用于混凝土地面随时压光
石灰：石膏：砂：锯末	1：1：3：5	用于吸声粉刷
水泥：白石子	(1：2)～(1：1)	用于水磨石(打底用1：2.5水泥砂浆)
水泥：白石子	1：1.5	用于斩假石［打底用(1：2)～(1：2.5)水泥砂浆］
白灰：麻刀	100：2.5(质量比)	用于板条顶棚底层
石灰膏：麻刀	100：1.3(质量比)	用于板条顶棚面层(或100 kg石灰膏加3.8 kg纸筋)
纸筋：白灰浆	灰膏0.1 m³，纸筋0.36 kg	较高级墙板、顶棚

二、防水砂浆

防水砂浆是一种制作防水层用的抗渗性高的砂浆。砂浆防水层又称为刚性防水层，适用于不受振动和具有一定刚度的混凝土或砖石砌体工程中，如水塔、水池、地下工程等的防水。

防水砂浆可用普通水泥砂浆制作，也可以在水泥砂浆中掺防水剂制得。水泥砂浆宜选用强度等级为42.5级及以上的普通硅酸盐水泥和级配良好的中砂。在砂浆配合比中，水泥与砂的质量比不宜大于1：2.5，水胶比宜控制在0.5～0.6，稠度不应大于80 mm。

在水泥砂浆中掺防水剂，可促使砂浆结构密实，堵塞毛细孔，提高砂浆的抗渗能力，这是目前最常用的方法。常用的防水剂有氯化物金属盐类防水剂、金属皂类防水剂和水玻璃防水剂。

防水砂浆应分4～5层分层涂抹在基面上，每层涂抹厚度约为5 mm，总厚度为20～30 mm。每层在初凝前压实一遍，最后一遍要压光并精心养护，以减少砂浆层内部连通的毛细孔通道，提高密实度和抗渗性。防水砂浆还可以用膨胀水泥或无收缩水泥来配制，属于刚性防水层。

三、装饰砂浆

直接用于建筑物内外表面，以提高建筑物装饰艺术性为主要目的的抹面砂浆，称为装饰砂浆。常见的有地面、窗台、墙裙等处用的水磨石，外墙用的水刷石、剁斧石(斩假石)、干粘石、假面砖等属石渣类饰面砂浆。装饰抹面类砂浆多采用底层和中层与普通抹面砂浆相同、只改变面层的处理方法，装饰效果好、施工方便、经济适用，得到广泛应用。

获得装饰效果的主要方法有以下几项。

(1)采用白水泥、彩色水泥或浅色的其他硅酸盐水泥，以及石膏、石灰等胶凝材料，采用彩色砂、石(如大理石、花岗石等色石渣，玻璃、陶瓷等碎粒)为细骨料，以达到改变色彩的目的；

(2)采取不同施工手法(如喷涂、辊涂、拉毛及水刷、干粘、水磨、剁斧、拉条等)，使抹面砂浆表面层获得设计的线条、图案、花纹等与不同的质感。

四、特种砂浆

1. 绝热砂浆

采用水泥、石灰、石膏等胶凝材料与膨胀珍珠岩、膨胀蛭石或陶粒砂等轻质多孔骨料，按一定比例配制的砂浆，称为绝热砂浆。绝热砂浆具有轻质和良好的绝热性能，其导热系数为 0.07～0.1 W/(m·K)。绝热砂浆可用于屋面、墙壁或供热管道的绝热保护。

2. 吸声砂浆

一般绝热砂浆因由轻质多孔骨料制成，所以都具有吸声性能。同时，还可以用水泥、石膏、砂、锯末(体积比为 1∶1∶3∶5)配制吸声砂浆，或在石灰、石膏砂浆中掺玻璃纤维、矿物棉等松软纤维材料。吸声砂浆主要应用于室内墙壁和吊顶的吸声处理。

▶▶ 任务三　建筑砂浆性能检测

一、砂浆稠度试验

1. 试验目的

砂浆稠度试验测定砂浆的流动性，用来确定配合比或施工过程中砂浆的稠度，以达到控制用水量的目的。砂浆的稠度与砂浆的用水量和外加剂等有关，砂浆稠度不同时，一定质量的试锥沉入砂浆的深度也不相同。本试验用试锥沉入砂浆的深度来表示砂浆的稠度。

微课：砂浆稠度试验

2. 主要仪器用品

(1)砂浆稠度仪：由试锥、容器和支座三部分组成。

(2)钢制捣棒：直径为 10 mm，长度为 350 mm，端部磨圆。

(3)秒表。

3. 试验步骤

(1)砂浆拌合物取样后，应及时试验，试验前应经人工进行翻拌，以保证其质量均匀。

(2)盛浆容器和试锥表面用湿布擦干净，并用少量润滑油轻擦滑杆后，将滑杆上多余的油用吸油纸吸净，使滑杆能自由滑动。

(3)将砂浆拌合物一次装入容器，使砂浆表面低于容器口 10 mm 左右，用捣棒自容器中心向边缘插捣 25 次，然后轻轻地将容器摇动或敲击 5～6 下，使砂浆表面平整，随后将容器置于稠度仪的底座上。

(4)拧开试锥滑杆的制动螺栓，向下移动滑杆。当试锥尖端与砂浆表面刚接触时，拧紧制动螺栓，使齿条测杆下端刚接触滑杆上端，并将指针对准零点。

（5）拧开制动螺栓，同时计时，待 10 s 立即固定螺栓，将齿条测杆下端接触滑杆上端，从刻度上读出下沉深度，即砂浆的稠度值（精确至 1 mm）。

（6）盛装容器内的砂浆，只允许测定一次稠度，重复测定时应重新取样测定。

4. 操作注意事项

（1）拌和砂浆的时间要注意控制，拌和前工具要用水润湿。

（2）稠度仪圆锥体在圆锥筒未装砂浆前一定要固定好，防止圆锥体下落损坏尖头。

（3）圆锥形容器内的砂浆，只允许测定 1 次稠度，重复测定时应重新取样。

5. 试验结果处理

（1）取两次试验结果的算术平均值作为稠度值，计算精确至 1 mm。

（2）二次试验值之差如大于 10 mm，则应另取砂浆搅拌后重新测定。

二、砂浆分层度试验

1. 试验目的及适用范围

砂浆分层度试验的目的主要是测定砂浆拌合物停放一段时间后砂浆内部成分的变化情况，以掌握砂浆分层度试验的方法，了解砂浆分层度的意义及评定方法。本方法适用于测定砂浆拌合物在运输及停放时内部成分的稳定性。

2. 主要仪器用品

（1）砂浆分层度筒，内径为 150 mm，上节高为 200 mm，下节带底净高为 100 mm，用金属板制成，上、下层连接处需加宽到 3～5 mm，并设有橡胶垫圈。

（2）水泥胶砂振动台，振幅为（0.5±0.05）mm，频率为（50±3）Hz。

（3）稠度仪、木槌等。

3. 试验步骤

（1）将砂浆拌合物按砂浆稠度试验方法测定稠度。

（2）应将砂浆拌合物一次装入分层度筒内，待装满后，用木锤在分层度筒周围距离大致相等的四个不同部位轻轻敲击 1～2 下，如砂浆沉落到低于筒口，则应随时添加，然后刮去多余砂浆并用抹刀抹平。

（3）静置 30 min 后，去掉上节 200 mm 砂浆，剩余的 100 mm 砂浆倒出放在拌合锅内拌和 2 min，再按稠度试验方法测得其稠度。前后测得的稠度之差，即该砂浆的分层度值（mm）。

4. 操作注意事项

（1）拌和砂浆的时间要注意控制，拌和前工具要用水润湿。

（2）稠度仪圆锥体在圆锥筒未装砂浆前一定要固定好，防止圆锥体下落损坏尖头。

（3）圆锥形容器内的砂浆只允许测定 1 次稠度，重复测定时应重新取样。

5. 试验结果处理

（1）取二次试验结果算术平均值作为该砂浆的分层度值，精确至 1 mm。

（2）二次分层度试验值之差如大于 10 mm，应重做试验。

三、砂浆保水性试验

1. 试验目的和适用范围

砂浆保水性试验主要是测定新品种砂浆的保水性能，以掌握砂浆保水性试验的方法，了解对新品种砂浆保水性的意义及评定方法。本方法适用于测定大部分预拌砂浆的保水性能。

2. 主要仪器用品

(1)金属或硬塑料圆环试模：内径为 100 mm，内部高应为 25 mm。

(2)可密封的取样容器：应清洁、干燥。

(3)2 kg 的重物。

(4)金属滤网：网格尺寸为 0.045 mm，圆形直径为(110±1)mm。

(5)超白滤纸：应采用现行国家标准《化学分析滤纸》(GB/T 1914—2017)规定的中速定性滤纸，直径应为 110 mm，单位面积质量为 200 g/m²。

(6)两片金属或玻璃的方形或圆形不透水片，边长或直径应大于 110 mm。

(7)天平：量程为 200 g，感量为 0.1 g；量程为 2 000 g，感量为 1 g。

(8)烘箱。

3. 试验步骤

(1)称量底部不透水片与干燥试模质量 m_1 和 15 片中速定性滤纸质量 m_2。

(2)将砂浆拌合物一次装入试模，并用抹刀插捣数次，当装入的砂浆略高于试模边缘时，用抹刀以 45°角一次性将试模表面多余的砂浆刮去，然后用抹刀以较平的角度在试模表面反方向将砂浆刮平。

(3)抹掉试模边的砂浆，称量试模、底部不透水片与砂浆总质量 m_3。

(4)用金属滤网覆盖在砂浆表面，再在滤网表面放上 15 片滤纸，用上部不透水片盖在滤纸表面，以 2 kg 重物将上部不透水片压住。

(5)静置 2 min 后移走重物及上部不透水片，取出滤纸(不包括滤网)，迅速称量滤纸质量 m_4。

(6)按照砂浆的配合比及加水量计算砂浆的含水率。当无法计算时，可测定砂浆含水率。

4. 操作注意事项

(1)取两次试验结果的算术平均值作为砂浆的含水率，精确至 0.1%。

(2)当两个测定值之差超过 2%，此组试验结果应为无效。

5. 砂浆保水率计算

砂浆保水率计算见式(6-1)。

6. 测定砂浆含水率

测定砂浆含水率时，应称取(100±10)g 砂浆拌合物试样，置于一干燥并已称重的盘中，在(105±5)℃的烘箱中烘至恒重。砂浆含水率按式(6-11)计算：

$$\alpha = \frac{m_6 - m_5}{m_6} \times 100\% \tag{6-11}$$

式中　α——砂浆含水率(%)；

m_5——烘干后砂浆样本的质量(g)，精确至 1 g；

m_6——砂浆样本的总质量(g)，精确至 1 g。

四、砂浆立方体抗压强度试验

微课：砂浆立方体
强度检测

1. 试验适用范围

本试验适用于测定建筑砂浆立方体抗压强度。

2. 主要仪器用品

(1)试模：尺寸为 70.7 mm×70.7 mm×70.7 mm 的带底试模。

(2)钢制捣棒：直径为 10 mm，长度为 350 mm，端部应磨圆。

(3)压力试验机：精度为 1%，试件破坏荷载应不小于压力机量程的 20%，且不大于全量程的 80%。

(4)垫板：试验机上、下压板及试件之间可垫以钢垫板，垫板的尺寸应大于试件的承压面，其不平度应为每 100 mm 不超过 0.02 mm。

(5)振动台：空载中台面的垂直振幅应为(0.5±0.05)mm，空载频率应为(50±3)Hz，空载台面振幅均匀度不大于 10%，一次试验至少能固定(或用磁力吸盘)3 个试模。

3. 试验步骤

(1)采用立方体试件，每组试件 3 个。

(2)应用黄油等密封材料涂抹试模的外接缝，试模内涂刷薄层机油或脱模剂，将拌制好的砂浆一次性装满砂浆试模，成型方法根据稠度而定。当稠度＞50 mm 时，采用人工振捣成型；当稠度≤50 mm 时，采用振动台振实成型。

1)人工振捣：用捣棒均匀地由边缘向中心按螺旋方式插捣 25 次，插捣过程中如砂浆沉落低于试模口，应随时添加砂浆，可用油灰刀插捣数次，并用手将试模一边抬高 5～10 mm 各振动 5 次，使砂浆高出试模顶面 6～8 mm。

2)机械振动：将砂浆一次装满试模，放置到振动台上，振动时试模不得跳动，振动 5～10 s 或持续到表面出浆为止，不得过振。

(3)待表面水分稍干后，将高出试模部分的砂浆沿试模顶面刮去并抹平。

(4)试件制作后应在室温为(20±5)℃的环境下静置(24±2)h，当气温较低时，或者凝结时间大于 24 h 的砂浆，可适当延长时间，但不应超过两昼夜，然后对试件进行编号、拆模。试件拆模后应立即放入温度为(20±2)℃、相对湿度为 90% 以上的标准养护室中养护。养护期间，试件彼此间隔不小于 10 mm，混合砂浆、湿拌砂浆试件上面应覆盖以防有水滴落在试件上。

(5)试件从养护地点取出后应及时进行试验。试验前将试件表面擦拭干净，测量出尺寸，并检查其外观。并据此计算试件的承压面积，如实测尺寸与公称尺寸之差不超过 1 mm，可按公称尺寸进行计算。

(6)将试件安放在试验机的下压板(或下垫板)上，试件的承压面应与成型时的顶面垂直，试件中心应与试验机下压板(或下垫板)中心对准。开动试验机，当上压板与试件(或上垫板)接近时，调整球座，使接触面均衡受压。承压试验应连续而均匀地加荷，加荷速度应为 0.25～1.5 kN/s(砂浆强度不大于 2.5 MPa 时，宜取下限)。当试件接近破坏而开始迅速变形时，停止调整试验机油门，直至试件破坏，然后记录破坏荷载。

4. 强度计算

砂浆立方体抗压强度应按式(6-12)计算：

$$f_{m,cu} = K \frac{N_u}{A} \tag{6-12}$$

式中　$f_{m,cu}$——砂浆立方体试件抗压强度(MPa)；

　　　N_u——试件破坏荷载(N)；

　　　A——试件承压面积(mm^2)；

　　　K——换算系数，取 1.35。

砂浆立方体试件抗压强度应精确至 0.1 MPa。

5. 试验结果处理

(1)以三个试件测值的算术平均值作为该组试件的砂浆立方体试件抗压强度平均值(f_2)(精确至 0.1 MPa)。

(2)当三个测值的最大值或最小值中有一个与中间值的差值超过中间值的 15％时，则将最大值及最小值一并舍去，取中间值作为该组试件的抗压强度值。

(3)当两个测值与中间值的差值均超过中间值的 15％时，则该组试件的试验结果无效。

知识拓展

《建筑砂浆基本性能试验方法标准》(JGJ/T 70—2009)与《建筑砂浆基本性能试验方法》(JGJ/T 70—1990)相比，每组抗压试件数量由 6 个改为 3 个；试模统一改为带底试模；养护条件统一改为在温度(20±2)℃、相对湿度90％以上的标准养护室中养护；压力机试验精度从 2％改为 1％；检测结果以三个试件测值的算术平均值的 1.35 倍，作为该组试件的砂浆立方体试件的抗压强度平均值。

工程案例

低质量建筑砂浆造成建筑质量事故

建筑砂浆通常被认为是一种没有技术含量的低端建筑材料，事实上在诸如建筑物的耐久性失效等建筑质量事故中，低质量的建筑砂浆是主要原因。

某工程同一轴线上 120 m 长的承重墙体，前一天砌筑的 1.2 m 高的一段墙体到了第二天早上向一边倾斜，砖墙内的砂浆被挤出并呈干粉状。技术人员立即对整个墙体进行检查，发现仅有某班组砌筑的这段墙体出现了问题，而其他班组砌筑的墙体却没有出现这种现象。所有班组使用的砌筑砂浆均为 M7.5 混合砂浆。事故发生后，首先停止墙体砌筑施工并拆除所有出现问题的墙体，立即进行事故原因调查。事故调查小组分析该班组可能使用了过期水泥或干砖上墙，而其他班组使用的是合格水泥且操作符合规范。从现场到水泥库检查，没有发现过期水泥，再者砌筑的墙体多为湿砖上墙，虽有少部分是干砖上墙，但并未出现砂浆失去强度的现象。经调查发现，问题出在砂浆的拌制程序上，出现问题的班组未将生石灰熟化，直接将生石灰、水泥、砂同时搅拌使用。生石灰在砂浆中熟化，吸收大量的水，使砂浆大量失水，影响胶凝材料正常的硬化，降低砂浆本身强度；同时，生石灰熟化过程中形成的熟石灰，体积膨胀，水泥石无时不遭受体积不均性变化的破坏，以致出现砂浆松散呈干粉状的现象。

目前，在施工现场大量使用的砂浆，除由于组成材料的质量造成的事故外，存在的主要问题还包括现场搅拌的建筑砂浆配合比控制不准确，造成砂浆质量波动或成本控制不合理；不采用外加剂，使砂浆施工性能差及材料功能差。抹灰砂浆的突出问题有墙面抹灰层空鼓、裂缝；墙面抹灰层析白；墙面气泡、开花或有抹纹；因砂浆质量不好而导致外墙体漏水或造成表面装饰层提前破坏等。

土木名人录

贝聿铭

贝聿铭(1917—2019)出生于广东广州，祖籍江苏苏州，是苏州望族之后，美籍华人建筑师，美国艺术与科学院院士，中国工程院外籍院士，土木专家。贝聿铭认为"建筑是艺术和历史的融合"，并始终坚持自己流淌的是中华民族的血液。那么新时代的土木人，你们知道贝聿铭先生为什么被称为"现代建筑的最后大师"吗？

贝聿铭

小结

建筑砂浆是由胶结料、细骨料、掺合料和水配制而成的建筑工程材料，在建筑工程中起黏结、衬垫和传递应力的作用。新拌砂浆应保证有较好的和易性及硬化后有足够的强度。

自我测评

一、名词解释

1. 砌筑砂浆
2. 混合砂浆
3. 抹面砂浆
4. 防水砂浆

二、填空题

1. 砂浆按所用胶凝材料分为_____、_____和_____等。

2. 为了改善砂浆的和易性及节约水泥，常常在砂浆中掺适量的_____、_____和_____制成混合砂浆。

3. 砂浆按产品形式分为_____和_____。

4. 砂浆的和易性包括_____和_____，分别用指标_____和_____表示。

5. 测定砂浆强度的标准试件是_____mm 的立方体试件，在_____条件下养护_____d，测定其_____强度，据此确定砂浆的_____。

6. 砂浆流动性的选择，是根据_____和_____等条件来决定。夏天砌筑烧结多孔砖墙体时，砂浆的流动性应选得_____些；砌筑毛石时，砂浆的流动性要选得_____些。

三、选择题

1. 凡涂在建筑物或构件表面的砂浆，可统称为（　　）。
   A. 砌筑砂浆　　　B. 抹面砂浆　　　C. 混合砂浆　　　D. 防水砂浆

2. 用于不吸水基层的砂浆，强度主要取决于（　　）。
   A. 水胶比及水泥强度　　　　　　　B. 水泥用量
   C. 水泥及砂用量　　　　　　　　　D. 水泥及石灰用量

3. 用于吸水基层的砂浆强度，主要取决于（　　）。
   A. 水胶比及水泥强度等级　　　　　B. 水泥用量和水泥强度等级
   C. 水泥及砂用量　　　　　　　　　D. 水泥及石灰用量

4. 砌筑加气混凝土砌块所用砂浆的稠度为（　　）mm。
   A. 30～40　　　　B. 30～50　　　　C. 50～70　　　　D. 60～80

四、是非判断题

1. 建筑砂浆实为无粗骨料的混凝土。（　　）

2. M15及以下强度等级的砌筑砂浆采用的水泥，其强度等级不宜大于32.5级，砂浆中水泥和掺合料总量宜为300～350 kg/m³。（　　）

3. 为合理利用资源、节约材料，在配制砂浆时要尽量选用低强度等级的水泥和砌筑水泥。（　　）

4. 砂浆的分层度越大，说明砂浆的流动性越好。（　　）

5. M15以上强度等级的砌筑砂浆采用的水泥，其强度等级不宜大于42.5级。（　　）

6. 干拌砂浆与传统砂浆相比具有优势，是砂浆的发展趋势。（　　）

五、问答题

1. 新拌建筑砂浆的和易性与混凝土拌合物的和易性要求有何异同？

2. 砂浆混合物的流动性如何表示和测定？保水性不良对其质量有何影响？如何提高砂浆的保水性？

3. 影响砂浆强度的因素有哪些？

4. 与传统工艺配制的砂浆相比，干拌砂浆有何优势？

六、计算题

某工地要配制M10、稠度为70～90 mm的砌砖用水泥石灰混合砂浆，采用含水率为2%的中砂，松散堆积密度为1 500 kg/m³，32.5级复合硅酸盐水泥，石灰膏稠度为120 mm，施工水平一般，计算该砂浆的配合比。

技能测试

项目七　建筑钢材检测与应用

情境描述 >>>

　　建筑钢材是建筑工程最常用也是用量较大的材料之一，通常可分为钢结构用钢和钢筋混凝土结构用钢，主要用普通碳素结构钢和低合金结构钢加工而成。钢结构用钢主要有型钢和钢板；钢筋混凝土结构用钢主要有各种钢筋、钢丝和钢绞线。建筑钢材的主要性能包括力学性能和工艺性能。力学性能指标包括拉伸性能、冲击韧性、耐疲劳性能等；工艺性能包括冷弯性能和焊接性能。

　　在实际工程中，针对钢筋混凝土结构用钢的进场验收需严格遵循规范流程。某工程进场质量为 8.03 t、直径为 14 mm 的 HRB400 钢筋，施工单位进行材料进场验收，工作流程如下。

　　(1)进场验收：监理人员、施工单位质检人员共同到场；检查质量证明文件及钢筋清单，确保材料与文件相符；检查钢筋外观、规格是否符合要求；检验合格后同意进场。

　　(2)见证取样：随机选择取样钢筋，交由取样人员制作；制作完成后，现场封样，并在封条上注明取样时间、封样时间、样品规格、取样人员、见证人员、封条信息。

　　(3)见证送检：见证人员和取样人员共同将钢筋样品送至检测机构进行委托检测，在检测机构收样交接完成，委托工作结束。

　　(4)性能检测：检测机构试验员根据委托单检测钢筋屈服强度、抗拉强度、断后伸长率、弯曲性能、质量偏差等性能指标；检测机构出具检测报告并通知委托单位领取；施工单位领取检测报告并归档。

任务发布 >>>

　　1. 统计钢筋的种类、规格和质量要求。

　　2. 检测钢筋拉伸性能、弯曲性能。

　　3. 对照规范标准，归纳整理钢筋性能指标。

学习目标 >>>

　　本项目主要介绍建筑钢材的分类、性质、技术标准及选用原则，通过学习要达到如下知识目标、能力目标及素养目标。

　　知识目标：掌握建筑钢材主要品种、质量标准、取样规定和检测方法；掌握热轧钢筋的主要技术性能和指标。

　　能力目标：会正确取样、检测热轧钢筋的主要技术性能指标、填写检测报告；能根据检测结果判断其质量。

　　素养目标：通过"瘦身钢筋"新闻报道，结合钢筋冷加工知识，培养学生的工程质量意识，强化遵纪守法意识。

　　建筑钢材是指用于钢结构的各种型钢（如角钢、工字钢、槽钢、钢管等）、钢板和用于钢筋混凝土结构中的各种钢筋、钢丝和钢绞线（图7-1）。

　　　　(a)　　　　　　　　　　　　　　　　(b)

　　　　(c)　　　　　　　　　　　　　　　　(d)

图7-1　常用钢材

(a)钢筋；(b)钢板；(c)型钢；(d)钢丝

　　钢材因有良好的物理及机械性能，品质均匀、强度高，塑性和韧性好，可以承受冲击和振动荷载，能够切割、焊接、铆接，便于装配等优点，被广泛用于工业与民用建筑中，是主要的建筑结构材料之一。

〉〉〉 任务一　钢的冶炼与分类

一、钢的冶炼

　　钢是指以铁为主要元素，含碳量一般在 2.06% 以下，并含有其他元素的铁碳合金。
　　含碳量大于 2.06%，并含有较多 Si、Mn、S、P 等杂质的铁碳合金为生铁。生铁抗拉强度低、塑性差，尤其是炼钢生铁硬而脆，不易加工，更难以使用。

钢是用生铁冶炼而成的。炼钢的过程是对熔融的生铁进行氧化，使碳的含量降低到预定的范围。在炼钢的过程中，采用的炼钢方法不同，除掉杂质的程度就不同，所得钢的质量也有差别。根据炉种不同，建筑钢材一般可分为转炉钢、平炉钢和电炉钢三种。

二、钢的分类

根据化学成分、品质和用途不同，钢可分为不同的种类。

1. 按脱氧方法分类

将生铁（及废钢）在熔融状态下进行氧化，除去过多的碳及杂质即得钢液。钢液在氧化过程中会含有较多 FeO，故在冶炼后期，须加入脱氧剂（锰铁、硅铁、铝等）进行脱氧，然后才能浇铸成合格的钢锭。脱氧程度不同，钢材的性能就不同，因此，钢又可分为沸腾钢、镇静钢和特殊镇静钢。

（1）沸腾钢：仅用弱脱氧剂锰铁进行脱氧，属脱氧不完全的钢。其组织不够致密，有气泡夹杂，因此质量较差，但成品率高，成本低。

（2）镇静钢：用必要数量的硅、锰和铝等脱氧剂进行彻底脱氧的钢。其组织致密，化学成分均匀，性能稳定，是质量较好的钢种。由于产率较低，故成本较高，适用于承受振动冲击荷载或重要的焊接钢结构中。

（3）特殊镇静钢：特殊镇静钢质量和性能均高于镇静钢，成本也高于镇静钢。

2. 按化学成分分类

钢按化学成分不同，可分为碳素钢、合金钢。

（1）碳素钢。碳素钢按含碳量的不同又可分为低碳钢（碳含量<0.25%）、中碳钢（碳含量为 0.25%～0.6%）和高碳钢（碳含量>0.6%）。

（2）合金钢。合金钢是在碳素钢中加入某些合金元素（锰、硅、钒、钛等）用于改善钢的性能或使其获得某些特殊性能。合金钢按合金元素含量不同可分为低合金钢（合金元素含量<5%）、中合金钢（合金元素含量为 5%～10%）和高合金钢（合金元素含量>10%）。

3. 按品质分类

根据钢材中硫、磷的含量，钢材可分为普通质量钢、优质钢和特殊质量钢。

4. 按用途分类

钢材按主要用途的不同，可分为结构钢（钢结构用钢和混凝土结构用钢）、工具钢（制作刀具、量具、模具等）和特殊钢（不锈钢、耐酸钢、耐热钢、磁钢等）。

任务二　建筑钢材的性能与应用

钢材在建筑结构中主要承受拉力、压力、弯曲、冲击等外力作用。施工中还经常对钢材进行冷弯或焊接等。因此，钢材的力学性能和工艺性能既是设计和施工人员选用钢材的主要依据，也是生产钢材、控制材质的重要参数。

微课：钢材的
力学性能

一、力学性能

建筑钢材的力学性能主要有抗拉屈服强度 σ_s、抗拉极限强度 σ_b、伸长率 δ、硬度和冲击韧性等。

1. 抗拉性能

抗拉性能是建筑钢材的重要性能。这一性能可以通过受拉后钢材的应力与应变曲线反映出来。图 7-2(a)所示为建筑工程中常用低碳钢受拉时的应力-应变曲线。图中的屈服强度(σ_s)、抗拉强度(σ_b)和伸长率(δ)是钢材的重要技术指标。

(1)屈服点(屈服强度 σ_s)是结构设计取值的依据，低于屈服点的钢材基本上在弹性状态下正常工作，该阶段为弹性阶段。应力与应变的比值为常数，该常数为弹性模量 $E\left(E=\tan\alpha=\dfrac{\sigma}{\varepsilon}\right)$。

当对试件的拉伸应力超过 a 点后，应力、应变不再呈正比关系，钢材开始出现塑性变形进入屈服阶段 bc，bc 段最低点所对应的应力值为屈服强度。

(2)抗拉强度(σ_b)。试件在屈服阶段以后，其抵抗塑性变形的能力又重新提高，这一阶段称为强化阶段。对应于最高点 d 的应力值称为极限抗拉强度，简称抗拉强度。

屈强比(σ_s/σ_b)是屈服强度与抗拉强度之比，反映了钢材的利用率和使用中的安全程度。屈强比不宜过大或过小，应在保证安全工作的情况下有较高的利用率。比较适宜的屈强比应在 $0.6\sim0.75$ 范围内。

图 7-2(b)表示高碳钢受拉时的应力-应变曲线。与低碳钢的应力-应变曲线比较，高碳钢应力-应变曲线的特点是抗拉强度高、塑性变形小和没有明显的屈服点。其结构设计取值是人为规定的条件屈服点($\sigma_{0.2}$)，即将钢件拉伸至塑性变形达到原长的 0.2% 时的应力值。

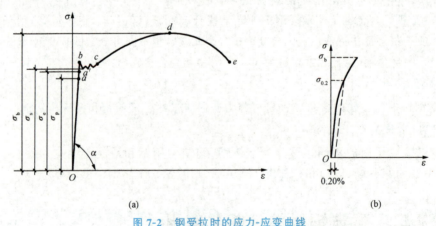

图 7-2　钢受拉时的应力-应变曲线
(a)低碳钢受拉时的应力-应变曲线；(b)高碳钢受拉时的应力-应变曲线

(3)伸长率(δ)表示钢材被拉断时的塑性变形值 (l_1-l_0) 与原长 (l_0) 之比，即 $\delta=\dfrac{l_1-l_0}{l_0}\times100\%$，如图 7-3 所示。伸长率反映钢材的塑性变形能力是钢材的重要技术指标。建筑钢材在正常工作中，结构内含缺陷处会因为应力集中而超过屈服点，具有一定塑性

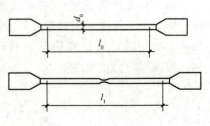

图 7-3　钢材的伸长率

变形能力的钢材，会使应力重分布而避免了钢材在应力集中作用下的过早破坏。由于钢试件在颈缩部位的变形最大，原长(l_0)与原直径(d_0)之比为 5 倍的伸长率(δ_5)大于同一材质的 l_0/d_0 为 10 倍的伸长率(δ_{10})。另外，还可以用截面收缩率(ψ)，即颈缩处截面面积(A_0-A)与原面积(A_0)之比，来表示钢的塑性变形能力。

2. 冲击韧性

冲击韧性是指钢材受冲击荷载作用时，吸收能量、抵抗破坏的能力，以冲断试件时单位面积所消耗的功(α_k)来表示。α_k 值越大，钢材的冲击韧性越好。

影响冲击韧性的因素有钢的化学组成、晶体结构与表面状态和轧制质量，以及温度和时效作用等。随着环境温度降低，钢的冲击韧性也会降低，当达到某一负温时，钢的冲击韧性值(α_k)突然发生明显降低，此为钢的低温冷脆性（图 7-4），此刻温度称为脆性临界温度。其数值越低，说明钢材的低温冲击性能越好。在负温下使用钢材时，要选用脆性临界温度低于环境温度的钢材。

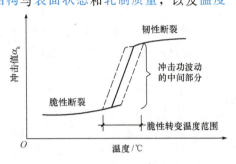

图 7-4　温度对冲击韧性的影响

随着时间的推移，钢的强度会提高，而塑性和韧性降低的现象称为时效。因时效而使性能改变的程度为钢材的时效敏感性。钢材受到振动、冲击或随加工发生体积变形，可加速完成时效。对于承受动荷载的重要结构，应选用时效敏感性小的钢材。

3. 硬度

钢材的硬度是指其表面抵抗重物压入产生塑性变形的能力。测定硬度的方法有布氏法和洛氏法，较常用的方法是布氏法，其硬度指标为布氏硬度值(HB)。

布氏法是利用直径为 D(mm)的淬火钢球，以一定的荷载 F_p(N)将其压入试件表面，得到直径为 d(mm)的压痕，以荷载 F_p 除以压痕表面积 S，所得的应力值即试件的布氏硬度值 HB，以不带单位的数字表示。

4. 耐疲劳性能

钢材承受交变荷载反复作用时，可能在最大应力远低于屈服强度的情况下突然破坏，这种破坏称为疲劳破坏。钢材的疲劳破坏指标用疲劳强度或疲劳极限来表示，是指疲劳试验中试件在交变应力作用下，在规定的周期内不发生疲劳破坏所能承受的最大应力值。

二、工艺性能

1. 冷弯性能

冷弯性能是指钢材在常温下承受弯曲变形的能力，是建筑钢材的重要工艺性能。图 7-5 所示为钢材的冷弯试验，规定用弯曲角度和弯心直径与试件厚度（或直径）的比值来表示冷弯性能。冷弯性能实质反映了钢材在不均匀变形下的塑性，在一定程度上比伸长率更能反映钢的内部组织状态及内应力、杂质等缺陷，因此，可以用冷弯的方法来检验钢的质量。根据不同的钢筋规格对应不同的弯心直径。

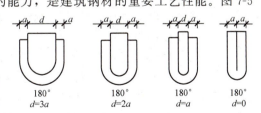

180°　　180°　　180°　　180°
$d=3a$　　$d=2a$　　$d=a$　　$d=0$

图 7-5　钢材的冷弯试验
d—弯心直径；a—钢筋直径

2. 可焊性能

绝大多数钢结构、钢筋骨架、接头、埋件及连接等都采取焊接方式。焊接质量除与焊接工艺有关外，还与钢材的可焊性有关。当含碳量超过 0.3% 后，钢的可焊性变差。硫能使钢的焊接处产生热裂纹而硬脆。锰可克服硫引起的热脆性。沸腾钢的可焊性较差。其他杂质含量增多，也会降低钢的可焊性。

三、冷加工及热处理

1. 冷拉强化和时效处理

冷加工是指钢材在常温下进行的加工，常见的冷加工方式有冷拉、冷拔、冷轧、冷扭、刻痕等。钢材经冷加工产生塑性变形，从而提高其屈服强度，这一过程称为冷加工强化处理。

在实际工程中，往往按工程要求，所选的钢筋塑性偏大，强度偏低，或者利用 Q215 号钢时，可以通过冷拉及时效处理来调整其性质，并达到节省钢材的目的。

冷拉是冷加工的一种，是将钢筋在常温下拉伸，使其产生塑性变形，从而达到提高其屈服强度和节省钢材的目的（图 7-6）。

从图 7-6 中可以明显看出，冷拉并时效处理后的曲线 $O'K_1C_1D_1$ 与未冷拉的曲线比，屈服点明显提高、抗拉强度也有提高，塑性降低。冷拉后的钢材，时效速度加快，常温下 15～20 d 可完成时效（称为自然时效）。若加热钢筋，则可以在更短的时间内完成时效（称为人工时效）。

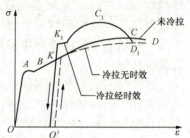

图 7-6　钢筋冷拉曲线

冷拉并时效处理后的钢筋在冷拉同时，已被调直和清除锈皮。在冷加工时，要严格控制冷拉应力，使冷拉后钢筋性能符合对冷拉钢筋力学性能的相关规定。

微课：钢筋的冷拉

"瘦身钢筋"是钢筋冷拉超过国家标准规定的结果，对建筑危害极大，应该杜绝。如果遇到"瘦身钢筋"，作为工程技术人员的你，该怎么做？

2. 热处理

热处理是将钢材按一定规则加热、保温和冷却，以获得需要性能的一种工艺过程。热处理的方法有淬火、回火、退火和正火。建筑工程所用钢材一般只在生产厂进行热处理，并以热处理状态供应。在施工现场，有时需对焊接钢材进行热处理。

（1）淬火。将钢材加热至 723 ℃以上某一温度，并保持一定时间后，迅速置于水中或机油中冷却，这个过程称为钢材的淬火处理。钢材经淬火后，强度和硬度提高，脆性增大，塑性和韧性明显降低。

（2）回火。将淬火后的钢材重新加热到 723 ℃以下某一温度范围，保温一定时间后再缓慢地或较快地冷却至室温，这一过程称为回火处理。回火可消除钢材淬火时产生的内应力，使其硬度降低，恢复塑性和韧性。按回火温度不同，又可分为高温回火（500～650 ℃）、中温回火（300～500 ℃）及低温回火（150～300 ℃）三种。回火温度越高，钢材硬度下降越多，塑性和韧性恢复越好，若钢材淬火后随即进行高温回火处理，则称为调质处理，其目的是使钢材的强度、塑性、韧性等性能均得以改善。

（3）**退火**。退火是指将钢材加热至 723 ℃以上某一温度，保持相当时间后，放在退火炉中缓慢冷却。退火能消除钢材中的内应力，细化晶粒、均匀组织，使钢材硬度降低，塑性和韧性提高，从而达到改善性能的目的。

（4）**正火**。正火是将钢材加热到 723 ℃以上某一温度，并保持相当长的时间，然后在空气中缓慢冷却，得到均匀、细小的显微组织。钢材正火后强度和硬度提高，塑性较退火小。

▶▶ 任务三　建筑钢材技术标准与应用

一、建筑工程中常用钢种

建筑工程中常用的建筑钢种有碳素结构钢和低合金高强度结构钢。

（1）碳素结构钢。碳素结构钢又称普通碳素结构钢。国家标准《碳素结构钢》(GB/T 700—2006)将碳素结构钢以其力学性能划分为不同牌号。牌号的表示方法以屈服点的符号（Q）、屈服点值（195 MPa、215 MPa、235 MPa 和 275 MPa）、质量等级（A、B、C、D）和脱氧程度（F、Z、TZ）构成。其中，A、B 为普通质量钢，C、D 级钢为磷、硫杂质控制较严格的优质钢；脱氧程度 F 代表沸腾钢，Z 和 TZ 代表镇静钢和特殊镇静钢。Z 和 TZ 在牌号中可省略。

微课：钢结构用钢

例如，Q235AF 即屈服强度为 235MPa、A 级质量、沸腾钢。

碳素结构钢牌号由 Q195 至 Q275 时，钢的含碳量逐渐增多，强度提高，塑性降低，冷弯及可焊性下降。质量等级由 A 至 D 时，钢中有害杂质 S、P 含量逐渐减少，低温冲击韧性改善，质量提高。

知识储备：不锈钢复合管

Q195 及 Q215 钢的强度低，常用于轧制各种型钢、钢板、钢管，以及制作铆钉、螺栓、钢丝等；Q275 钢虽然强度高，但塑性及可焊性较差，可用于钢筋混凝土配筋和钢结构中的构件及螺栓等；Q235 钢既有较高的强度，又有较好的塑性及可焊性，是建筑工程中应用广泛的钢种。

国家标准《碳素结构钢》(GB/T 700—2006)对碳素结构钢的化学成分、力学性能做出了具体的规定，见表 7-1～表 7-3。

表 7-1　碳素结构钢的化学成分

牌号	等级	厚度(或直径)/mm	脱氧方法	化学成分(质量分数,%)，≤				
				C	Si	Mn	P	S
Q195	—	—	F、Z	0.12	0.30	0.50	0.035	0.040
Q215	A	—	F、Z	0.15	0.35	1.20	0.045	0.050
	B							0.045
Q235	A	—	F、Z	0.22	0.35	1.40	0.045	0.050
	B			0.20①				0.045
	C		Z	0.17			0.040	0.040
	D		TZ				0.035	0.035

141

牌号	等级	厚度(或直径)/mm	脱氧方法	化学成分(质量分数,%),≤				
				C	Si	Mn	P	S
Q275	A	—	F、Z	0.24	0.35	1.50	0.045	0.050
	B	≤40	Z	0.21			0.045	0.045
	B	>40	Z	0.22				
	C	—	Z	0.20			0.040	0.040
	D	—	TZ				0.035	0.035

①经需方同意,Q235B 的含碳量可不大于 0.22%

表 7-2　碳素结构钢的力学性能

牌号	等级	屈服强度[①] $R_{eH}/(\mathrm{N \cdot mm^{-2}})$,≥						抗拉强度[②] $R_m/$ $(\mathrm{N \cdot mm^{-2}})$	断后伸长率 A/%,≥					冲击试验 (V 形缺口)	
		厚度(或直径)/mm							厚度(或直径)/mm					温度/℃	冲击吸收功纵向/J,≤
		≤16	>16~40	>40~60	>60~100	>100~150	>150~200		≤40	>40~60	>60~100	>100~150	>150~200		
Q195	—	195	185	—	—	—	—	315~430	33	—	—	—	—	—	—
Q215	A	215	205	195	185	175	165	335~450	31	30	29	27	26	—	—
	B													+20	27
Q235	A	235	225	215	215	195	185	370~500	26	25	24	22	21	—	—
	B													+20	27[③]
	C													0	
	D													−20	
Q275	A	275	265	255	245	225	215	410~540	22	21	20	18	17	—	—
	B													+20	27
	C													0	
	D													−20	

①Q195 的屈服强度值仅供参考,不做交货条件。

②厚度大于 100 mm 的钢材,抗拉强度下限允许降低 20 MPa。宽带钢(包括剪切钢板)抗拉强度上限不做交货条件。

③厚度小于 25 mm 的 Q235B 级钢材,如供方能保证冲击吸收功值合格,经需方同意,可不做检验

表 7-3　碳素结构钢的弯曲试验

牌号	试样方向	冷弯试验 180°B＝2a[①]	
		钢材厚度或直径[②]/mm	
		≤60	>60~100
		弯心直径 d	
Q195	纵	0	—
	横	0.5a	
Q215	纵	0.5a	1.5a
	横	a	2a

142

牌号	试样方向	冷弯试验 $180°B=2a$① 钢材厚度或直径②/mm	
		≤60	>60~100
		弯心直径 d	
Q235	纵	a	$2a$
Q235	横	$1.5a$	$2.5a$
Q275	纵	$1.5a$	$2.5a$
Q275	横	$2a$	$3a$

①B 为试样宽度，a 为试样厚度或直径。
②钢材厚度或直径大于 100 mm 时，弯曲试验由双方协商确定

（2）低合金高强度结构钢。低合金高强度结构钢是在低碳钢基础上，加入适量合金元素冶炼而成的。它比碳素结构钢具有更高的屈服强度，同时，还有良好的塑性、冷弯性、可焊性、耐腐蚀性和低温冲击韧性，更适用于大跨度、重型、高层钢结构和桥梁工程。

典型案例：Q460 钢材的应用

根据国家标准《低合金高强度结构钢》（GB/T 1591—2018）规定，低合金高强度结构钢共有八个牌号。其牌号的表示方法由屈服点的符号（Q）、屈服点数值（345 MPa、390 MPa、420 MPa、460 MPa、500 MPa、550 MPa、620 MPa、690 MPa）和质量等级（A、B、C、D、E）构成。

低合金高强度结构钢的化学成分、力学性能见表7-4、表7-5。

表 7-4　低合金高强度结构钢的化学成分

牌号	质量等级	化学成分/%														
		C	Si	Mn	P	S	Nb	V	Ti	Cr	Ni	Cu	N	Mo	B	Als
					不大于											不小于
Q345	A	≤0.20	≤0.50	≤1.70	0.035	0.035	0.07	0.15	0.20	0.30	0.50	0.30	0.012	0.10	—	—
	B				0.035	0.035										
	C				0.030	0.030										
	D	≤0.18			0.030	0.025										0.015
	E				0.025	0.020										
Q390	A	≤0.20	≤0.50	≤1.70	0.035	0.035	0.07	0.20	0.20	0.30	0.50	0.30	0.015	0.10	—	—
	B				0.035	0.035										
	C				0.030	0.030										
	D				0.030	0.025										0.015
	E				0.025	0.020										
Q420	A	≤0.20	≤0.50	≤1.70	0.035	0.035	0.07	0.20	0.20	0.30	0.80	0.30	0.015	0.20	—	—
	B				0.035	0.035										
	C				0.030	0.030										
	D				0.030	0.025										0.015
	E				0.025	0.020										

牌号	质量等级	C	Si	Mn	化学成分/%											
					P	S	Nb	V	Ti	Cr	Ni	Cu	N	Mo	B	Als
					不大于											不小于
Q460	C	≤0.20	≤0.60	≤1.80	0.030	0.030	0.11	0.20	0.20	0.30	0.80	0.55	0.015	0.20	0.004	0.015
	D				0.030	0.025										
	E				0.025	0.020										
Q500	C	≤0.18	≤0.60	≤1.80	0.030	0.030	0.11	0.12	0.20	0.60	0.80	0.55	0.015	0.20	0.004	0.015
	D				0.030	0.025										
	E				0.025	0.020										
Q550	C	≤0.18	≤0.60	≤2.00	0.030	0.030	0.11	0.12	0.20	0.80	0.80	0.80	0.015	0.30	0.004	0.015
	D				0.030	0.025										
	E				0.025	0.020										
Q620	C	≤0.18	≤0.60	≤2.00	0.030	0.030	0.11	0.12	0.20	1.00	0.80	0.80	0.015	0.30	0.004	0.015
	D				0.030	0.025										
	E				0.025	0.020										
Q690	C	≤0.18	≤0.60	≤2.00	0.030	0.030	0.11	0.12	0.20	1.00	0.80	0.80	0.015	0.30	0.004	0.015
	D				0.030	0.025										
	E				0.025	0.020										

注：1. 型材及棒材 P、S 含量可提高 0.005%，其中 A 级钢上限可为 0.045%。
2. 当细化晶粒元素组合加入时，20(Nb＋V＋Ti)≤0.22%，20(Mo＋Cr)≤0.30%。

在钢结构中常采用低合金高强度结构钢、轧制型钢、钢板来建设桥梁、高层及大跨度建筑。在重要的钢筋混凝土结构或预应力钢筋混凝土结构中，主要应用低合金钢加工的热轧带肋钢筋。

二、钢结构用型钢的种类与应用

（1）热轧型钢。热轧型钢有角钢（等边和不等边）、工字钢、槽钢、T 型钢、H 型钢、L 型钢等。其标记由一组符号组成，包括型钢名称、横截面主要尺寸、型钢标准号及钢牌号与钢种标准等。例如，用碳素钢 Q235—A 轧制的，尺寸为 160 mm×160 mm×16 mm 的等边角钢，应标示为

热轧等边角钢：$\dfrac{\llcorner 160 \times 160 \times 16}{Q235 - A}$

（2）冷弯薄壁型钢。通常是用 2～6 mm 厚薄钢板冷弯或模压而成的，有角钢、槽钢等开口薄壁型钢及方形、矩形等空心薄壁型钢。其标示方法与热轧型钢相同。

（3）钢板、压型钢板。用光面轧辊轧制而成的扁平钢材，以平板状态供货的称为钢板，以卷状供货的称为钢带。按轧制温度不同，钢板可分为热轧和冷轧两种；热轧钢板按厚度可分为厚板（厚度大于 4 mm）和薄板（厚度为 0.35～4 mm）两种；冷轧钢板只有薄板（厚度为 0.2～4 mm）一种。

表 7-5　低合金结构钢的拉伸性能

牌号	质量等级	拉伸试验①②③																					
		下屈服强度 R_{eL}/MPa（以下公称厚度（直径,边长））									抗拉强度 R_m/MPa（以下公称厚度（直径,边长））							断后伸长率 A/%（公称厚度（直径,边长））					
		≤16 mm	>16~40 mm	>40~63 mm	>63~80 mm	>80~100 mm	>100~150 mm	>150~200 mm	>200~250 mm	>250~400 mm	≤40 mm	>40~63 mm	>63~80 mm	>80~100 mm	>100~150 mm	>150~250 mm	>250~400 mm	≤40 mm	>40~63 mm	>63~100 mm	>100~150 mm	>150~250 mm	>250~400 mm
Q345	A B C D E	≥345	≥335	≥325	≥315	≥305	≥285	≥275	≥265	≥265	470~630	470~630	470~630	470~630	450~600	450~600	450~600	≥20	≥19	≥19	≥18	≥17	≥17
Q390	A B C D E	≥390	≥370	≥350	≥330	≥330	≥310	—	—	—	490~650	490~650	490~650	490~650	470~620	—	—	≥21	≥20	≥20	≥19	≥18	—
Q420	A B C D E	≥420	≥400	≥380	≥360	≥360	≥340	—	—	—	520~680	520~680	520~680	520~680	500~650	—	—	≥20	≥19	≥19	≥18	—	—
Q460	C D E	≥460	≥440	≥420	≥400	≥400	≥380	—	—	—	550~720	550~720	550~720	550~720	530~700	—	—	≥17	≥16	≥16	≥16	—	—
Q500	C D E	≥500	≥480	≥470	≥450	≥440	—	—	—	—	610~770	600~760	590~750	540~730	—	—	—	≥17	≥17	≥17	—	—	—

续表

牌号	质量等级	拉伸试验①②③																						
		以下公称厚度(直径,边长)下屈服强度 R_{eL}/MPa									以下公称厚度(直径,边长)抗拉强度 R_m/MPa							断后伸长率 A/% 公称厚度(直径,边长)					
		≤16 mm	>16~40 mm	>40~63 mm	>63~80 mm	>80~100 mm	>100~150 mm	>150~200 mm	>200~250 mm	>250~400 mm	≤40 mm	>40~63 mm	>63~80 mm	>80~100 mm	>100~150 mm	>150~250 mm	>250~400 mm	≤40 mm	>40~63 mm	>63~100 mm	>100~150 mm	>150~250 mm	>250~400 mm
Q550	C																						
	D	≥550	≥530	≥520	≥500	≥490	—	—	—	—	670~830	620~810	600~790	590~780	—	—	—	≥16	≥16	≥16	—	—	—
	E																						
Q620	C																						
	D	≥620	≥600	≥590	≥570	—	—	—	—	—	710~880	690~880	670~860	—	—	—	—	≥15	≥15	≥15	—	—	—
	E																						
Q460	C																						
	D	≥690	≥670	≥660	≥640	—	—	—	—	—	770~940	750~920	730~900	—	—	—	—	≥14	≥14	≥14	—	—	—
	E																						

① 当屈服不明显时，可测量 $R_{p0.2}$ 代替下屈服强度。
② 宽度不小于 600 mm 的扁平材，拉伸试验取横向试件；型材及棒材取纵向试件；宽度小于 600 mm 的扁平材，断后伸长率最小值相应提高 1%（绝对值）。
③ 厚度>250~400 mm 的数值适用于扁平材

三、钢筋混凝土结构用钢的种类与应用

钢筋混凝土结构用钢筋主要有热轧钢筋、冷轧带肋钢筋、预应力混凝土用热处理钢筋等。钢丝主要有不同规格的预应力混凝土钢丝及钢绞线。

1. 热轧钢筋

钢筋混凝土用热轧钢筋有热轧光圆钢筋、热轧带肋钢筋及余热处理钢筋。经热轧成型并自然冷却的成品光圆钢筋，称为热轧光圆钢筋；其成品为带肋钢筋，称为热轧带肋钢筋；经热轧成型后立即穿水，进行表面控制冷却，然后利用芯部余热完成回火处理所得的成品钢筋，称为余热处理钢筋。热轧带肋钢筋外形如图 7-7 所示。

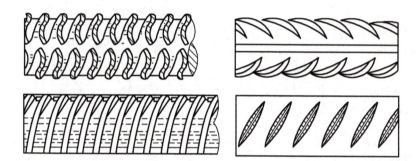

图 7-7　热轧带肋钢筋外形

国家标准《钢筋混凝土用钢 第 1 部分：热轧光圆钢筋》(GB 1499.1—2024)、《钢筋混凝土用钢 第 2 部分：热轧带肋钢筋》(GB 1499.2—2024)及《钢筋混凝土用余热处理钢筋》(GB/T 13014—2013)规定，热轧光圆钢筋牌号为 HPB300；热轧带肋钢筋可分为 HRB400、HRB500 及 HRB600 三个牌号。热轧钢筋的力学性能及工艺性能应符合表 7-6 的规定。余热处理钢筋可分为 RRB400、RRB500，表达方式见表 7-7。HPB300 级钢筋，是用 Q235 碳素钢轧制而成的光圆钢筋。它的强度较低，但具有塑性好，伸长率高，便于弯折成型、容易焊接等特点，可作为冷轧带肋钢筋的原料。

HRB400、HRB500 级钢筋是用低合金镇静钢轧制而成的，以硅、锰作为主要固溶强化元素。其强度较高，塑性和可焊接性能较好，广泛用于大、中型钢筋混凝土结构的主筋。冷拉后也可作预应力筋。

HRB600 级钢筋是用中碳低合金镇静钢轧制而成的，其中以硅、锰为主要合金元素，使之在提高强度的同时保证其塑性和韧性，是房屋建筑的主要预应力钢筋。

余热处理钢筋由轧制的钢筋经高温淬水、余热处理后提高强度，其可焊性、机械连接性能及施工适应性均稍差，须控制其应用范围。一般可在对延性及加工性能要求不高的构件中使用，如基础、大体积混凝土及跨度与荷载不大的楼板、墙体中应用。

表 7-6 热轧钢筋的力学性能及工艺性能

外形	牌号	公称直径 d/mm	屈服强度 R_{eL}/MPa	抗拉强度 R_m/MPa	断后伸长率 A/%	最大力总延伸率 A_{gt}/%④	R°_m/R°_{eL}⑤	R°_{eL}/R_{eL}	冷弯试验弯心直径（弯曲角度180°）
					不小于				不大于
热轧光圆钢筋	HPB300	6～22	300	420	25	10.0	—	—	d
热轧带肋钢筋	HRB400① HRBF400②	6～25 28～40 40～50	400	540	16	7.5	—	—	$4d$ $5d$ $6d$
	HRB400E③ HRBF400E	6～25 28～40 40～50			—	9.0	1.25	1.3	$4d$ $5d$ $6d$
	HRB500 HRBF500	6～25 28～40 40～50	500	630	15	7.5	—	—	$6d$ $7d$ $8d$
	HRB500E HRBF500E	6～25 28～40 40～50	500	630	—	9.0	1.25	1.3	$6d$ $7d$ $8d$
	HRB600	6～25 28～40 40～50	600	730	14	7.5	—	—	$6d$ $7d$ $8d$

注：①HRB——热轧带肋钢筋的英文（Hot Rolled Ribbed Bars）缩写。

②HRBF——细晶粒热轧带肋钢筋的英文（Hot Rolled Ribbed Bars Fine）缩写。

③E——"地震"的英文（Earthquake）首位字母。

④最大力下总伸长率 A_{gt}：指钢筋试件上标距为 $10d$ 范围以外不小于 100 mm 范围内的均匀伸长率，用于控制受力钢筋的延性。

⑤R°_m 为钢筋实测抗拉强度；R°_{eL} 为钢筋实测下屈服强度

表 7-7 余热处理钢筋表达方式

类别	牌号	牌号构成	英文字母含义
余热处理钢筋	RRB400 RRB500	由 RRB＋规定的屈服强度特征值构成	RRB——余热处理筋的英文（Remained Heat Treatment Ribbed Steel Bars）缩写 W——焊接的英文缩写
	RRB400W	由 RRB＋规定的屈服强度特征值构成＋可焊	

2. 冷轧带肋钢筋

热轧盘条钢筋经冷轧后，在其表面带有沿长度方向均匀分布的三面或两面横肋，即成为冷轧带肋钢筋。根据《冷轧带肋钢筋》(GB/T 13788—2024)规定，冷轧带肋钢筋可分为冷轧带肋钢筋(CRB)和高延性冷轧带肋钢筋(CRB＋抗拉强度特征值＋H)两种类型。按抗拉强度分别为 CRB550、CRB650、CRB800、CRB600H、CRB680H 和 CRB800H 六个牌号。其中，CRB550、CRB600H 为普通混凝土用钢筋；CRB650、CRB800、CRB800H 为预应力混凝土用钢筋；CRB680H 既可作为普通混凝土用钢筋，也可作为预应力混凝土用钢筋使用。冷轧带肋钢筋的性能见表 7-8。

表 7-8　冷轧带肋钢筋的性能

分类	牌号	规定塑性延伸强度 $R_{p0.2}$ MPa 不小于	抗拉强度 R_m MPa 不小于	$R_m/R_{p0.2}$ 不小于	断后伸长率/% 不小于		最大力总延伸率/% 不小于	弯曲试验① 180°	反复弯曲次数	应力松弛初始应力应相当于公称抗拉强度的 70%
					A	$A_{100\,mm}$	A_{gt}			1 000 h, %不大于
普通钢筋混凝土	CRB550	500	550	1.05	11.0	—	2.5	$D=3d$	—	—
	CRB600H	540	600	1.05	14.0	—	5.0	$D=3d$	—	—
	CRB680H②	600	680	1.05	14.0	—	5.0	$D=3d$	4	5
预应力混凝土用	CRB650	585	650	1.05	—	4.0	2.5	—	3	8
	CRB800	720	800	1.05	—	4.0	2.5	—	3	8
	CRB800H	720	800	1.05	—	7.0	4.0	—	4	5

①D 为弯心直径，d 为钢筋公称直径。

②当该牌号钢筋作为普通钢筋混凝土用钢筋使用时，对反复弯曲和应力松弛不做要求；当该牌号钢筋作为预应力混凝土用钢筋使用时应进行反复弯曲试验代替 180°弯曲试验，并检测松弛率

3. 冷拔低碳钢丝和碳素钢丝

(1)冷拔低碳钢丝：将直径为 6～8 mm 的 Q195、Q215 或 Q235 热轧圆条经冷拔而成，冷拔使钢筋受到更强烈拉伸和挤压的作用，塑性变形更大，其屈服点可以提高 40%～60%，塑性和韧性降低更大，使其具有硬钢的性质。

用于非预应力混凝土的冷拔低碳钢丝直径为 3～5 mm。用于预应力混凝土的冷拔低碳钢丝规格为 $\phi3$、$\phi4$、$\phi5$ 三种，其强度更高。对其伸长率要求不低于 1.0%～2.5%。

(2)碳素钢丝：将含碳量较高的优质碳素钢盘条筋，经酸洗、拔制或者回火处理制成，具有强度高($\phi3$～5，$\delta_s \geqslant 1\,100$～1 255 MPa)、柔性好、无接头、施工方便、安全可靠等特点，适用于大跨度屋架、吊车梁等大型构件及 V 形折板配筋。碳素钢丝由钢厂供货，成本较高。

碳素钢丝可按冷拉和矫直回火两种方式供货，还可以将其压成痕轧制成刻痕钢丝并经低温回火后成盘供应，用于预应力混凝土结构中。

若将 7 根 φ2.5～5 的碳素钢丝绞捻后，消除内应力制成钢绞线，可用于大型屋架、薄腹梁、大跨桥梁等大承载力的预应力重型或大跨结构中。钢绞线强度高、柔性好、无接头、质量稳定。

知识拓展

根据节材、减耗及对性能的要求，钢筋发展的方向是淘汰低强度钢筋，强调应用高强度、高性能钢筋。

(1)根据钢筋产品标准的修改，不再限制钢筋材料的化学成分，而按性能确定钢筋的牌号和强度级别。

(2)淘汰低强度钢筋，纳入高强度、高性能钢筋，提出钢筋延性(极限应变)的要求。根据国家的技术政策，增加 600 MPa 级钢筋；推广 400 MPa、500 MPa 级高强度钢筋作为受力的主导钢筋；淘汰 335 MPa 级钢筋；用 300 MPa 级钢筋代替 235 MPa 级钢筋后，平均可节约用钢量 15% 左右。

(3)采用低合金化，提高强度的 HRB 系列热轧带肋钢筋，使之具有较好的延性、可焊性、机械连接性能及施工适应性。

(4)增加预应力筋的品种。增补高强度、大直径的钢绞线；列入大直径预应力带肋钢筋(精轧带肋钢筋)；列入中强度预应力钢丝，以补充中强度预应力钢筋的空缺；淘汰锚固性能很差的刻痕钢丝；应用很少的预应力热处理钢筋不再列入。

》》 任务四　钢材质量控制

一、钢材化学成分对钢性能的影响

(1)碳。碳是决定钢材性质的主要元素。当含碳量低于 0.8% 时，随着含碳量的增加，钢的抗拉强度和硬度提高，而塑性、断面收缩率及韧性降低，同时，还使钢的冷弯、焊接及抗腐蚀等性能降低，并增加钢的冷脆性和时效敏感性。

微课：从泰坦尼克号看钢材的脆性

(2)磷、硫。磷使钢强度、硬度提高，塑性和韧性降低，尤其增加钢的冷脆性。另外，还降低钢的其他性能。硫使钢的焊接性能降低，焊接时易产生脆裂现象，称为热脆性；硫的存在还使钢的冲击韧性、疲劳强度、可焊性及耐蚀性降低。

(3)氧、氮。氧、氮也是钢中的有害元素，氮使钢强度增加，但显著降低钢的塑性、韧性，以及冷弯性和可焊接性，增加时效敏感性；氧使钢的强度、塑性均降低，增加热脆性和时效敏感性。

(4)合金元素。掺合金元素锰和硅会提高钢的强度，锰还可以克服由硫、氧引起的热脆性；钒（V）、钛（Ti）、铌（Nb）都是有益的合金元素，能细化晶粒，使钢强度、韧性提高，而塑性和加工性稍有降低。若考虑不同元素对钢性质的影响并加以利用，则可以生产出多种低合金钢和合金钢。

二、钢的锈蚀与防护

钢的锈蚀主要是受电化学腐蚀作用的结果。由于钢表面上晶体组织不同、杂质分布不均，以及受力变形、表面不平整等内在原因，若遇潮湿环境，就会构成很多"微电池"，尤其在有充足空气条件下，就造成较严重的电化学腐蚀。而混凝土中的钢筋和钢丝是在水泥石碱性环境中，钢表面能形成致密的钝化膜，对钢材起保护作用。含碳量高，经冷加工的钢筋（丝）容易发生应力锈蚀。混凝土碱度低、不致密，钢筋（丝）保护层易受碳化；在使用氯化物外加剂的混凝土中，钢筋（丝）易锈蚀。

在钢结构中，防止钢的锈蚀，选择质量好、表面缺陷少的钢材；同时，最根本的方法是防止潮湿和隔绝空气。目前，经常采用表面涂漆的隔离方法，也可以采取镀锌、涂塑料涂层等方法；对于重要钢结构，可以采取阴极保护的措施，即使锌、镁等低电位的金属与钢结构相连作为阴极，使其受到腐蚀的同时，保护了作为阳极的钢材。

在钢筋混凝土中，防锈尤其是对预应力承重结构的防锈，首先是严格控制钢筋、钢丝质量；其次是采取提高混凝土密实度，适当加大保护层厚度，以及控制氯盐掺量，或者掺亚硝酸盐等阻锈剂等措施，来防止钢筋锈蚀。

》》任务五　建筑钢材性能检测

一、钢筋拉伸性能试验

1. 试验目的

测定低碳钢的屈服强度、抗拉强度和伸长率三个指标，作为评定钢筋强度等级的主要技术依据；掌握《金属材料 拉伸试验 第 1 部分：室温试验方法》（GB/T 228.1—2021）和钢筋强度等级的评定方法。

微课：热轧带肋
钢筋拉伸试验

2. 主要仪器和用具

(1)万能试验机。

(2)钢板尺、游标卡尺、千分尺、两脚爪规等。

3. 试件制备

(1)抗拉试验用钢筋试件不得进行车削加工，可以用两个或一系列等分小冲点或细画线标出原始标距(标记不应影响试件断裂)，测量标距长度 L_0(精确至 0.1 mm)，如图 7-8 所示。

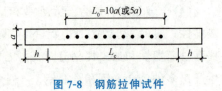

图 7-8 钢筋拉伸试件

(2)试件原始尺寸的测定。

1)测量标距长度 L_0，精确至 0.1 mm。

2)圆形试件横截面直径应在标距的两端及中间处两个相互垂直的方向上各测量一次，取其算术平均值，选用三处测得的横截面面积中最小值。横截面面积按式(7-1)计算：

$$A_0 = \frac{1}{4}\pi d_0^2 \tag{7-1}$$

式中 A_0——试件的横截面面积(mm^2)；

  d_0——圆形试件原始横截面直径(mm)。

4. 试验步骤

(1)屈服强度与抗拉强度的测定。

1)调整试验机测力度盘的指针，使其对准零点，并拨动副指针，使其与主指针重叠。

2)将试件固定在试验机夹头内，开动试验机进行拉伸。拉伸速度：屈服前，应力增加速度每秒钟为 10 MPa；屈服后，试验机活动夹头在荷载下的移动速度为不大于 $0.5L_c$ mm/min(不经车削试件 $L_c = L_0 + 2h_1$)。

3)拉伸中，测力度盘的指针停止转动时的恒定荷载，或不计初始瞬时效应时的最小荷载，即所求的屈服点荷载 P_s。

4)向试件连续施荷直至拉断由测力度盘读出最大荷载，即所求的抗拉极限荷载 P_b。

(2)伸长率的测定。

1)将已拉断试件的两端在断裂处对齐，尽量使其轴线位于一条直线上。如拉断处由于各种原因形成缝隙，则此缝隙应计入试件拉断后的标距部分长度内。

2)如拉断处到临近标距端点的距离大于 $\frac{1}{3}L_0$ 时，可用卡尺直接量出已被拉长的标距长度 L_1(mm)。

3)如拉断处到临近标距端点的距离小于或等于 $\frac{1}{3}L_0$ 时，可按移位法计算标距 L_1(mm)。

4)如试件在标距端点上或标距处断裂，则试验结果无效，应重新试验。

5. 试验结果处理

(1)屈服强度按式(7-2)计算：

$$\sigma_s = \frac{P_s}{A_0} \tag{7-2}$$

式中 σ_s——屈服强度(MPa)；

P_s——屈服时的荷载(N)；

A_0——试件原横截面面积(mm^2)。

(2)抗拉强度按式(7-3)计算：

$$\sigma_b = \frac{P_b}{A_0} \qquad (7-3)$$

式中　σ_b——抗拉强度(MPa)；

P_b——最大荷载(N)；

A_0——试件原横截面面积(mm^2)。

(3)伸长率按式(7-4)计算(精确至1%)：

$$\delta_{10}(\delta_5) = \frac{L_1 - L_0}{L_0} \times 100\% \qquad (7-4)$$

式中　$\delta_{10}(\delta_5)$——分别表示 $L_0 = 10d_0$ 和 $L_0 = 5d_0$ 时的伸长率；

L_0——原始标距长度 $10d_0$ 或 $5d_0$(mm)；

L_1——试件拉断后直接量出或按移位法确定的标距部分长度(mm)(测量精确至0.1 mm)。

(4)当试验结果有一项不合格时，应另取双倍数量的试样重做试验；如仍有不合格项目，则该批钢材判为拉伸性能不合格。

二、钢筋弯曲(冷弯)性能试验

1. 试验目的

通过检验钢筋的工艺性能评定钢筋的质量。掌握《金属材料 弯曲试验方法》(GB/T 232—2024)中钢筋弯曲(冷弯)性能的测试方法和钢筋质量的评定方法，正确使用仪器设备。

微课：热轧带肋
钢筋弯曲、反向
弯曲试验

2. 主要仪器用品

钢筋弯曲试验机或万能试验机。

3. 试件制备

(1)试件的弯曲外表面不得有划痕。

(2)试件加工时，应去除剪切或火焰切割等形成的影响区域。

(3)直径(圆形横截面)或内切圆直径(多边形横截面)不大于 30 mm 的产品，其试件横截面应为原产品的横截面。

(4)对于直径或多边形横截面内切圆直径超过 30 mm 但不大于 50 mm 的产品，可以将其机加工成横截面内切圆直径不小于 25 mm 的试件。

(5)直径或多边形横截面内切圆直径大于 50 mm 的产品，应将其机加工成横截面内切圆直径不小于 25 mm 的试件。

(6)试验时，试件未经机加工的原表面应置于受拉变形的一侧。

(7)弯曲试件长度根据试件直径和弯曲试验装置而定，通常按式(7-5)确定试件长度：

$$l = 5d + 150 \text{(mm)} \qquad (7-5)$$

4. 试验方法

(1)半导向弯曲方法。

(2)导向弯曲方法。

5. 试验结果处理

按以下五种试验结果评定方法进行，若无裂纹、裂缝或裂断，则评定试件合格。

（1）完好。试件弯曲处的外表面金属基本上无肉眼可见因弯曲变形产生的缺陷时，称为完好。

（2）微裂纹。试件弯曲外表面金属基本上出现细小裂纹，其长度不大于 2 mm，宽度不大于 0.2 mm 时，称为微裂纹。

（3）裂纹。试件弯曲外表面金属基本上出现裂纹，其长度大于 2 mm，而小于或等于 5 mm，宽度大于 0.2 mm，而小于或等于 0.5 mm 时，称为裂纹。

（4）裂缝。试件弯曲外表面金属基本上出现明显开裂，其长度大于 5 mm，宽度大于 0.5 mm 时，称为裂缝。

（5）裂断。试件弯曲外表面出现沿宽度贯穿的开裂，其深度超过试件厚度的 1/3 时，称为裂断。

注：在微裂纹、裂纹、裂缝中规定的长度和宽度，只要有一项达到某规定范围，即应按该级评定。

在常温下，在规定的弯心直径和弯曲角度下对钢筋进行弯曲，检测两根弯曲钢筋的外表面，若无裂纹、断裂或起层，即判定钢筋的冷弯合格；否则冷弯不合格（图 7-9）。

图 7-9　钢筋冷弯试验

工程案例

钢结构屋架倒塌事故分析

某厂的钢结构屋架是用中碳钢焊接而成的，使用一段时间后屋架坍塌，经事故原因分析发现：首先是钢材选用不当，使用的中碳钢塑性和韧性比低碳钢差；其次是焊接性能较差，焊接时钢材局部温度高，形成了热影响区，塑性及韧性下降较多，较易产生裂纹。

对钢结构事故原因统计分析表明，因钢材质量低劣造成质量事故的占 30% 左右，主要有以下 3 种原因。

（1）脆性断裂：低温和焊接易形成脆性断裂。

（2）耐火性差：400 ℃时，钢材的强度和弹性模量急剧下降；650 ℃时，失去承载力。

(3)耐腐蚀性差：耐大气腐蚀、介质腐蚀、应力腐蚀性差。

因此，熟悉钢材性能对正确选用钢材至关重要。

土木名人录

潘际銮

潘际銮，1927年12月24日出生于江西瑞昌，中国焊接工程专家，中国科学院院士，科研成果价值千亿却身居斗室。他说："一个人活着，一定要对人民做点有意义的事，我希望能为祖国的焊接事业做出点贡献。"通过对潘院士的了解，大家是否对焊接工程有了新的认识，从中又得到了哪些启示呢？

潘际銮

小结

钢材是建筑工程中重要的金属材料。钢材具有强度高、塑性和韧性好、可焊可铆、便于装配等优点，被广泛用于工业与民用建筑中，是主要的建筑结构材料之一。

钢材的力学性能（抗拉屈服强度、抗拉强度、断后伸长率、硬度和冲击韧性）和工艺性能（冷弯性能和可焊性）既是选用钢材的主要依据，也是生产钢材、控制材质的重要参数。

建筑钢材可分为钢结构用钢材和钢筋混凝土用钢筋。钢结构应用的钢材主要是碳素结构钢和低合金高强度结构钢。钢筋混凝土结构用钢筋主要有热轧钢筋、冷轧带肋钢筋、预应力混凝土用热处理钢筋等。

自我测评

一、名词解释

1. 弹性模量
2. 屈服强度
3. 疲劳破坏
4. 钢材的冷加工

二、填空题

1. _____和_____是衡量钢材强度的两个重要指标。

2. 钢材热处理的工艺有_____、正火、_____、_____。

3. 按冶炼时脱氧程度分类，钢可分为_____、_____和特殊镇静钢。

4. 冷弯检验时：按规定的_____和_____进行弯曲后，检查试件弯曲处外面及侧面不发生断裂、裂缝或起层，即认为冷弯性能合格。

三、选择题

1. 钢材抵抗冲击荷载的能力称为（　　）。
   A. 塑性　　　　　　B. 冲击韧性　　　　C. 弹性　　　　　　D. 硬度
2. 钢的含碳量为（　　）。
   A. 小于 2.06%　　　　　　　　　　　B. 大于 3.0%
   C. 大于 2.06%　　　　　　　　　　　D. 小于 1.26%
3. 伸长率是衡量钢材的（　　）指标。
   A. 弹性　　　　　　B. 塑性　　　　　　C. 脆性　　　　　　D. 耐磨性
4. 普通碳素结构钢随钢号的增加，钢材的（　　）。
   A. 强度增加、塑性增加　　　　　　　B. 强度降低、塑性增加
   C. 强度降低、塑性降低　　　　　　　D. 强度增加、塑性降低
5. 在低碳钢的应力-应变图中，有线性关系的是（　　）。
   A. 弹性阶段　　　　　　　　　　　　B. 屈服阶段
   C. 强化阶段　　　　　　　　　　　　D. 颈缩阶段

四、是非判断题

1. 一般来说，钢材硬度越高，强度也越大。（　　）
2. 屈强比越小，钢材受力超过屈服点工作时的可靠性越大，结构的安全性越高。（　　）
3. 一般来说，钢材的含碳量增加，其塑性也增加。（　　）
4. 钢筋混凝土结构主要是利用混凝土受拉、钢筋受压的特点。（　　）

五、问答题

1. 为何说屈服强度 σ_s、抗拉强度 σ_b 和伸长率 δ 是建筑用钢材的重要技术性能指标？
2. 钢材的冷加工强化有何作用与意义？
3. 含碳量对热轧碳素钢性质有何影响？
4. 钢材中的有害化学元素主要有哪些？它们对钢材的性能有何影响？
5. 热轧钢筋随着强度等级增加，钢材的强度、塑性如何变化？
6. 低碳钢经冷加工强化时效后技术性能有何变化？

六、计算题

用直径为 25 mm、原标距为 125 mm 的钢材试件做拉伸试验，当屈服点荷载为 201.0 kN，达到最大荷载 250.3 kN，拉断后测的标距长为 138 mm，计算该钢筋的屈服强度、抗拉强度及拉断后的伸长率。

技能测试

项目八　墙体材料检测与应用

情境描述 >>>

　　墙体是房屋建筑的重要组成部分。目前，墙体材料的品种较多，可分为砌墙砖、砌块和板材三大类。传统墙体材料黏土砖，虽然性能稳定，且具有较好的耐久性，但质量太重，逐渐被新型墙体材料取代。随着我国墙体材料改革的不断深入，为适应现代建筑的轻质、高强、多功能需求，实现节能环保，出现了许多新型墙体材料，如空心砖、多孔砖、煤矸石砖、粉煤灰砖、灰砂砖、页岩砖等砖类；普通混凝土砌块、轻质混凝土砌块、加气混凝土砌块等砌块类；石膏类墙板、水泥类墙板、植物纤维类墙板及复合墙板等板材。

　　在新型墙体材料的实际应用中，某高层住宅建筑的案例颇具代表性。某高层住宅建筑，采用钢筋混凝土结构，注重碳排放控制。内隔墙采用 100 mm、200 mm 厚的蒸压轻质混凝土(ALC)凹凸 T 形预制墙板，该墙板质量轻，防火性、隔声性、保温隔热性和抗振性能良好。经碳排放计算，该墙板比常规混凝土墙板减少碳排放约50%，碳减排效果较为可观。

任务发布 >>>

　　1. 什么是 ALC 墙板？其具有哪些特性？

　　2. 新型墙体材料具备哪些特点？

　　3. 归纳总结墙体材料品种、规格及性能特点。

　　4. 调查一幢建筑，列举该建筑墙体的材料种类及使用部位。

学习目标 >>>

　　本项目主要介绍砌墙砖、砌块、墙板的类型、技术特性和应用，通过学习要求学生达到以下知识目标、能力目标及素养目标。

　　知识目标：了解砌墙砖、砌块、墙板的类型；熟悉各种砌墙砖、砌块、墙板的技术特性；掌握其特性和应用。

　　能力目标：能熟知建筑上常用墙体材料的种类，合理地选择应用范围，并能学会常用材料的检验方法。

　　素养目标：通过烧结普通砖的发展历程介绍，增强学生民族自豪感；通过新型装配式墙板等知识的介绍，培养学生与时俱进、勇于创新的精神。

任务一 砌墙砖的性能与应用

凡是由黏土、工业废料或其他地方资源为主要原料，以不同工艺制成的，在建筑中用于砌筑承重和非承重墙体的人造小型块材(外形多为直角六面体)统称为砌墙砖。砖与砌块通常是按块体的高度尺寸划分的，块体高度小于 180 mm 者称为砖；大于或等于 180 mm 者称为砌块。

砌墙砖可分为普通砖、多孔砖和空心砖三大类。普通砖是没有孔洞或孔洞率(砖面上孔洞总面积占砖面积的百分率)小于 25% 的砖；孔洞率等于或大于 25%，其孔的尺寸小而数量多者又称多孔砖，常用于承重部位；孔洞率等于或大于 40%，孔的尺寸大而数量少的砖称为空心砖，常用于非承重部位。

根据生产工艺不同，砌墙砖可分为烧结砖和非烧结砖。经焙烧制成的砖为烧结砖，如黏土砖(N)、页岩砖(Y)、煤矸石砖(M)、粉煤灰砖(F)等；非烧结砖有碳化砖，常压蒸汽养护或高压蒸汽养护硬化而成的蒸养(压)砖(如粉煤灰砖、炉渣砖、灰砂砖等)。

一、烧结砖

1. 烧结普通砖

烧结普通砖是以黏土、页岩、煤矸石、粉煤灰为主要原料经焙烧而成的。

微课：烧结砖

砖在焙烧时窑内温度分布难以绝对均匀，因此，除正火砖(合格品)外，还常出现欠火砖和过火砖。欠火砖色浅、敲击声发哑、吸水率大、强度低、耐久性差。过火砖色深、敲击时声音清脆、吸水率低、强度较高，但有弯曲变形。欠火砖和过火砖均属不合格产品。

烧结普通砖的技术性能指标如下。

(1)尺寸规格。烧结普通砖的标准尺寸是 240 mm×115 mm×53 mm。通常将 240 mm×115 mm 面称为大面，240 mm×53 mm 面称为条面，115 mm×53 mm 面称为顶面，4 块砖长、8 块砖宽、16 块砖厚，再加上砌筑灰缝(10 mm)，长度均为 1 m，1 m³ 砖砌体需用砖 512 块。

(2)体积密度。烧结普通砖的体积密度因原料和生产方式不同而异，一般为 1 600～1 800 kg/m³。

(3)吸水率。砖的吸水率反映了其孔隙率的大小和孔隙构造特征。它与砖的焙烧程度有关。欠火砖吸水率大，过火砖吸水率小，一般吸水率为 8%～16%。

(4)强度等级。根据《烧结普通砖》(GB/T 5101—2017)的规定，烧结普通砖通过取 10 块砖样进行抗压强度试验，根据抗压强度平均值和标准值来评定砖的强度等级。各等级应满足的强度指标见表 8-1。

表 8-1 强度等级   MPa

强度等级	抗压强度平均值 $\bar{f} \geqslant$	强度标准值 $f_k \geqslant$
MU30	30.0	22.0
MU25	25.0	18.0
MU20	20.0	14.0
MU15	15.0	10.0
MU10	10.0	6.5

（5）抗风化性能。抗风化性能是指在干湿变化、温度变化、冻融变化等物理因素作用下，材料不破坏并长期保持原有性质的能力，是材料耐久性的重要内容之一。地域不同风化作用程度也会不同。风化指数是指日气温从正温降至负温或负温升至正温的年平均天数与每年从出现霜冻之日起至霜冻消失之日止这一期间降雨总量（以 mm 计）的平均值的乘积。我国将风化指数分为严重风化区（风化指数≥12 700）和非严重风化区（风化指数<12 700），严重风化区有黑龙江、吉林、辽宁、内蒙古、新疆、宁夏、甘肃、青海、陕西、山西、河北、北京、天津和西藏，其他地区属于非严重风化区。

由于抗风化性能是一项综合性指标，主要受砖的吸水率与地域位置的影响，根据《烧结普通砖》(GB/T 5101—2017)的规定，用于黑龙江、吉林、辽宁、内蒙古、新疆 5 个严重风化区的烧结普通砖应进行冻融试验。其他地区砖的抗风化性能符合表 8-2 的规定时，可不做冻融试验，否则应进行冻融试验。15 次冻融试验后，每块砖样不允许出现分层、掉皮、缺棱、掉角等冻坏现象；冻融后裂纹长度不得大于表 8-3(2)外观质量中第5项裂纹长度的规定。

表 8-2　烧结普通砖的抗风化性能

砖种类	严重风化区				非严重风化区			
	5 h 沸煮吸水率/%，≤		饱和系数，≤		5 h 沸煮吸水率/%，≤		饱和系数，≤	
	平均值	单块最大值	平均值	单块最大值	平均值	单块最大值	平均值	单块最大值
烧结普通砖	18	20	0.85	0.87	19	20	0.88	0.90
粉煤灰砖	21	23			23	25		
页岩砖	16	18	0.74	0.77	18	20	0.78	0.80
煤矸石砖	16	18			18	20		

（6）尺寸偏差及外观质量。烧结普通砖的尺寸偏差及外观质量应符合表 8-3 的规定。

泛霜（也称起霜、盐析、盐霜等）是指可溶性盐类（如硫酸钠等盐类）在砖或砌块表面的析出现象，一般呈白色粉末、絮团或絮片状。这些结晶的粉状物不仅有损于建筑物的外观，而且结晶膨胀也会引起砖表层的疏松，甚至剥落。根据《烧结普通砖》(GB/T 5101—2017)的规定，每块砖不允许出现严重的泛霜现象。

表 8-3　烧结普通砖的尺寸偏差及外观质量

项目	指标	
（1）尺寸偏差/mm	样本平均偏差	样本极差≤
长度 240 mm	±2.0	6.0
宽度 115 mm	±1.5	5.0
高度 53 mm	±1.5	4.0
（2）外观质量		
两条面高度不大于/mm	2	

项目	指标
弯曲不大于/mm	2
杂质凸出高度不大于/mm	2
缺棱掉角的三个破坏尺寸不得同时大于/mm	5
裂纹长度不大于：	
①大面上宽度方向及其延伸至条面的长度/mm	30
②大面上宽度方向及其延伸至顶面或条面上水平裂纹的长度/mm	50
完整面不得少于	一条面和一顶面
颜色	基本一致

注：为砌筑挂浆而施加的凹凸纹、槽、压花等不算作缺陷。

凡有下列缺陷之一者，不得称为完整面：

——缺损在条面或顶面上造成的破坏面尺寸同时大于 10 mm×10 mm。

——条面或顶面上裂纹宽度大于 1 mm，其长度超过 30 mm。

——压陷、粘底、焦花在条面或顶面上的凹陷或凸出超过 2 mm，区域尺寸同时大于 10 mm×10 mm

石灰爆裂是指烧结砖的砂质黏土原料中夹杂着石灰石，焙烧时被烧成生石灰块，在使用过程中会吸水消化成消石灰，体积膨胀约为 98%，产生内应力导致砖块裂缝，严重时甚至使砖砌体强度降低，直至破坏。烧结普通砖石灰爆裂应符合下列规定。

1）破坏尺寸大于 2 mm 且小于或等于 15 mm 的爆裂区域每组样砖不得多于 15 处。其中大于 10 mm 的不得多于 7 处。

2）不允许出现最大破坏尺寸大于 15 mm 的爆裂区域。

3）试验后抗压强度损失不得大于 5 MPa。

由于黏土砖的缺点是制砖取土，大量毁坏农田且自重大，烧砖能耗高，成品尺寸小，施工效率低等，我国正大力推广墙体材料改革，以空心砖、工业废渣砖及砌块、轻质墙板等墙体材料逐渐代替实心黏土砖。

知识拓展

清水墙就是砖墙外墙面砌成后，只需要勾缝，即成为成品，不需要外墙面装饰，砌砖质量要求高，灰浆饱满，砖缝规范、美观。相对混水墙而言，其外观质量要高很多，而强度要求则相同。

2. 烧结多孔砖和烧结空心砖

用多孔砖和空心砖代替实心砖可使建筑物自重减轻 1/3 左右，节约黏土 20%～30%，节省燃料 10%～20% 且烧成率高，造价降低 20%，施工效率提高 40%，并能改善砖的绝热和隔声性能，在相同的热工性能要求下，用空心砖砌筑的墙体厚度可减薄半砖左右。所以，推广使用多孔砖、空心砖也是加快我国墙体材料改革，促进墙体材料工业技术进步的措施之一。

（1）烧结多孔砖。烧结多孔砖是以煤矸石、粉煤灰、页岩或黏土为主要原料，经焙烧而成的孔洞率等于或大于33%，孔的尺寸小而数量多的烧结砖。常用于建筑物承重部位。烧结多孔砖的外形尺寸，根据《烧结多孔砖和多孔砌块》（GB/T 13544—2011）的规定，长度（L）为290 mm、240 mm、190 mm，宽度（B）为240 mm、190 mm、180 mm、140 mm、115 mm，高度（H）为90 mm。产品还可以有$L/2$或$B/2$的配砖，配套使用。图8-1所示为部分地区生产的多孔砖规格和孔洞形式。砖的尺寸偏差应符合表8-4的要求。

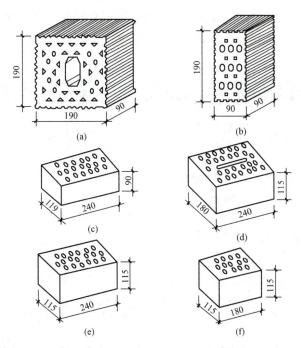

图 8-1　几种多孔砖规格和孔洞形式

(a)KM1 型；(b)KM1 型配砖；(c)KP1 型；

(d)KP2 型；(e)、(f)KP2 型配砖

表 8-4　烧结多孔砖的尺寸偏差　　　　　　　　　　　　　mm

尺寸	样本平均偏差	样本极差≤
＞400	±3.0	10.0
300～400	±2.5	9.0
200～300	±2.5	8.0
100～200	±2.0	7.0
＜100	±1.5	6.0

1）强度等级。多孔砖的强度等级同烧结普通砖一样分成 MU30、MU25、MU20、

MU15、MU10 五个强度等级，评定方法与烧结普通砖相同，其具体指标参见表 8-5。

表 8-5　烧结多孔砖强度等级　　　　　　　　　　　　　　MPa

强度等级	抗压强度平均值 $f\geqslant$	强度标准值 $f_x\geqslant$
MU30	30.0	22.0
MU25	25.0	18.0
MU20	20.0	14.0
MU15	15.0	10.0
MU10	10.0	6.5

烧结多孔砖的技术要求还包括泛霜、石灰爆裂和抗风化性能，与烧结普通砖相同。

2）外观质量。烧结多孔砖的外观质量应符合表 8-6 的规定。

表 8-6　烧结多孔砖外观质量　　　　　　　　　　　　　　mm

项目		指标
1. 完整面	不得少于	一条面和一顶面
2. 缺棱掉角的三个破坏尺寸	不得同时大于	30
3. 裂纹长度		
（1）大面上深入孔壁 15 mm 以上，宽度方向及其延伸到条面的长度	不大于	80
（2）大面上深入孔壁 15 mm 以上，长度方向及其延伸到顶面的长度	不大于	100
（3）条顶面上的水平裂纹	不大于	100
4. 杂质在砖面上造成的凸出高度	不大于	5
注：凡下列缺陷之一者，不能称为完整面： 　　（1）缺损在条面或顶面上造成的破坏面尺寸同时大于 20 mm×30 mm； 　　（2）条面或顶面上的裂纹宽度大于 1 mm，其长度超过 70 mm； 　　（3）压陷、焦花、粘底在条面或顶面上的凹陷或凸出超过 2 mm，区域最大投影尺寸同时大于 20 mm× 　　　　30 mm		

（2）烧结空心砖。烧结空心砖是以黏土、页岩、煤矸石为主要原料，经焙烧而成的孔洞率等于或大于 40% 的砖。其孔尺寸大而数量少且平行于大面和条面，使用时大面受压，孔洞与承压面平行，因而砖的强度不高，如图 8-2 所示。根据《烧结空心砖和空心砌块》（GB/T 13545—2014）的规定，烧结空心砖按抗压强度可分为 MU10.0、MU7.5、MU5.0、MU3.5 四个强度等级。

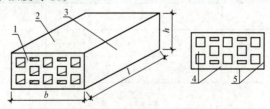

图 8-2　烧结空心砖的外形

1—顶面；2—大面；3—条面；4—肋；5—外壁；

l—长度；b—宽度；h—高度

烧结空心砖质量较轻，强度较低，主要用于非承重墙，如多层建筑内隔墙或框架结构的填充墙等。

二、非烧结砖

不经焙烧而制成的砖均为非烧结砖，如碳化砖、免烧免蒸砖、蒸养(压)砖等。目前，应用较广的是蒸养(压)砖。这类砖是以含钙材料(石灰、电石渣等)和含硅材料(砂子、粉煤灰、煤矸石灰渣、炉渣等)与水拌和，经压制成型，在自然条件下或人工水热合成条件(蒸养或蒸压)下，反应生成以水化硅酸钙、水化铝酸钙为主要胶结料的硅酸盐建筑制品。其主要品种有灰砂砖、粉煤灰砖、炉渣砖等。

微课：非烧结砖

1. 灰砂砖

灰砂实心砖(LSSB)是以石灰、砂子为原料(也可加入着色剂或掺合剂)，经配料、拌和、压制成型和蒸压养护制成。

灰砂砖的尺寸规格与烧结普通砖相同，为 240 mm×115 mm×53 mm。根据《蒸压灰砂实心砖和实心砌块》(GB/T 11945—2019)的规定，按砖抗压强度平均值和抗压强度单个最小值，灰砂砖可分为 MU30、MU25、MU20、MU15、MU10 五个强度等级。

灰砂实心砖有彩色(C)和本色(N)两类。灰砂实心砖产品采用产品按代号、颜色、等级、规格尺寸和标准编号的顺序进行标记，如规格尺寸 240 mm×115 mm×53 mm，强度等级 MU15 的本色实心砖(标准砖)，其标记为 LSSB-N MU15240×115×53 GB/T 11945—2019。MU15、MU20、MU25、MU30 的砖可用于基础及其他建筑；MU10 的砖仅可用于防潮层以上的建筑。灰砂砖不得用于长期受热(200 ℃以上)、受急冷急热和有酸性介质腐蚀的建筑部位，也不宜用于有流水冲刷的部位。

2. 粉煤灰砖

粉煤灰砖是以电厂废料粉煤灰为主要原料，掺适量的石灰和石膏或再加入部分炉渣等，经配料、拌和、压制成型、常压或高压蒸汽养护而成的实心砖。其外形尺寸同普通砖，即长 240 mm、宽 115 mm、高 53 mm，呈深灰色，密度约为 1 500 kg/m³。

粉煤灰砖可用于工业与民用建筑的墙体和基础，但用于基础或易受冻融和干湿交替作用的建筑部位，必须使用一等品和优等品。粉煤灰砖不得用于长期受热(200 ℃以上)、受急冷急热和有酸性介质腐蚀的建筑部位。为避免或减少收缩裂缝的产生，用粉煤灰砖砌筑的建筑物，应适当增设圈梁及伸缩缝。

3. 炉渣砖

炉渣砖是以煤燃烧后的炉渣(煤渣)为主要原料，加入适量的石灰或电石渣、石膏等材料混合、搅拌、成型、蒸汽养护等而制成的砖。其尺寸规格与普通砖相同，呈黑灰色，密度为 1 500～2 000 kg/m³，吸水率为 6%～18%。

根据《炉渣砖》(JC/T 525—2007)的规定，炉渣砖的公称尺寸为 240 mm×115 mm×53 mm，按其抗压强度可分为 MU25、MU20、MU15 三个强度级别。

炉渣砖可用于工业与民用建筑的墙体和基础。炉渣砖不得用于长期受热(200 ℃以上)、受急冷急热和有酸性介质腐蚀的建筑部位。

墙体材料改革以来，蒸压灰砂砖得到了广泛的应用，但用灰砂砖砌筑的墙体普遍发生开裂现象，再加上外墙面渗水和隔热效果差，一度影响到这类墙体材料的应用。

灰砂砖砌筑的墙体产生裂缝的原因很多，从材料角度分析，主要是由于灰砂砖的干缩变形较大，其原因：一方面是生产厂家为加快灰砂砖堆放的周转场地，灰砂砖在厂内仅静置几天就售出，灰砂砖在28 d静置期以内的收缩率要比28 d以后的收缩率大好几倍，使砌块砌筑后易发生很大的干缩变形；另一方面，灰砂砖即便在足够静置时间以后用来砌筑，灰砂砖的材料线性膨胀系数为1.0×10^{-5}，而黏土砖的线性膨胀系数为0.5×10^{-5}，即在相同温差情况下，灰砂砖的砌体的变形要比黏土砖的大一倍。自然养护后的干燥收缩变形值可达0.35‰，砌筑后受水浸湿再干燥收缩变形也可达0.25‰以上。由于收缩应力的作用，灰砂砖比黏土砖墙体易出现裂缝。另外，屋面温差应力、建筑物不均匀沉降等，也造成墙体相应位置产生开裂。

通过上述原因分析，提出几项主要的防裂措施。首先，应严把材料质量关。灰砂砖出釜后要静置30 d后才可上墙砌筑；在砌筑前24 h浇水后才可使用，严禁使用干砖砌筑；不得使用含饱和水的灰砂砖，雨天已砌墙体应遮盖防雨。其次，改进灰砂砖性能。增加其表面的粗糙度，减少收缩率、增强与砂浆的黏结度，提高砌体灰缝的抗拉、抗剪强度和抗裂性。另外，采取设置混凝土芯柱、圈梁等技术措施，都能使裂缝问题得到有效解决，对提高建筑工程的质量和推进墙材改革具有非常现实的意义。

任务二　砌块的性能与应用

砌块是用于砌筑的、形体大于砌墙砖的人造块材，一般为直角六面体。按产品主规格的尺寸和质量，可分为用手工砌筑的小型砌块和采用机械施工的中型与大型砌块。

砌块是一种新型墙体材料，可以充分利用地方资源和工业废渣，并可节省黏土资源和改善环境，具有生产工艺简单、原料来源广、适应性强、制作及使用方便、可改善墙体功能等特点，因此发展较快。

微课：砌块

砌块的种类按材质和规格有很多种，本节主要介绍几种常用砌块。

一、蒸压加气混凝土砌块

蒸压加气混凝土砌块是以钙质材料（水泥、石灰等）和硅质材料（砂、矿渣、粉煤灰等）及加气剂（铝粉等），经配料、搅拌、浇筑、发气（由化学反应形成孔隙）、预养切割、蒸汽养护等工艺过程制成的多孔轻质、块体硅酸盐材料。

微课：蒸压加气
混凝土砌块抗压
强度试验

1. 砌块的尺寸规格

蒸压加气混凝土砌块常用的规格尺寸见表8-7。

表 8-7　蒸压加气混凝土砌块规格尺寸

长度 L/mm	宽度 B/mm	高度 H/mm
600	100、120、125、150、180、200、240、250、300	200、240、250、300
注：如需要其他规格，可由供需双方协商确定		

2. 砌块抗压强度和干密度级别

（1）蒸压加气混凝土砌块的抗压强度。按砌块的抗压强度，划分为 A1.5、A2.0、A2.5、A3.5、A5.0 五个级别。各等级的立方体抗压强度值不得小于表 8-8 的规定。

（2）蒸压加气混凝土砌块的干密度级别。按砌块的干密度，划分为 B03、B04、B05、B06、B07 五个级别。各级别的干密度值应符合表 8-8 的规定。

表 8-8　蒸压加气混凝土砌块的抗压强度和干密度要求

强度级别	抗压强度/MPa		干密度级别	平均干密度/(kg·m⁻³)
	平均值	最小值		
A1.5	≥1.5	≥1.2	B03	≤350
A2.0	≥2.0	≥1.7	B04	≤450
A2.5	≥2.5	≥2.1	B04	≤450
			B05	≤550
A3.5	≥3.5	≥3.0	B04	≤450
			B05	≤550
			B06	≤650
A5.0	≥5.0	≥4.2	B05	≤550
			B06	≤650
			B07	≤750

3. 蒸压加气混凝土砌块的干燥收缩、抗冻性和导热系数

蒸压加气混凝土砌块的干燥收缩值应不大于 0.50 mm/m。应用于墙体的蒸压加气混凝土砌块抗冻性应符合表 8-9 的规定。导热系数应符合表 8-10 的规定。

表 8-9　蒸压加气混凝土砌块的抗冻性

	强度级别	A2.5	A3.5	A5.0
抗冻性	冻后质量平均值损失/%	≤5.0		
	冻后强度平均值损失/%	≤20		

表 8-10　蒸压加气混凝土砌块的导热系数

干密度级别	B03	B04	B05	B06	B07
导热系数(干态)/[W·(m·K)⁻¹]	0.10	0.12	0.14	0.16	0.18

4. 蒸压加气混凝土砌块的标记

蒸压加气混凝土砌块的产品标记按蒸压加气混凝土砌块代号（AAC-B），强度和干密度分级，规格尺寸和标准编号进行标记。如抗压强度为 A3.5、干密度为 B05，规格尺寸为 600 mm×200 mm×250 mm 的蒸压加气混凝土 I 型砌块，其标记为 AAC-B A3.5 B05 600×200×250（I）GB/T 11968。

5. 蒸压加气混凝土砌块的应用

加气混凝土砌块质量轻，体积密度约为黏土砖的 1/3，具有保温、隔热、隔声性能好、质量轻、导热系数低、耐火性好、易于加工、施工方便等特点，是应用较多的轻质墙体材料之一，适用于低层建筑的承重墙、多层建筑的间隔墙和高层框架结构的填充墙，也可用于一般工业建筑的围护墙。作为保温隔热材料也可用于复合墙板和屋面结构中。在无可靠的防护措施时，该类砌块不得用在处于水中或高湿度和有腐蚀介质的环境中，也不得用于建筑物的基础和温度长期高于 80 ℃ 的建筑部位。

二、粉煤灰砌块

粉煤灰砌块是以粉煤灰、石灰、石膏和骨料（炉渣、矿渣）等为原料，经配料、加水搅拌、振动成型、蒸汽养护所制成的密实砌块。其主规格尺寸有 880 mm×380 mm×240 mm 和 880 mm×420 mm×240 mm 两种。

粉煤灰砌块属硅酸盐类制品，其干缩值比水泥混凝土大，弹性模量低于同等级强度的水泥混凝土制品。以炉渣为骨料的粉煤灰砌块，其密度为 1 300～1 550 kg/m³，导热系数为 0.465～0.582 W/(m·K)。粉煤灰砌块适用于一般工业与民用建筑的墙体和基础。但不宜用于长期受高温（如炼钢车间）和经常受潮的承重墙，也不宜用于有酸性介质侵蚀的建筑部位。

三、普通混凝土小型砌块

普通混凝土小型砌块主要是以普通混凝土拌合物为原料，经成型、养护而成的块体墙材，有承重砌块和非承重砌块两类。为减轻自重，非承重砌块可用炉渣或其他轻质骨料配制。其强度等级见表 8-11。砌块的主规格尺寸，长度为 390 mm，宽度有 90 mm、120 mm、140 mm、190 mm、240 mm、290 mm 六种，高度有 90 mm、140 mm、190 mm 三种。其他规格尺寸可由供需双方协商。承重空心砌块的最小外壁厚应不小于 30 mm，最小肋厚应不小于 25 mm；非承重空心砌块的最小外壁厚和最小肋厚应不小于 20 mm。空心砌块（H）的空心率应不小于 25%；实心砌块（S）的空心率应小于 25%。砌块各部位名称如图 8-3 所示。

表 8-11　普通混凝土小型砌块的强度等级

砌块种类	承重砌块（L）	非承重砌块（N）
空心砌块（H）	7.5、10.0、15.0、20.0、25.0	5.0、7.5、10.0
实心砌块（S）	15.0、20.0、25.0、30.0、35.0、40.0	10.0、15.0、20.0

砌块按下列顺序标记：砌块种类、规格尺寸、强度等级（MU）、标准代号。标记示例：
(1)规格尺寸为 390 mm×190 mm×190 mm，强度等级为 MU15.0，承重结构用实

心砌块，其标记为 LS 390×190×190 MU15.0 GB/T 8239—2014。

（2）规格尺寸为 395 mm×190 mm×194 mm，强度等级为 MU5.0，非承重结构用空心砌块，其标记为 NH 395×190×194 MU5.0 GB/T 8239—2014。

（3）规格尺寸为 190 mm×190 mm×190 mm，强度等级为 MU15.0，承重结构用的半块砌块，其标记为 LH 50190×190×190 MU15.0 GB/T 8239—2014。

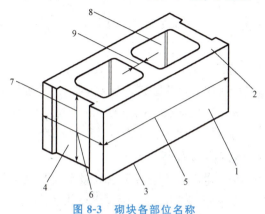

图 8-3　砌块各部位名称

1—条面；2—坐浆面(肋厚较小的面)；3—铺浆面(肋厚较大的面)；4—顶面；
5—长度；6—宽度；7—高度；8—壁；9—肋

这类小型砌块适用于地震设计烈度为 8 度和 8 度以下地区的一般民用与工业建筑物的墙体。L 类砌块的线性干燥收缩值应不大于 0.45 mm/m；N 类砌块的线性干燥收缩值应不大于 0.65 mm/m。砌块堆放运输及砌筑时应有防雨措施。砌块装卸时，严禁碰撞、扔摔，应轻码轻放、不许翻斗倾卸。砌块应按规格、等级分批分别堆放，不得混杂。

四、轻集料混凝土小型空心砌块

轻集料混凝土小型空心砌块是由水泥、砂(轻砂或普通砂)、轻粗集料、水等经搅拌、成型而得的。

根据《轻集料混凝土小型空心砌块》(GB/T 15229—2011)的规定，轻集料混凝土小型空心砌块按砌块孔的排数分为四类，即单排孔(1)、双排孔(2)、三排孔(3)和四排孔(4)；按其密度可分为 700、800、900、1 000、1 100、1 200、1 300、1 400 八个等级；按其强度可分为 MU2.5、MU3.5、MU5.0、MU7.5、MU10.0 五个等级。其主要用于保温墙体(<3.5 MPa)或非承重墙体、承重保温墙体(≥3.5 MPa)。

》》 任务三　墙板的性能与应用

随着建筑结构体系的改革和大开间多功能框架结构的发展，各种轻质和复合墙用板材也蓬勃兴起。以板材为基础的建筑体系，具有质轻、节能、施工方便快捷、使用面积大、开间布置灵活等特点，因此，具有良好的发展前景。由于墙体的板材品种很多，本任务仅介绍几种有代表性的板材。

一、水泥类墙板

水泥类墙板具有较好的力学性能和耐久性，生产技术成熟，产品质量可靠，可用于承重墙、外墙和复合墙板的外层面。其主要缺点是体积密度大，抗拉强度低（大板在起吊过程中易受损）。生产中可制作预应力空心板材，以减轻自重和改善隔声、隔热性能，也可在水泥类板材上制作成具有装饰效果的表面层（如花纹线条装饰、露骨料装饰、着色装饰等）。

1. 预应力混凝土空心墙板

预应力混凝土空心板在使用时可按要求配以保温层、外饰面层和防水层等。该类板的长度为 1 000～1 900 mm，宽度为 600～1 200 mm，总厚度为 200～480 mm。其可用于承重或非承重外墙板、内墙板、楼板、屋面板和阳台板等。

2. 玻璃纤维增强水泥空心轻质墙板

玻璃纤维增强水泥（GRC）空心轻质墙板是以低碱水泥为胶结料，抗碱玻璃纤维或其网格布为增强材料，膨胀珍珠岩为骨料（也可用炉渣、粉煤灰等），并配以发泡剂和防水剂等，经配料、搅拌、浇筑、振动成型、脱水、养护而成。其可用于工业和民用建筑的内隔墙及复合墙体的外墙面。

3. 纤维增强水泥平板

纤维增强水泥平板是以低碱水泥、耐碱玻璃纤维为主要原料，加水混合成浆，经圆网机抄取制坯、压制、蒸养而成的薄型平板。其长度为 1 200～3 000 mm，宽度为 800～900 mm，厚度为 4 mm、5 mm、6 mm 和 8 mm。它适用于各类建筑物的复合外墙和内隔墙，特别是高层建筑有防火、防潮要求的隔墙。

4. 水泥木丝板

以木材下脚料经机械刨切成均匀木丝，加入水泥、水玻璃等经成型、冷压、养护、干燥而成的薄型建筑平板。它具有质量轻、强度高、防火、防水、防蛀、保温、隔声等性能，可进行锯、钻、钉、装饰等加工，主要用于建筑物的内外墙板、顶棚、壁橱板等。

二、石膏类墙板

石膏类墙板在轻质墙体材料中占有很大比例，主要有纸面石膏板、石膏纤维板、石膏空心板和石膏刨花板等。

1. 纸面石膏板

纸面石膏板是以石膏芯材及与其牢固结合在一起的护面纸组成的。其可分为普通型、耐水型、耐火型和耐水耐火型四种。以建筑石膏及适量纤维类增强材料和外加剂为芯材，与具有一定强度的护面纸组成的石膏板为普通纸面石膏板，若在芯材配料中加入防水、防潮外加剂，并用耐水护面纸，即可制成耐水纸面石膏板；若在配料中加入无机耐火纤维和阻燃剂等，即可制成耐火纸面石膏板。

纸面石膏板具有质量轻、保温、隔热、隔声、防火、抗振、可调节室内湿度、加工性好、施工简便等优点；但用纸量较大、成本较高。

普通纸面石膏板可作为室内隔墙板、复合外地板的内壁板、顶棚等。耐水型板可用于相对湿度较大（≥75％）的环境，如厕所、盥洗室等。耐火型纸面石膏板主要用于对防火要求较高的房屋建筑中。

2. 石膏纤维板

石膏纤维板是以纤维增强石膏为基材的无面纸石膏板，用无机纤维或有机纤维与建筑石膏、缓凝剂等经打浆、铺装、脱水、成型、烘干而制成的，可节省护面纸，具有质轻、高强、耐火、隔声、韧性高的性能，可加工性好。其尺寸规格和用途与纸面石膏板相同。

3. 石膏空心板

石膏空心板外形与生产方式类似于水泥混凝土空心板。它是以熟石膏为胶凝材料，适量加入各种轻质骨料（如膨胀珍珠岩、膨胀蛭石等）和改性材料（如矿渣、粉煤灰、石灰、外加剂等），经搅拌、振动成型、抽芯模、干燥而成。该板生产时不用纸，不用胶，安装墙体时不用龙骨，设备简单，较易投产。

石膏空心板具有质轻、比强度高、隔热、隔声、防火、可加工性好等优点，且安装方便，适用于各类建筑的非承重内隔墙，但若用于相对湿度大于75％的环境中，则板材表面应做防水等相应处理。

三、植物纤维类墙板

随着农业的发展，农作物的废弃物（如稻草、麦秸、玉米秆、甘蔗渣等）随之增多，污染环境，但各种废弃物如经适当处理，则可制成各种板材。早在1930年，瑞典人就用25 kg稻草生产板材代替250块黏土砖使用，因而节省了大量农田。我国是一个农业大国，农作物资源丰富，该类产品已经得到发展和推广。

1. 稻草（麦秸）板

稻草板生产的主要原料是稻草或麦秸、板纸和脲醛树脂胶等。其生产方法是将干燥的稻草热压制成密实的板芯，在板芯两面及四个侧边用胶贴上一层完整的面纸，经加热固化而成。板芯内不加任何胶粘剂，只利用稻草之间的缠绞拧编与压合形成密实并有相当刚度的板材。

稻草板质量轻，隔热保温性能好，单层板的隔声量为30 dB。在两层稻草板中间加30 mm的矿棉和20 mm的空气层，则隔声效果可达50 dB，耐火极限为0.5 h；其缺点是耐水性差、可燃。

稻草板具有足够的强度和刚度，可以单板使用而不需要龙骨支撑，且便于锯、钉、打孔、黏结和油漆，施工很便捷。其适用于非承重的内隔墙、顶棚、厂房望板等。

2. 稻壳板

稻壳板是以稻壳与合成树脂为原料，经配料、混合、铺装、热压而成的中密度平板。它可用脲醛胶和聚醋酸乙烯胶粘贴，表面可涂刷酚醛清漆或用薄木贴面加以装饰，可作为内隔墙及室内各种隔断板和壁橱（柜）隔板等。

3. 蔗渣板

蔗渣板是以甘蔗渣为原料，经加工、混合、铺装、热压成型而成的平板。该板生产时可不用胶而利用甘蔗渣本身含有的物质热压时转化成呋喃系树脂而起胶结作用，也可用合成树脂胶结成有胶蔗渣板。其具有质轻、吸声、易加工和可装饰等特点，可用作内隔墙、顶棚、门芯板、室内隔断用板和装饰板等。

四、复合墙板

以单一材料制成的板材,常因材料本身的局限性而使其应用受到限制。如质量较轻和隔热、隔声效果较好的石膏板、加气混凝土板、稻草板等,因其耐水性差或强度较低,通常只能用于非承重的内隔墙。而水泥混凝土类墙板虽有足够的强度和耐久性,但其自重大,隔声保温性能较差。为克服上述缺点,常用不同材料组合成多功能的复合墙板以满足需要。

微课:复合墙板

常用的复合墙板主要由承受或传递外力的结构层和保温层(矿棉、泡沫塑料、加气混凝土等)及面层(各类具有可装饰性的轻质薄板)组成,如图8-4所示。其优点是承重材料和轻质保温材料的功能都得到合理利用,实现了物尽其用,开拓了材料来源。

1. 混凝土夹心板

混凝土夹心板以20~30 mm厚的钢筋混凝土板作内外表面层,中间填以矿渣毡或岩棉毡、泡沫混凝土等保温材料,夹层厚度视热工计算而定,内外两层面板以钢筋件连接,用于内外墙。

2. 泰柏板

泰柏板是以直径为2.06 mm、屈服强度为390~490 MPa的钢丝焊接成的三维钢丝网骨架与高热阻自熄性聚苯乙烯泡沫塑料组成的芯材板,两面喷(抹)涂水泥砂浆而成,如图8-5所示。

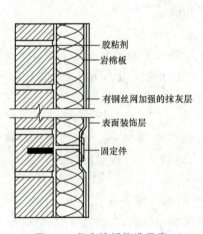

图8-4　复合墙板构造示意

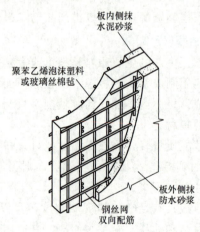

图8-5　泰柏板示意

泰柏板的标准尺寸为3 m²(1.22 m×2.44 m),标准厚度为100 mm,平均自重为90 kg/m²,热阻为0.64(m²·K)/W(其热损失比一砖半的砖墙小50%)。由于所用钢丝网骨架构造及夹心层材料、厚度的差别等,该类板材有多种名称,如GY板(夹心为岩棉毡)、三维板、3D板、钢丝网节能板等,但它们的性能和基本结构相似。该类板具有轻质、高强、隔热、隔声、防火、防潮、防振、耐久性好、易加工、施工方便等优点。其适用于自承重外缩内隔墙、屋面板、3 m跨内的楼板等。

3. 轻型夹心板

轻型夹心板是用轻质、高强的两板为外层,中间以轻质的保温隔热材料为芯材组成的复合板。用作外层面板的有不锈钢钢板、彩色镀锌钢板、铝合金板、纤维增强水泥薄板等。芯材有岩棉毡、玻璃棉毡、阻燃型发泡聚苯乙烯、发泡聚氨酯等。用于内侧的外层薄板可根据需要选用石膏类板、植物纤维类板、塑料类板材等。该类复合墙板的性能和适用范围与泰柏板基本相同。

任务四　墙体材料性能检测

下面介绍蒸压加气混凝土砌块抗压强度试验。

1. 试验目的

能根据《蒸压加气混凝土性能试验方法》(GB/T 11969—2020)正确使用仪器设备，检测蒸压加气混凝土的抗压强度并出具检测报告。能依据《蒸压加气混凝土砌块》(GB/T 11968—2020)评定蒸压加气混凝土砌块的强度。

2. 试件制备

(1)试件的制备采用机锯。锯切时不应将试件弄湿。

(2)试件应沿制品发气方向中心部分上、中、下顺序锯取一组。"上"块的上表面距离制品顶面 30 mm，"中"块在制品正中处，"下"块的下表面离制品底面 30 mm。

(3)试件表面应平整，不得有裂缝或明显缺陷，尺寸允许偏差应为±1 mm，平整度应不大于 0.5 mm，垂直度应不大于 0.5 mm。试件应逐块编号，从同一块试样中锯切出的试件为同一组试件，以"Ⅰ、Ⅱ、Ⅲ…"表示组号；当同一组试件有上、中、下位置要求时，以下标"上、中、下"注明试件锯取的位置；当同一组试件没有位置要求时，则以下标"1、2、3…"注明，以区别不同试件；平行试件以"Ⅰ、Ⅱ、Ⅲ…"加注上标"+"以示区别。试件以"↑"标明发气方向。

以长度为 600 mm、宽度为 250 mm 的制品为例，试件锯取部位如图 8-6 所示。

(4)当 1 组试件不能在同一块试样中锯取时，可以在同一模的相邻部位采样锯取。

(5)抗压强度试件数量：100 mm×100 mm×100 mm 立方体试件 1 组，平行试件 1 组。

(6)试件应在含水率(10±2)%下进行试验。如果含水率超出以上范围时，宜在(60±5)℃条件下烘至所要求的含水率，并应在室内放置 6 h 以后进行抗压强度试验。

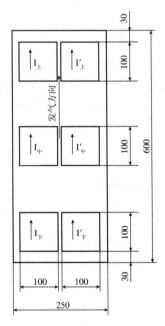

图 8-6　抗压强度试件锯取部位示意

(7)当受检试件尺寸不能满足抗压强度试验时，允许按以下尺寸制作：

1)100 mm×100 mm×50 mm，试件的受压面为 100 mm×100 mm；

2)50 mm×50 mm×50 mm，试件的受压面为 50 mm×50mm；

3)φ100 mm×100 mm，试件的受压面为 φ100 mm；

4)φ100 mm×50 mm，试件的受压面为 φ100 mm。

3. 强度测试

（1）检查试件外观；

（2）测量试件的尺寸，精确至 0.1 mm，并计算试件的受压面积（A_1）；

（3）试件放在材料试验机的下压板的中心位置，试件的受压方向应垂直于制品的发气方向；

（4）开动试验机，当上压板与试件接近时，调整球座，使接触均衡；

（5）以（2±0.5）kN/s 的速度连续而均匀地加荷，直至试件破坏，记录破坏荷载（P_1）；

（6）试验后应立即称取破坏后的全部或部分试件质量，然后在（105±5）℃下烘至恒质，计算其含水率。

4. 结果计算

（1）抗压强度按下式计算：

$$f_{cc} = \frac{P_1}{A_1}$$

式中　f_{cc}——试件的抗压强度（MPa），精确至 0.1 MPa；

　　　P_1——破坏荷载（N）；

　　　A_1——试件受压面积（mm²）。

（2）计算精确至 0.1 MPa；

（3）如果实测含水率超出要求范围，则试验结果无效。

5. 结果评定

（1）按试件试验值的算术平均值及最小值依据《蒸压加气混凝土砌块》（GB/T 11968—2020）进行评定，精确至 0.1 MPa；

（2）当被检产品难以制作 100 mm×100 mm×100 mm 的立方体抗压强度试件时，允许以其他规定的试件进行试验，结果评定时以尺寸效应系数修正。

国家"十四五"建筑业发展规划（摘录）

加快智能建造与新型建筑工业化协同发展的主要任务。

1. 完善智能建造政策和产业体系

实施智能建造试点示范创建行动，发展一批试点城市，建设一批示范项目，总结推广可复制政策机制。加强基础共性和关键核心技术研发，构建先进适用的智能建造标准体系。发布智能建造新技术新产品创新服务典型案例，编制智能建造白皮书，推广数字设计、智能生产和智能施工。培育智能建造产业基地，加快人才队伍建设，形成涵盖科研、设计、生产加工、施工装配、运营等全产业链融合一体的智能建造产业体系。

2. 夯实标准化和数字化基础

完善模数协调、构件选型等标准，建立标准化部品部件库，推进建筑平面、立面、部品部件、接口标准化，推广少规格、多组合设计方法，实现标准化和多样化的统一。加快推进建筑信息模型（BIM）技术在工程全寿命期的集成应用，健全数据交互和安全标准，强化设计、生产、施工各环节数字化协同，推动工程建设全过程数字化成果交付和应用。

3. 推广数字化协同设计

应用数字化手段丰富方案创作方法，提高建筑设计方案创作水平。鼓励大型设计企业建立数字化协同设计平台，推进建筑、结构、设备管线、装修等一体化集成设计，提高各专业协同设计能力。完善施工图设计文件编制深度要求，提升精细化设计水平，为后续精细化生产和施工提供基础。研发利用参数化、生成式设计软件，探索人工智能技术在设计中的应用。研究应用岩土工程勘测信息挖掘、集成技术和方法，推进勘测过程数字化。

4. 大力发展装配式建筑

构建装配式建筑标准化设计和生产体系，推动生产和施工智能化升级，扩大标准化构件和部品部件使用规模，提高装配式建筑综合效益。完善适用不同建筑类型装配式混凝土建筑结构体系，加大高性能混凝土、高强度钢筋和消能减振、预应力技术集成应用。完善钢结构建筑标准体系，推动建立钢结构住宅通用技术体系，健全钢结构建筑工程计价依据，以标准化为主线引导上下游产业链协同发展。积极推进装配化装修方式在商品住房项目中的应用，推广管线分离、一体化装修技术，推广集成化模块化建筑部品，促进装配化装修与装配式建筑深度融合。大力推广应用装配式建筑，积极推进高品质钢结构住宅建设，鼓励学校、医院等公共建筑优先采用钢结构。培育一批装配式建筑生产基地。

5. 打造建筑产业互联网平台

加大建筑产业互联网平台基础共性技术攻关力度，编制关键技术标准、发展指南和白皮书。开展建筑产业互联网平台建设试点，探索适合不同应用场景的系统解决方案，培育一批行业级、企业级、项目级建筑产业互联网平台，建设政府监管平台。鼓励建筑企业、互联网企业和科研院所等开展合作，加强物联网、大数据、云计算、人工智能、区块链等新一代信息技术在建筑领域中的融合应用。

6. 加快建筑机器人研发和应用

加强新型传感、智能控制和优化、多机协同、人机协作等建筑机器人核心技术研究，研究编制关键技术标准，形成一批建筑机器人标志性产品。积极推进建筑机器人在生产、施工、维保等环节的典型应用，重点推进与装配式建筑相配套的建筑机器人应用，辅助和替代"危、繁、脏、重"施工作业。推广智能塔式起重机、智能混凝土泵送设备等智能化工程设备，提高工程建设机械化、智能化水平。

7. 推广绿色建造方式

持续深化绿色建造试点工作，提炼可复制推广经验。开展绿色建造示范工程创建行动，提升工程建设集约化水平，实现精细化设计和施工。培育绿色建造创新中心，加快推进关键核心技术攻关及产业化应用。研究建立绿色建造政策、技术、实施体系，出台绿色建造技术导则和计价依据，构建覆盖工程建设全过程的绿色建造标准体系。在政府投资工程和大型公共建筑中全面推行绿色建造。积极推进施工现场建筑垃圾减量化，推动建筑废弃物的高效处理与再利用，探索建立研发、设计、建材和部品部件生产、施工、资源回收再利用等一体化协同的绿色建造产业链。

小结

墙体材料在建筑结构中主要起着承重、围护和分隔的作用。常用的墙体材料有砌墙砖、砌块和墙板。

烧结砖主要有烧结普通砖、烧结多孔砖和烧结空心砖。烧结砖的技术性质主要包括物理性质、力学性质和耐久性。

砌块是尺寸大于砖的一种人造块材。常用的砌块有蒸压加气混凝土砌块、粉煤灰砌块、混凝土小型砌块、混凝土中型空心砌块、企口空心混凝土砌块等。

墙板是主要用于墙体结构的一种复合材料，常用的墙板有水泥类墙板、石膏类墙板、植物纤维类墙板及复合墙板等。

自我测评

一、名词解释

1. 蒸压(养)粉煤灰砖

2. 泛霜

3. 非烧结砖

4. 欠火砖

二、填空题

1. 目前所用的墙体材料有_____、_____和_____三大类。

2. 烧结普通砖的外形为直角六面体，其标准尺寸为_____。

3. 炉渣砖按其抗压强度分为_____、_____、_____三个强度级别。

4. 常用的复合墙板主要由_____、_____及_____组成。

三、选择题

1. 下列不属于加气混凝土砌块特点的是(　　)。

　　A. 轻质　　　　　B. 保温隔热　　　　C. 抗冻性强　　　　D. 韧性好

2. 烧结普通砖评定强度等级的依据是(　　)。

　　A. 抗压强度的平均值　　　　　　B. 抗折强度的平均值

　　C. 抗压强度的单块最小值　　　　D. 抗折强度的单块最小值

3. 利用空心砖、工业废渣砖等，可以(　　)。

　　A. 大幅提高产量　　　　　　　　B. 保护农田

　　C. 节省能源　　　　　　　　　　D. 提高施工效率

4. 烧结普通砖在砌墙前要浇水润湿，其目的是(　　)。

　　A. 把砖冲洗干净　　　　　　　　B. 保证砌筑砂浆的稠度

　　C. 增加砂浆与砖的黏结力　　　　D. 减少收缩

四、是非判断题

1. 欠火砖吸水率大，过火砖吸水率小，一般吸水率能达到20％以上。(　　　　)

2. 加气混凝土砌块适用于低层建筑的承重墙、多层建筑的间隔墙和高层框架结构的填充墙，也可用于一般工业建筑的围护墙。（　　）

3. 灰砂砖产品采用产品名称（LSB）、颜色、强度等级、标准编号的顺序标记，如 MU20，优等品的彩色灰砂砖，其产品标记为 LSB Co 20A GB 11945。（　　）

4. 跨度大于 3 m 的楼板可以使用泰柏板。（　　）

五、问答题

1. 烧结普通砖的强度等级是如何确定的？

2. 采用烧结空心砖有何优越性？烧结多孔砖和烧结空心砖在外形、性能和应用等方面有何不同？

3. 粉煤灰砌块的组成、性能及应用分别是什么？

4. 蒸压加气混凝土砌块的强度、体积密度、产品等级是怎样划分的？其主要技术要求有哪些？

5. 墙板是如何分类的？什么是复合墙板？复合外墙板有哪些品种？它们的适用范围是什么？

6. 为何要限制黏土砖的使用？墙体材料改革的重大意义及发展方向分别是什么？你所在的地区采用了哪些新型墙体材料？它们与烧结普通砖相比有何优越性？

六、计算题

某工地送来一组烧结多孔砖，试评定该组砖的强度等级。试件成型后进行抗压试验，测得破坏荷载如下：

砖编号	1	2	3	4	5	6	7	8	9	10
破坏荷载/kN	297	392	315	321	376	283	340	412	219	334

试计算烧结多孔砖的强度等级（尺寸为 240 mm×115 mm×90 mm）。

技能测试

项目九　防水材料检测与应用

情境描述 >>>

　　防水材料具有防止雨水、地下水与其他水分等侵入建筑物的功能。建筑物需要进行防水处理的部位主要有屋面、墙面、地面和地下室。防水材料具有品种多、发展快的特点，主要种类有防水卷材、防水涂料和密封材料。广州市某公寓，建成于 2012 年。该公寓地下 2 层，地上 7 层，建筑高为 38 m，屋面由平屋面和坡屋面组成，平屋面为上人屋面，坡屋面主要为造型美观适用，屋檐四周设有檐沟。2023 年 7 月，该公寓屋面开始渗漏，顶层客房吊顶大面积泅湿、墙纸起皮发霉，顶层部分房间已无法使用。分析渗漏原因为原防水卷材使用年限长，老化严重，且卷材搭接部位开裂导致。该年 8 月立即进行防水维修施工，白天铺贴 SBS-I-PY-PE-PE-3-10-18242-2008 改性沥青防水卷材，不久卷材出现鼓化、渗漏严重等现象。

任务发布 >>>

　　1. 请调研市场，了解常用防水材料品种、规格和技术指标。

　　2. 请分析此案例维修施工选用的防水材料品种、规格是否得当。

　　3. 请分析此案例维修后渗漏严重的原因，并提出解决方案。

学习目标 >>>

　　本项目主要介绍沥青和防水卷材的技术性质、技术标准、评价方法指标，通过学习要达到如下知识目标、能力目标及素养目标。

　　知识目标：石油沥青的技术性质，改性石油沥青的特点，防水卷材的品种、性能及应用。

　　能力目标：能根据工程特点进行防水材料的选用，正确取样、检测防水卷材的主要技术性能指标、填写检测报告。

　　素养目标：通过防水材料发展现状等知识的介绍，激发学生关注行业发展，适应职业变化，提高终身学习能力和团结协作意识。

防水材料是保证房屋建筑能够防止雨水、地下水和其他水分渗透，以保证建筑物能够正常使用的主要建筑材料之一。防水材料质量对建筑物的正常使用寿命起着举足轻重的作用。近年来，随着生产技术的不断改进，新品种新材料层出不穷，传统的沥青防水材料逐渐被淘汰，改性沥青防水卷材得到迅速发展，高分子防水材料使用也越来越多。

防水层的构造有多层和单层做法，常见的施工方法有热熔法和冷粘法等。

防水材料按其特性可分为柔性防水材料和刚性防水材料。

常用防水材料的分类和主要应用见表9-1。

表 9-1　常用防水材料的分类和主要应用

类别	品种	主要应用
刚性防水	防水砂浆	屋面及地下防水工程，不宜用于有变形的部位
	防水混凝土	屋面、蓄水池、地下工程、隧道等
沥青基防水材料	纸胎石油沥青油毡	地下、屋面等防水工程
	玻璃布胎沥青油毡	地下、屋面等防水防腐工程
	沥青再生橡胶防水卷材	屋面、地下室等防水工程，特别适合寒冷地区或有较大变形的部位
改性沥青基防水卷材	APP改性沥青防水卷材	屋面、地下室等各种防水工程
	SBS改性沥青防水卷材	屋面、地下室等各种防水工程，特别适合寒冷地区
合成高分子防水卷材	三元乙丙橡胶防水卷材	屋面、地下室、水池等各种防水工程，特别适合严寒地区或有较大变形的部位
	聚氯乙烯防水卷材	屋面、地下室等各种防水工程，特别适合较大变形的部位
	聚乙烯防水卷材	屋面、地下室等各种防水工程，适合严寒地区或有较大变形的部位
	氯化聚乙烯防水卷材	屋面、地下室、水池等各种防水工程，特别适合有较大变形的部位
	氯化聚乙烯—橡胶共混防水卷材	屋面、地下室、水池等各种防水工程，特别适合严寒地区或有较大变形的部位
黏结及密封材料	沥青胶	粘贴沥青油毡
	建筑防水沥青嵌缝油膏	屋面、墙面、沟、槽、变形缝等的防水密封，重要工程不宜使用
	冷底子油	防水工程的最底层
	乳化石油沥青	代替冷底子油、粘贴玻璃布、拌制沥青砂浆或沥青混凝土
	聚氯乙烯防水接缝材料	屋面、墙面、水渠等的缝隙
	丙烯酸酯密封材料	墙面、屋面、门窗等的防水接缝工程，不宜用于经常被水浸泡的工程
	聚氨酯密封材料	各类防水接缝，特别是受疲劳荷载作用或接缝处变形大的部位，如建筑物、公路、桥梁等的伸缩缝
	聚硫橡胶密封材料	各类防水接缝，特别是受疲劳荷载作用或接缝处变形大的部位，如建筑物、公路、桥梁等的伸缩缝

任务一　沥青材料的性能与应用

沥青是由一些复杂的高分子碳氢化合物及其非金属(氧、硫、氮)的衍生物所组成的混合物。沥青在常温下是黑色或暗褐色固体、半固体或黏稠状物质,由天然或人工制造而得的,可以是气体、液体、半固体或固体,完全溶解于二硫化碳。沥青主要有石油沥青、煤沥青、改性沥青等。

一、沥青的品种

1. 石油沥青

石油沥青是一种褐色或黑褐色的有机胶凝材料,在常温下呈固体、半固体或黏性液体状态。它是由许多高分子碳氢化合物及其非金属(如氧、硫、氮等)衍生物组成的复杂混合物。由于其化学成分复杂,为便于分析研究,常将其物理、化学性质相近的成分归类为若干组,称为组分,不同的组分对沥青性质的影响不同。石油沥青的组分与结构如下。

石油沥青通常由油分、树脂和地沥青质三组分组成。

(1)油分是沥青中最轻的组分,呈淡黄色至红褐色,密度为 $0.7\sim1$ g/cm³,能溶于丙酮、苯、三氯甲烷等大多数有机溶剂,但不溶于酒精,在石油沥青中,含量为 $40\%\sim60\%$,油分使沥青具有流动性。

(2)树脂为密度略大于 1 g/cm³ 的红褐色至黑褐色黏稠物质,能溶于汽油、三氯甲烷和苯等有机溶剂,在石油沥青中含量为 $15\%\sim30\%$,它使石油沥青具有塑性与黏结性。

(3)地沥青质为密度大于 1 g/cm³ 的黑褐色至黑色固体物质,能溶于二硫化碳和三氯甲烷中,在石油沥青中的含量为 $10\%\sim30\%$,它决定了石油沥青的温度稳定性和黏结性,含量越多,石油沥青的软化点越高,脆性越大。

石油沥青各组分的特征及其对沥青性质的影响见表 9-2。

表 9-2　石油沥青各组分的特征及其对沥青性质的影响

组分	含量/%	分子量	碳氢比	密度/(g·cm⁻³)	特征	在沥青中的主要作用
油分	40~60	100~500	0.5~0.7	0.7~1.0	淡黄色至红褐色,黏性液体,可溶于大部分溶剂,不溶于酒精	决定沥青流动性的组分。油分多,流动性大,而黏性小,温度感应性大
树脂	15~30	600~1 000	0.7~0.8	1.0~1.1	黑褐色至红褐色的黏稠半固体,多呈中性,少量呈酸性。熔点低于 100 ℃	决定沥青塑性的主要组分。树脂含量增加,沥青塑性增大、温度感应性增大
地沥青质	10~30	1 000~6 000	0.8~1.0	1.1~1.5	黑褐色至黑色的固体微粒,加热时不溶解,而分解为坚硬的焦炭,使沥青带黑色	决定沥青黏结性的组分。含量高,沥青黏结性大,温度感应性小,塑性降低,脆性增加

另外，石油沥青中常含有一定量的固体石蜡，它会降低沥青的黏结性、塑性、温度稳定性和耐热性。常采用氯盐（$FeCl_3$、$ZnCl_2$ 等）处理或溶剂脱蜡等方法处理石油沥青，使多蜡石油沥青的性质得到改善，从而提高其软化点，降低针入度，使其满足使用要求。

当地沥青质含量较少、油分及树脂含量较多时，地沥青质胶团在胶体结构中运动较为自由，形成溶胶型结构。此时的石油沥青具有黏滞性小、流动性大、塑性好，但稳定性较差的特点。当地沥青质含量较高、油分与树脂含量较少时，地沥青质胶团之间的吸引力增大，这种凝胶型结构的石油沥青具有弹性、较高的黏性、流动性、较小的温度敏感性、较低的塑性。

石油沥青中的各组分是不稳定的。在阳光、空气、水等外界因素作用下，各组分之间会不断演变，油分、树脂会逐渐减少，地沥青质逐渐增多，这一演变过程称为石油沥青的老化。石油沥青老化后，其流动性、塑性变差，脆性增大，从而变硬，易发生脆裂乃至松散，使石油沥青失去防水、防腐效能。

2. 煤沥青

煤沥青是炼焦厂和煤气厂的副产品。煤沥青的大气稳定性与温度稳定性较石油沥青差。当与软化点相同的石油沥青比较时，煤沥青的塑性较差，使用在温度变化较大（如屋面、道路面层等）的环境时，没有石油沥青稳定、耐久。煤沥青中含有酚，防腐性较好，适用于地下防水层或作防腐材料使用。由于煤沥青在技术性能上存在较多的缺点，而且成分不稳定、有毒性，对人体和环境不利，已很少用于建筑、道路和防水工程之中。

3. 改性沥青

普通石油沥青的性能不能全面满足建筑防水工程的要求，通常采取各种措施对沥青进行改性。性能得到不同程度改善后的沥青称为改性沥青。改性沥青可分为橡胶改性沥青、合成树脂类改性沥青、橡胶和树脂改性沥青、再生胶改性沥青和矿物填充料改性沥青等。

（1）橡胶改性沥青。橡胶改性沥青是在沥青中掺适量橡胶后使其改性的产品。沥青与橡胶的相溶性较好，混溶后的改性沥青高温变形很小，低温时具有一定塑性。所用的橡胶有天然橡胶、合成橡胶和再生橡胶。使用不同品种橡胶的掺量与方法不同，形成的改性沥青性能也不同。常见的橡胶改性沥青有氯丁橡胶改性沥青、丁基橡胶改性沥青、再生橡胶改性沥青和 SBS 热塑性弹性体改性沥青。SBS 热塑性弹性体改性沥青是以丁二烯、苯乙烯为单体，加溶剂、引发剂、活化剂，以阴离子聚合反应生成的共聚物。SBS用于沥青的改性，可以明显改善沥青的高温和低温性能。SBS 改性沥青已是目前世界上应用最广的改性沥青材料之一。

（2）合成树脂类改性沥青。合成树脂类改性沥青按成分不同有古马隆树脂改性沥青、聚乙烯树脂改性沥青、环氧树脂改性沥青和 APP 改性沥青。APP 为无规聚丙烯均聚物。APP 很容易与沥青混溶，并且对改性沥青软化点的提高很明显，耐老化性也很好，具有较好的发展潜力。意大利 85％以上的柔性屋面防水均采用 APP 改性沥青油毡。

（3）橡胶和树脂改性沥青。橡胶和树脂用于沥青改性，使沥青同时具有橡胶和树脂的特性，且树脂比橡胶价格低，两者又有较好的混溶性，故效果较好。配制时采用的原料品种、配合比、制作工艺不同，可以得到多种性能各异的产品，主要有卷材、片材、密封材料、防水涂料等。

（4）再生胶改性沥青。将再生橡胶粉加入石油沥青中对沥青进行改性，可以制成卷材、片材、密封材料、胶粘剂和涂料等。再生橡胶掺沥青以后，可大幅提高沥青的气密性、低温柔性、耐光(热)性和耐臭氧性。由于再生橡胶粉是废品加工,原料成分复杂,加工工艺及脱硫工艺不同,所以,它的性能随原料成分和工艺而变化,非常不稳定,在20世纪70—80年代曾大量采用过,目前使用量较少。

(5)矿物填充料改性沥青。为了提高沥青的能力和耐热性,减小沥青的温度敏感性,经常加入一定数量的粉状或纤维状矿物填充料。常用的矿物填充料有滑石粉、石灰粉、云母粉和硅藻土粉等。

二、石油沥青的主要性质

1. 黏滞性

黏滞性是反映石油沥青在外力作用下抵抗产生相对流动(变形)的能力。液态石油沥青的黏滞性用黏度表示。半固体或固体沥青的黏性用针入度表示。黏度和针入度是沥青划分牌号的主要指标。

黏度是沥青在一定温度(25 ℃或60 ℃)条件下,经规定直径(3.5 mm或10 mm)的孔,漏下50 mL所需的秒数,黏度常以符号C_t^d表示。

针入度是指在温度为25 ℃的条件下,以质量100 g的标准针,经5 s沉入沥青中的深度(0.1 mm称1度)来表示。针入度值大,说明沥青流动性大,黏性差。针入度范围为5～200度。

按针入度可将石油沥青划分为以下几个牌号:道路石油沥青牌号有200、180、140、100、60等;建筑石油沥青牌号有40、30、10等;普通石油沥青牌号有75、65和55等。

2. 塑性

塑性是指石油沥青在外力作用下产生变形而不破坏,除去外力后仍能保持变形后的形状不变的性质。塑性表示石油沥青开裂后自愈能力及

受机械应力作用后变形而不破坏的能力。石油沥青之所以能制造成性能良好的柔性防水材料,很大程度上取决于这种性质。石油沥青的塑性用"延伸度"(也称为延度)或"延伸率"表示。按标准试验方法,制成"8"形标准试件,试件中间最狭小处截面面积为1 cm²,在规定温度(一般为25 ℃)和规定速度(5 cm/min)的条件下可在延伸仪上进行拉伸,延伸度以试件拉细而断裂时的长度(cm)表示。石油沥青的延伸度越大,沥青的塑性越好。

3. 温度敏感性

温度敏感性是指石油沥青的黏滞性和塑性随温度升降而变化的性能。温度敏感性较小的石油沥青,其黏滞性、塑性随温度的变化较小。作为屋面防水材料时,石油沥青受日照辐射作用可能产生流淌和软化,失去防水作用而不能满足使用要求,因此,温度敏感性是沥青材料一个很重要的性质。温度敏感性常用软化点来表示,软化点是沥青材料由固体状态转变为具有一定流动性的膏体时的温度。软化点可通过"环球法"试验测定。不同沥青的软化点不同,为25～100 ℃。软化点高,说明沥青的耐热性能好,但软化点过高,又不易加工;软化点低的沥青易产生变形。所以,在实际应用时,希望沥青具有高软化点和低脆化点(当温度在非常低的范围时,整个沥青就好像玻璃一样脆硬,一般作"玻璃态",沥青由玻璃态向高弹态转变的温度即沥青的脆化点)。为了提高沥青的耐寒性和耐热性,常对沥青进行改性,如在沥青中掺增塑剂、橡胶、树脂和填料等。

4. 大气稳定性

大气稳定性是指石油沥青在热、阳光、氧气和潮湿等因素的长期综合作用下抵抗老化的性能，它反映耐久性。大气稳定性可以用沥青的**蒸发质量损失百分率及针入度比的变化来表示**，即试件在 160 ℃温度加热蒸发 5 h 后质量损失百分率和蒸发前后的针入度比两项指标来表示。蒸发损失率越小，针入度比越大，则表示沥青的大气稳定性越好。

以上四种性质是石油沥青材料的主要性质。另外，沥青材料受热后会产生易燃气体，与空气混合遇火即发生闪火现象。出现闪火现象时的温度，称为闪点，也称为闪火点，是加热沥青时从防火要求提出的指标。

三、石油沥青的技术标准及应用

1. 技术标准

我国石油沥青产品**按用途可分为**道路石油沥青、建筑石油沥青及普通石油沥青等。土木工程常用的是建筑石油沥青、道路石油沥青。石油沥青的**牌号**主要根据其**针入度、延度和软化点等质量指标划分**，以针入度值表示。同一品种的石油沥青，牌号越高，则其针入度越大，脆性越小；延度越大，塑性越好；软化点越低，温度敏感性越大。建筑石油沥青、道路石油沥青的技术标准分别列于表 9-3 中。

表 9-3　石油沥青的技术标准

牌号	《道路石油沥青》 (NB/SH/T 0522—2010)					《建筑石油沥青》 (GB/T 494—2010)		
	200	180	140	100	60	40	30	10
针入度(25 ℃, 100 g)(0.1 mm)	200～300	150～200	110～150	80～110	50～80	36～50	26～35	10～25
延度(25 ℃), 不小于/cm	20	100	100	90	70	3.5	2.5	1.5
软化点(环球法), 不低于/℃	30～48	35～48	38～51	42～55	45～58	60	75	95
溶解度(三氯乙烯, 三氯甲烷或苯), 不小于/%	99.0	99.0	99.0	99.0	99.0	99.0	99.0	99.0
质量变化, 不大于/%	1.3	1.3	1.3	1.2	1.0	1	1	1
闪点(开口), 不低于/℃	180	200	230	230	230	260	260	260

2. 应用

在选用沥青材料时，应根据工程类别（房屋、道路、防腐）及当地气候条件，所处工作部位（屋面、地下）来选用不同牌号的沥青。

道路石油沥青主要用于道路路面或车间地面等工程，一般拌制成沥青混合料（沥青混凝土或沥青砂浆）使用。道路石油沥青的牌号较多，选用时应注意不同的工程要求、施工方法和环境温度差别。道路石油沥青还可作密封材料和胶粘剂及沥青涂料等。此时一般选用黏性较大和软化点较高的石油沥青。

建筑石油沥青针入度较小（黏性较大），软化点较高（耐热性较好），但延度较小（塑性较小），主要作用为制造防水材料、防水涂料和沥青嵌缝膏。

普通石油沥青由于含有较多的蜡，温度敏感性较大，达到液态时的温度与其软化点相差很小。与软化点大体相同的建筑石油沥青相比，其针入度较大（黏度较小），塑性较差，故在建筑工程上不宜直接使用。可以采用吹气氧化法改善其性能，即将沥青加热脱水，加入少量（1%）的氧化锌，再加热（不超过 280 ℃）吹气进行处理。

任务二　防水卷材的性能与应用

防水卷材是一种可卷曲的片状防水材料，根据其主要组成材料可分为沥青防水卷材、高聚物改性沥青防水卷材和合成高分子防水卷材三大类。沥青防水卷材是传统的防水材料，但因其性能远不及改性沥青，因此逐渐被改性沥青卷材所代替。高聚物改性沥青防水卷材和合成高分子防水卷材均应有良好的耐水性、温度稳定性和大气稳定性（抗老化性），并应具备必要的机械强度、延伸性、柔韧性和抗断裂的能力，这两大类防水卷材已得到广泛应用。

微课：防水卷材

一、沥青基防水卷材

沥青基防水卷材是在基胎（如原纸、纤维织物等）上浸涂沥青后，再在表面撒粉状或片状的隔离材料所制成的可卷曲的片状防水材料。

1. 石油沥青纸胎油毡

石油沥青纸胎油毡是用低软化点石油沥青浸渍原纸，然后用高软化点石油沥青涂盖油纸两面，再撒以隔离材料所制成的一种纸胎石油沥青防水卷材。纸胎石油沥青防水卷材按卷重和物理性能分为Ⅰ型、Ⅱ型和Ⅲ型三种类型。纸胎石油沥青防水卷材按所用隔离材料分为粉状面和片状面两个品种，目前已很少采用。

2. 石油沥青玻璃纤维胎油毡

石油沥青玻璃纤维胎油毡（以下简称玻纤胎油毡），是采用玻璃纤维薄毡为胎体，浸涂石油沥青，并在其表面涂撒矿物粉料或覆盖聚乙烯膜等隔离材料而制成可卷曲的片状防水材料。玻纤胎油毡按单位面积质量分为 15 号、25 号；按其力学性能分为Ⅰ型、Ⅱ型两种，幅宽为 1 000 mm。

二、改性沥青防水卷材

改性沥青与传统的沥青相比，其适用温度范围更广，具有高温不流淌、低温不脆裂的优点，且可做成 4 mm 左右的厚度，具有 10～20 年可靠的防水效果。以合成高分子聚合物改性沥青为涂盖层，纤维毡、纤维织物或塑料薄膜为胎体，粉状、粒状、片状或塑料膜为覆面材料制成可卷曲的片状防水材料，称为高聚物改性沥青防水卷材。

1. 弹性体改性沥青防水卷材

弹性体改性沥青防水卷材（SBS 卷材）是采用玻纤毡、聚酯毡、玻纤增强聚酯毡为胎体，浸涂 SBS(苯乙烯-丁二烯-苯乙烯)改性沥青，上表面撒布矿物粒、片料或覆盖聚乙烯膜，下表面撒布细砂或覆盖聚乙烯膜所制成可卷曲的片状防水材料。按可溶物含量及其物理性能，分为Ⅰ型和Ⅱ型；卷材使用玻纤胎(G)或聚酯胎(PY)、玻纤增强聚酯毡(PYG)三种胎体，使用矿物粒(片)料(M)、砂粒(S)以及聚乙烯(PE)膜三种表面材料，卷材按不同胎基、不同上表面材料分为九个品种，见表9-4。

表 9-4 SBS 卷材品种

上表面材料	胎基		
	聚酯胎	玻纤胎	玻纤增强聚酯毡
聚乙烯膜	PY-PE	G-PE	PYG-PE
细砂	PY-S	G-S	PYG-S
矿物粒(片)料	PY-M	G-M	PYG-M

卷材幅宽为 1 000 mm，聚酯胎卷材厚度为 3 mm、4 mm 和 5 mm；玻纤胎卷材厚度为 3 mm 和 4 mm；玻纤增强聚酯毡卷材厚度为 5 mm；每卷面积为 7.5 m²、10 m² 和 15 m² 三种。标记方法为名称、型号，胎基、上表面材料、下表面材料、厚度、面积和标准编号顺序标记。如面积为 10 m²，3 mm 厚上表面为矿物粒料、下表面为聚乙烯膜聚酯毡Ⅰ型弹性体改性沥青防水卷材标记为：SBS I PY M PE 3 10 GB 18242—2008。SBS 卷材适用于工业与民用建筑的屋面及地下防水工程，尤其适用较低气温环境的建筑防水，其物理力学性能应符合表 9-5 的规定。

表 9-5 SBS 卷材物理力学性能

序号	胎基		PY		G		PYG
	型号		Ⅰ	Ⅱ	Ⅰ	Ⅱ	Ⅱ
1	可溶物含量/(g·m⁻²)，≥	3 mm	2 100				—
		4 mm	2 900				—
		5 mm			3 500		
		试验现象	—	—	胎基不燃		—
2	不透水性 30 min		0.3 MPa		0.2 MPa	0.3 MPa	0.3 MPa
3	耐热性	℃	90	105	90	105	105
		≤mm	2				
		试验现象	无流淌、滴落				
4	拉力	最大峰拉力(N/50 mm)，≥	500	800	350	500	900
		次高峰拉力(N/50 mm)，≥	—	—	—	—	800
		试验现象	拉伸过程中，试件中部无沥青涂盖层开裂或与胎基分离现象				

序号	胎基		PY		G		PYG
	型号		Ⅰ	Ⅱ	Ⅰ	Ⅱ	Ⅱ
5	延伸率	最大峰时延伸率/%，≥	30	40	—	—	—
		第二峰时延伸率/%，≥	—	—	—	—	15
6	低温柔性/℃		−20	−25	−20	−25	−25
			无裂缝				
7	浸水后质量增加/%，≤	PE，S	1.0				
		M	2.0				
8	热老化	拉力保持率/%，≥	90				
		延伸率保持率/%，≥	80				
		低温柔性/℃	−15	−20	−15	−20	−20
			无裂缝				
		尺寸变化率/%，≤	0.7	0.7	—	—	0.3
		质量损失/%，≤	1.0				
9	人工气候加速老化	外观	无滑动、流淌、滴落				
		拉力保持率/%，≥	80				
		低温柔性/℃	−15	−20	−15	−20	−20
			无裂缝				

注：表中1~6项为出厂检验项目

2. 塑性体改性沥青防水卷材

塑性体改性沥青防水卷材（APP卷材）是采用聚酯毡或玻纤毡为胎体，浸涂APP改性沥青，上表面撒布矿物粒、片料或覆盖聚乙烯膜，下表面撒布细砂或覆盖聚乙烯膜所制成的可卷曲片状防水材料。产品按可溶物和物理性能分为Ⅰ型和Ⅱ型两个等级，卷材幅宽为1 000 mm，以10 m² 卷材的标称质量作为卷材的标号。APP卷材的品种及其物理力学性能应符合表9-6的规定，适用于工业与民用建筑的屋面和地下防水工程，以及道路、桥梁工程的防水，尤其适用于较高气温环境的建筑防水。

表 9-6　APP 卷材物理力学性能

序号	胎基		PY		G		PYG
	型号		I	II	I	II	II
1	可溶物含量/(g·m⁻²)，≥	3 mm		2 100			—
		4 mm		2 900			—
		5 mm			3 500		
		试验现象	—	—	胎基不燃		—
2	不透水性 30 min		0.3 MPa		0.2 MPa	0.3 MPa	0.3 MPa
3	耐热性	℃	110	130	110	130	130
		≤mm			2		
		试验现象			无流淌、滴落		
4	拉力	最大峰拉力（N/50 mm），≥	500	800	350	500	900
		次高峰拉力（N/50 mm），≥	—	—	—	—	800
		试验现象	拉伸过程中，试件中部无沥青涂盖层开裂或与胎基分离现象				
5	延伸率	最大峰时延伸率/%，≥	25	40	—	—	—
		第二峰时延伸率/%，≥	—	—	—	—	15
6	低温柔性/℃		−7	−15	−7	−15	−15
			无裂缝				
7	浸水后质量增加/%，≤	PE，S			1.0		
		M			2.0		
8	热老化	拉力保持率/%，≥			90		
		延伸率保持率/%，≥			80		
		低温柔性/℃	−2	−10	−2	−10	−10
			无裂缝				
		尺寸变化率/%，≤	0.7	0.7	—	—	0.3
		质量损失/%，≤			1.0		
9	人工气候加速老化	外观			无滑动、流淌、滴落		
		拉力保持率/%，≥			80		
		低温柔性/℃	−2	−10	−2	−10	−10
			无裂缝				

三、合成高分子防水卷材

以合成树脂、合成橡胶或其共混体为基材，加入助剂和填充料，通过压延、挤出等加工工艺而制成的无胎或加筋的塑性可卷曲的片状防水材料，大多数是宽度为 1～2 m 的卷状材料，统称为高分子防水卷材。高分子防水卷材具有很好的耐高温、低温性能，延伸率大，对基层伸缩变形的适应性强的优点，同时耐腐蚀和抗老化，能减少对环境

微课：合成高分子
防水卷材

185

的污染。高分子防水卷材可分为均质片、复合片和点粘片（表 9-7）。产品标记内容包括三部分，分别是类型代号、材质和规格。如长度为 20 000 mm、宽度为 2 000 mm、厚度为 1.5 mm 的均质树脂类聚乙烯防水卷材，可标记为 JS2-PE-20 000 mm×2 000 mm×1.5 mm。

表 9-7　高分子防水卷材的分类

片材的分类			
分类		代号	主要原料
均质片	硫化橡胶类	JL1	三元乙丙橡胶
		JL2	橡胶（橡塑）共混
		JL3	氯丁橡胶、氯磺化聚乙烯、氯化聚乙烯等
		JL4	再生胶
	非硫化橡胶类	JF1	三元乙丙橡胶
		JF2	橡胶（橡塑）共混
		JF3	氯化聚乙烯
	树脂类	JS1	聚氯乙烯等
		JS2	乙烯乙酸乙烯、聚乙烯等
		JS3	乙烯乙酸乙烯改性沥青共混等
复合片	硫化橡胶类	FL	三元乙丙、丁基、氯丁橡胶（CR）、氯磺化聚乙烯等
	非硫化橡胶类	FF	氯化聚乙烯、三元乙丙、丁基、氯丁橡胶、氯磺化聚乙烯等
	树脂类	FS1	聚氯乙烯等
		FS2	聚乙烯、乙烯乙酸乙烯等
点粘片	树脂类	DS1	聚氯乙烯等
		DS2	聚乙烯、乙烯乙酸乙烯等
		DS3	乙烯乙酸乙烯改性沥青共混等

　　均质片是指以同一种或一组高分子材料为主要材料，各部位截面材质均匀一致的防水片材，均质片的物理性能见表 9-8；复合片是指以高分子复合材料为主要材质，复合织物等为保护或增强层，以改变其尺寸稳定性和力学特性，各部位截面结构一致的防水片材；点粘片是指均质片材与织物等保护层多点黏结在一起，黏结点在规定区域内均匀分布，利用黏结点的间距，使其具有切向排水功能的防水片材。

表 9-8　均质片的物理性能

项目		指标									
		硫化橡胶类				非硫化橡胶类			树脂类		
		JL1	JL2	JL3	JL4	JF1	JF2	JF3	JS1	JS2	JS3
断裂拉伸强度/MPa	常温，≥	7.5	6.0	6.0	2.2	4.0	3.0	5.0	10	16	14
	60 ℃，≥	2.3	2.1	1.8	0.7	0.8	0.4	1.0	4	6	5

项目		指标									
		硫化橡胶类				非硫化橡胶类			树脂类		
		JL1	JL2	JL3	JL4	JF1	JF2	JF3	JS1	JS2	JS3
扯断伸长率/%	常温，≥	450	400	300	200	400	200	200	200	550	500
	−20 ℃，≥	200	200	170	100	200	100	100	15	350	300
撕裂强度/(kN·m⁻¹)，≥		25	24	23	15	18	10	10	40	60	60
不透水性(30 min)		0.3 MPa 无渗漏		0.2 MPa 无渗漏		0.3 MPa 无渗漏			0.2 MPa 无渗漏	0.3 MPa 无渗漏	
低温弯折温度/℃，≤		−40	−30	−30	−20	−30	−20	−20	−20	−35	−35
加热伸缩量/mm	延伸，≤	2	2	2	2	2	4	4	2	2	2
	收缩，≤	4	4	4	4	4	6	10	6	6	6
热空气老化(80 ℃×168 h)	断裂拉伸强度保持率/%，≥	80	80	80	80	90	60	80	80	80	80
	扯断伸长率保持率/%，≥	70	70	70	70	70	70	70	70	70	70
臭氧老化 40 ℃×168 h	伸长率(40%，500×10⁻⁸)	无裂纹	—	—	—	无裂纹	—	—	—	—	—
	伸长率(20%，500×10⁻⁸)	—	无裂纹	—	—	—	—	—	—	—	—
	伸长率(20%，100×10⁻⁸)	—	—	无裂纹	无裂纹	—	无裂纹	无裂纹	—	—	—

1. 三元乙丙橡胶防水卷材

三元乙丙橡胶简称 EPDM，是以乙烯、丙烯和双环戊二烯三种单体共聚合成的三元乙丙橡胶为主体，掺适量的丁基橡胶、软化剂、补强剂、填充剂、促进剂和硫化剂等，经过配料、密炼、拉片、过滤、热炼、挤出或压延成型、硫化、检验、分卷、包装等工序加工制成可卷曲的高弹性防水材料。具有耐老化、使用寿命长、拉伸强度高、延伸率大、对基层伸缩或开裂变形适应性强及质轻、可单层施工等特点，但造价较高。

2. 氯化聚乙烯-橡胶共混防水卷材

氯化聚乙烯-橡胶共混防水卷材是以氯化聚乙烯树脂和合成橡胶共混为主体，加入适量的硫化剂、促进剂、稳定剂、软化剂和填充剂等，经过素炼、混炼、过滤、压延(或挤出)成型、硫化、检验、分卷、包装等工序加工制成的高弹性防水卷材；兼有塑料和橡胶的特点，不但具有氯化聚乙烯所特有的高强度和优异的耐臭氧、耐老化性能，而且具有橡胶类材料的高弹性、高延伸性及良好的低温柔韧性能。

合成高分子卷材除以上两种典型品种外，还有许多其他产品。常见的合成高分子防水卷材的特点和适用范围见表9-9。

表9-9　常见合成高分子防水卷材的特点和适用范围

卷材名称	特点	适用范围	施工工艺
三元乙丙橡胶防水卷材	防水性能优异，耐候性好，耐臭氧性、耐化学腐蚀性好，弹性和抗拉强度大，对基层变形开裂的适应性强，质量轻，使用温度范围宽，寿命长，但价格高，黏结材料尚需配套完善	防水要求较高、防水层耐用年限要求长的工业与民用建筑，单层或复合使用	冷粘法或自粘法
丁基橡胶防水卷材	有良好的耐候性、耐油性、抗拉强度和延伸率，耐低温性能稍低于三元乙丙防水卷材	单层或复合使用，适用于要求较高的防水工程	冷粘法施工
氯化聚乙烯防水卷材	具有良好的耐候、耐臭氧、耐热老化、耐油、耐化学腐蚀及抗撕裂的性能	单层或复合使用，宜用于紫外线强的炎热地区	冷粘法施工
氯磺化聚乙烯防水卷材	延伸率较大，弹性较好，对基层变形开裂的适应性较强，耐高温、低温性能好，耐腐蚀性能优良，耐燃性好	适于有腐蚀介质影响及在寒冷地区的防水	冷粘法或热风焊接法施工
聚氯乙烯防水卷材	具有较高的拉伸和撕裂强度，延伸率较大，耐老化性能好，原料丰富，价格低，容易黏结	单层或复合使用，适于外露或有保护层的防水工程	冷粘法施工
氯化聚乙烯-橡胶共混防水卷材	不但具有氯化聚乙烯特有的高强度和优异的耐臭氧、耐老化性能，而且具有橡胶所特有的高弹性、高延伸性能及良好的低温柔性	单层或复合使用，尤宜用于寒冷地区或变形较大的防水工程	冷粘法施工
三元乙丙橡胶-聚乙烯共混防水卷材	热塑性弹性材料，有良好的耐臭氧和耐老化性能，使用寿命长，低温柔性好，可在负温条件下施工	单层或复合外露防水层面，宜在寒冷地区使用	冷粘法施工

任务三　防水涂料的性能与应用

防水涂料是以高分子合成材料、沥青等为主体，在常温下呈无定形流态或半流态，经涂布能在结构物表面结成坚韧防水膜的物料的总称。同时，涂防水涂料又能起胶粘剂的作用。

一、防水涂料的分类

防水涂料一般按涂料的类型和按涂料的成膜物质的主要成分进行分类。按类型分，防水涂料可分为溶剂型、水乳型和反应型三类；按成膜物质的主要成分分，防水涂料可分为合成树脂类、橡胶类、高聚物改性沥青类（主要是橡胶沥青类）和沥青类四类。

微课：防水涂料

二、常用的防水涂料及其性能要求

1. 沥青类防水涂料

沥青类防水涂料的成膜物质中的胶黏结材料是石油沥青。该类涂料有溶剂型和水乳型两种。将石油沥青溶于汽油等有机溶剂而配制的涂料，称为溶剂型沥青涂料。其实质是一种沥青溶液。将石油沥青分散于水中，形成稳定的水分散体构成的涂料，称为水乳型沥青类防水涂料。

熔化的沥青可以在石灰、石棉或黏土中与水分子发生分裂作用(分散作用)制得膏状沥青悬浮体，常见的有石灰乳化沥青、水性石棉沥青和黏土乳化沥青等。沥青膏体成膜较厚，其中石灰、石棉等对涂膜性能有一定改善作用，可作厚质防水涂料使用。

石灰乳化沥青是以石油沥青(主要用60号)为基料，以石灰膏(氢氧化钙)为分散剂，以石棉绒为填充料加工而成的一种沥青浆膏(冷沥青悬浮液)。建筑部门用石灰乳化沥青作为膨胀珍珠岩颗粒的胶粘剂，制作保温预制块，或者直接在现场浇制保温层，使保温材料获得较好的防水效果。水性石棉沥青防水涂料是将溶化沥青加到石棉与水组成的悬浮液中经强烈搅拌制得，配以适当加筋材料(玻璃纤维布、无纺布等)，可用于民用建筑及工业厂房的钢筋混凝土屋面防水；地下室、楼层卫生间、厨房防水层等。

2. 高聚物改性沥青防水涂料

橡胶沥青类防水涂料为高聚物改性沥青类的主要代表，其成膜物质中的胶黏材料是沥青和橡胶(再生橡胶或合成橡胶等)。该类涂料有溶剂型和水乳型两种类型，是以橡胶对沥青进行改性作为基础的。用再生橡胶进行改性，以减少沥青的感温性，增加弹性，改善低温下的脆性和抗裂性能；用氯丁橡胶进行改性，使沥青的气密性、耐化学腐蚀性、耐燃性、耐光、耐气候性得到显著改善。目前，我国属溶剂型橡胶沥青类防水涂料的品种有氯丁橡胶沥青防水涂料、再生橡胶沥青防水涂料、丁基橡胶沥青防水涂料等；属水乳型橡胶沥青类防水涂料的品种有水乳型再生橡胶沥青防水涂料、水乳型氯丁橡胶沥青防水涂料、丁苯胶乳沥青防水涂料、SBS橡胶沥青防水涂料、阳离子水乳型再生胶氯丁胶沥青防水涂料等。下面仅介绍水乳型橡胶沥青类防水涂料的两个主要品种。

(1)水乳型再生橡胶沥青防水涂料。水乳型再生橡胶沥青防水涂料是由阴离子型再生胶乳液和沥青乳液混合构成的，是再生橡胶和石油沥青的微粒借助于阴离子型表面活性剂的作用，稳定分散在水中而形成的一种乳状液。其适用于工业及民用建筑非保温屋面防水，楼层厕浴、厨房间防水，以沥青珍珠岩为保温层的保温屋面防水等。

(2)水乳型氯丁橡胶沥青防水涂料。水乳型氯丁橡胶沥青防水涂料又称氯丁胶乳沥青防水涂料，目前国内多是阳离子水乳型产品。它兼有橡胶和沥青的双重优点，与溶剂型同类涂料相比，两者的主要成膜物质均为氯丁橡胶和石油沥青，但阳离子水乳型氯丁橡胶沥青防水涂料以水代替了甲苯等有机溶剂，其成本降低，且具有无毒、无燃爆和施工时无环境污染等特点，可用于工业及民用建筑混凝土屋面防水；地下混凝土工程防潮抗渗、旧屋面防水工程的翻修等。

3. 聚氨酯防水涂料

聚氨酯防水涂料又称聚氨酯涂膜防水材料，是一种化学反应型涂料，产品按组分可分为单组分(S)和多组分(M)两种；按拉伸性能可分为Ⅰ、Ⅱ类。一般按产品名称、组分和标准号顺序标记。多组分目前有两种：一种是焦油系列双组分聚氨酯涂膜防水材料；另一种是非焦油系列双组分聚氨酯涂膜防水材料。聚氨酯涂膜防水材料有透明、彩色和黑色等品类，并兼有耐磨、装饰及阻燃等性能。由于它的防水延伸及温度适应性能优异，施工简便，故在中高级公用建筑的卫生间、水池等防水工程及地下室和有保护层的屋面防水工程中得到广泛应用。按《聚氨酯防水涂料》(GB/T 19250—2013)的规定，其物理力学性能应满足表 9-10 的规定。

表 9-10　聚氨酯防水涂料物理力学性能

序号	项目		技术指标		
			I	II	III
1	固体含量/%，≥	单组分	85.0		
		多组分	92.0		
2	表干时间/h，≤		12		
3	实干时间/h，≤		24		
4	流平性①		20 min 时，无明显齿痕		
5	拉伸强度/MPa，≥		2.00	6.00	12.0
6	断裂延伸率/%，≥		500	450	250
7	撕裂强度/(N·mm⁻¹)，≥		15	30	40
8	低温弯折性		−35 ℃，无裂纹		
9	不透水性		0.3 MPa，120 min，不透水		
10	加热伸缩率/%		−4.0～+1.0		
11	黏结强度/MPa，≥		1.0		
12	吸水率/%，≤		5.0		
13	定伸时老化	加热老化	无裂缝及变形		
		人工气候老化②	无裂缝及变形		
14	热处理(80 ℃，168 h)	拉伸强度保持率/%	80～150		
		断裂伸长率/%，≥	450	400	200
		低温弯折性	−30 ℃，无裂纹		
15	碱处理[0.1% NaOH+饱和 Ca(OH)₂溶液，168 h]	拉伸强度保持率/%	80～150		
		断裂伸长率/%，≥	450	400	200
		低温弯折性	−30 ℃，无裂纹		
16	酸处理 (2% H₂SO₄溶液，168 h)	拉伸强度保持率/%	80～150		
		断裂伸长率/%，≥	450	400	200
		低温弯折性	−30 ℃，无裂纹		
17	人工气候老化②(1 000 h)	拉伸强度保持率/%	80～150		
		断裂伸长率/%，≥	450	400	200
		低温弯折性	−30 ℃，无裂纹		
18	燃烧性能②		B2−E(点火 15 s，燃烧 20 s，F_s≤150 mm，无燃烧滴落物引燃滤纸)		

①该项性能不适用于单组分和喷涂施工的产品。流平性时间也可根据工程要求和施工环境由供需双方商定并在订货合同与产品包装上明示。
②仅外露产品要求测定

4. 硅橡胶防水涂料

硅橡胶防水涂料是以硅橡胶乳液及其他乳液的复合物为主要基料,掺无机填料及各种助剂配制而成的乳液型防水涂料,该涂料兼有涂膜防水和浸透性防水材料两者的优良性能,具有良好的防水性、渗透性、成膜性、弹性、黏结性和耐高低温性。硅橡胶防水涂料是以水为分散介质的水乳型涂料,失水固化后形成网状结构的高聚物,适用于各种屋面防水工程、地下工程、输水和贮水构筑物、卫生间等的防水、防潮。

任务四 建筑密封材料的性能与应用

建筑密封材料防水工程是对建筑物进行水密封与气密封,起到防水作用,同时,也起到防尘、隔气与隔声的作用。合理选用密封材料,正确进行密封防水设计与施工,是保证防水工程质量的重要内容之一。

一、建筑密封材料的种类及性能

建筑密封材料可分为不定型密封材料和定型密封材料两大类。前者是指膏糊状材料,如腻子、塑性密封膏、弹性和弹塑性密封膏或嵌缝膏;后者是根据密封工程的要求制成带、条、垫形状的密封材料。各种建筑密封膏的种类及性能比较见表9-11。

表9-11 各种建筑密封膏的种类及性能比较

性能	种类				
	油性嵌缝料	溶剂型密封膏	热塑型防水接缝材料	水乳型密封膏	化学反应型密封膏
密度/(g·cm^{-3})	1.5～1.69	1.0～1.4	1.3～1.45	1.3～1.4	1.0～1.5
价格	低	低～中	低	中	高
施工方式	冷施工	冷施工	冷施工	冷施工	冷施工
施工气候限制	中～优	中～优	优	差	差
储存寿命	中～优	中～优	优	中～优	差
弹性	低	低～中	中	中	高
耐久性	低～中	低～中	中	中～高	高
填充后体积收缩	大	大	中	大	小
长期使用温度/℃	−20～40	−20～50	−20～80	−30～80	−4～150
允许伸缩值/mm	±5	±10	±10	±10	±25

二、不定型密封材料

1. 沥青嵌缝油膏

建筑防水沥青嵌缝油膏(简称油膏)是以石油沥青为基料,掺改性材料及填充料混合制成的冷用膏状材料,适用于各种混凝土屋面板、墙板等建筑构件节点的水密封,使用时应注意储存、操作时远离明火。

2. 聚氨酯密封膏

聚氨酯密封膏是以聚氨基甲酸酯聚合物为主要成分的双组分反应固化型的建筑密封材料。聚氨酯密封膏按流变性分为两种类型，即 N 型（非下垂型）和 L 型（自流平型）。聚氨酯建筑密封膏具有延伸率大、弹性高、黏结性好、耐低温、耐酸碱及使用年限长等优点，被广泛用于各种装配式建筑屋面板、墙、楼地面、阳台、卫生间等部位的接缝、施工缝的密封，给水排水管道、储水池等工程的接缝密封，混凝土裂缝的修补和玻璃及金属材料的嵌缝。

3. 聚氯乙烯接缝膏

聚氯乙烯接缝膏是以煤焦油和聚氯乙烯 PVC 树脂粉为基料，按一定比例掺增塑剂、稳定剂及填充料（滑石粉、石英粉）等，在 140 ℃温度下塑化而成的膏状密封材料，简称 PVC 接缝膏。PVC 接缝膏有良好的黏结性、防水性、弹塑性，耐热、耐寒，耐腐蚀和抗老化性能也较好。这种密封材料可以热用，也可以冷用。热用时，将聚氯乙烯接缝膏用慢火加热，加热温度不得超过 140 ℃，达到塑化状态后，应立即浇灌于清洁、干燥的缝隙或接头等部位；冷用时，加溶剂稀释，适用于各种屋面嵌缝或表面涂布作为防水层和水渠、管道等接缝。

4. 丙烯酸酯密封膏

丙烯酸酯密封膏是以丙烯酸酯乳液为基料，掺增塑剂、分散剂、碳酸钙等配制而成的建筑密封膏。这种密封膏弹性好，能适应一般基层伸缩变形的需要，耐候性能优异，其使用年限在 15 年以上，耐高温性能好，黏结强度高，耐水、耐酸碱，并具有良好的着色性，适用于混凝土、金属、木材、天然石料、砖、瓦、玻璃之间的密封防水。

5. 硅酮密封膏

硅酮密封膏是由有机聚硅氧烷为主剂，掺硫化剂、促进剂、增强填充剂和颜料等组成的。硅酮密封膏分为单组分与双组分，两种密封膏的组成主剂相同，而硫化剂及其固化机理不同。高模量硅酮建筑密封膏主要用于建筑物的结构型密封部位，如高层建筑物大型玻璃幕墙、隔热玻璃黏结密封、建筑物门窗和框架周边密封。中模量硅酮密封膏除具有极大伸缩性的接触不能使用外，在其他场合都可以使用。低模量硅酮密封膏主要用于建筑物的非结构型密封部位，如预制混凝土墙板、大理石板、花岗石的外墙接缝、卫生间的接缝防水密封等。

三、定型密封材料

1. 密封条

密封条是将一种东西密封，从而使其不容易打开，起到减振、防水、隔声、隔热、防尘、固定等作用的产品。密封条有橡胶的、纸的、金属的、塑料的等多种材质。

密封条的橡胶材料有密实胶、海绵胶和硬质橡胶三种。硬质橡胶的硬度可达到邵氏A95。密封条的胶料较多使用耐老化、耐低温、耐水汽、耐化学腐蚀，特别是耐臭氧老化的三元乙丙橡胶 EPDM。EPDM 可以与钢带、钢丝编织带、TPE、绒布、植绒、PU涂层、有机硅涂层等复合，保证室内与外界及自身的防水、防尘、隔声、隔热、减振、防磨和装饰作用。一般情况下，EPDM 密封条可稳定使用十几年。也可选择具有良好耐臭氧性能及良好耐老化性能的氯丁橡胶。考虑到常用胶料的工艺性能，有时还需要选用并用橡胶,如天然橡胶(NR)与 CR 及丁苯橡胶(SBR)三种橡胶并用或 PE、EPDM 及 NR 橡塑并用型以改进耐臭氧性。随着热塑性弹性体(TPE)技术的不断发展和成熟,应用领域不断扩展。在制造密封条的原料中,以往采用的主要原料三元乙丙橡胶也在不断更新和发展。具有优良的物理性能,又有良好加工性能的新型 EPDM 可控制分子中长链支化,使其硫化性能更好,并可提高挤出速度和产品的产量。新型的热塑性弹性体(如 TPO 和 TPV 等)材料在密封条中应用也越来越多。这些材料既具有弹性体的优良工程性能,又具有塑料的优良特性,既方便加工,又可回收重复利用,它们正在逐步取代 EP-DM 制品。

2. 止水条

PN 型遇水膨胀止水条,即 PN(BW)止水条是由高分子、无机吸水膨胀材料与橡胶及助剂合成的具有自粘性能的一种新型建筑防水材料。遇水能吸水体积膨胀,挤密新老混凝土之间的缝隙,形成不透水的可塑性胶体。该产品呈灰黑色腻子状胶体,具有耐气候性好、抗老化性好、防渗止漏、耐腐蚀、操作简便、费用低等特点。PN(BW)止水条是各种地下建筑构筑工程、水利工程、交通隧道工程、电厂冷却塔、市政给水排水等混凝土工程施工缝防渗止漏的一种最新、最理想的材料,彻底解决了橡胶和钢板止水带靠摩擦易产生绕渗的难题。

3. 止水带

止水带就是防止水分渗透(流动、扩散)而制作安装的带状物,一般用于防水部位的施工缝,主要用于基建工程、地下设施、隧道、污水处理厂、水利、地铁等工程。

止水带按材质分为橡胶止水带、塑料止水带等;按使用部位分为中埋式、背贴式等;按强度分为普通止水带、钢边止水带。

止水带是利用橡胶的高弹性和压缩变形的特点,在各种载荷下产生弹性变形,从而起到有效紧固密封,防止建筑构造的漏水、渗水及减振缓冲作用。在一般较大工程的建筑设计中,由于不能连续浇筑,或由于地基的变形、温度的变化引起的混凝土构件热胀冷缩等原因,需留有施工缝、沉降缝、变形缝。在这些缝处必须安装止水带来防止水的渗漏问题。止水带主要用于混凝土现浇时设置在施工缝及变形缝内与混凝土结构成一体的基础工程,如地下设施、隧道涵洞、输水渡槽、拦水坝、贮液构筑物等。

任务五　防水材料的选用与施工

一、地下室防水材料的选用

当设计最高水位高于地下室地面时,必须对地下室的外墙和底板做防水处理。地下室的防水方案有材料防水和自防水两种。材料防水是在地下室的外墙和底板表面敷设防水材料,借材料的高效防水特性阻止水的渗入,常用各类防水卷材、涂料和防水砂浆等。卷材防水构造适用于受腐蚀性介质或受振动作用的地下工程,常采用高聚物改性沥青防水卷材或合成高分子防水卷材,铺设在地下室混凝土结构主体的迎水面上,铺设位置自底板垫层至墙体顶端的基面上。同时,应在外围形成封闭的防水层。

有机防水涂料主要包括合成橡胶类、合成树脂类和橡胶沥青类，适宜做在主体结构的迎水面。刚性防水材料不适用于变形较大或受振动部位，适宜做在主体结构的背水面，具体见表9-12。

表9-12 防水卷材厚度

防水等级	设防道数	合成高分子防水卷材	高聚物改性沥青防水卷材
1级	三道或三道以上设防	单层：不应小于1.5 mm；双层：总厚度不应小于2.4 mm	单层：不应小于4 mm；双层：总厚度不应小于6 mm
2级	二道设防		
3级	一道设防	不应小于1.5 mm	不应小于4 mm
	复合设防	不应小于1.2 mm	不应小于3 mm

二、屋面防水材料的选用

根据建筑物的类别和设防要求等，将屋面防水分成两个等级，并按《屋面工程技术规范》(GB 50345—2012)选用防水材料，见表9-13、表9-14。

表9-13 屋面防水等级和设防要求

防水等级	建筑类别	设防要求
Ⅰ级	重要建筑和高层建筑	两道防水设防
Ⅱ级	一般建筑	一道防水设防

表9-14 屋面防水等级和防水做法

屋面类别	防水等级和防水做法	
	Ⅰ级	Ⅱ级
卷材、涂膜屋面	卷材防水层和卷材防水层、卷材防水层和涂膜防水层、复合防水层	卷材防水层、涂膜防水层、复合防水层
瓦屋面	瓦＋防水层	瓦＋防水垫层
金属板屋面	压型金属板＋防水垫层	压型金属板、金属面绝热夹芯板

三、防水施工方法

防水卷材采用黏结的方法铺贴于基层上。传统的石油沥青纸胎油毡用热沥青胶进行铺贴施工，但沥青胶在熬制和施工过程中会产生有毒气体，对操作者和环境都非常有害，且易发生火灾和烫伤。

按粘贴方法的不同，新型防水卷材的粘贴方法可分为冷粘法、自粘法、热熔法、热风焊接法、冷热结合粘贴法五种。

具体采用何种施工方法，则因防水卷材而异。合成高分子防水卷材可冷粘、热熔或热风焊，而自粘法施工则要求卷材有自黏性。冷热结合的方法适用于燃料缺乏的地区。

按粘贴面积的不同，新型防水卷材的粘贴方法可分为满粘法、空铺法、条粘法、点粘法四种。

在工程施工中，防水卷材大都采用满粘法施工，卷材和基层形成一个防水整体，紧密黏结，适用于气候干燥、常年受大风影响的地区，如沿海多台风和北方冬天风大的地区，也适用于无重物覆盖、不上人，以及基层不易伸缩变形或整体现浇混凝土基层，同时适用于弹性和延伸性好的防水卷材。空铺法、条粘法、点粘法可以使基层和防水卷材最大限度脱开，防水层不易拉断破坏，有利于排除基层潮气，比满粘法成本低，适用于有重物覆盖或能上人的屋面、已结露的潮湿表面等防水工程。

知识拓展

防水材料发展现状

随着我国经济的快速发展，建筑业保持迅猛发展，建筑防水材料工业作为建筑业的重要组成部分也相应获得了良好的发展机遇。党的十九大以来，建筑防水材料市场规模不断扩大，装配式建筑、海绵城市、城市地下综合管廊、绿色建筑、老旧小区改造等工程的需求有力支撑了建筑防水材料产业的发展。

时至今日，我国生产的建筑防水材料按材料特性和应用技术划分，可分为防水卷材、防水涂料、刚性防水材料、堵漏止水材料、防水密封材料等类别。新产品、新技术不断发展，专用防水材料、高性能聚氨酯类防水材料、聚脲类防水材料等一批创新产品日臻成熟和完善，开始大规模应用于工程建设领域；种植屋面系统技术、单层屋面系统技术、防水保温一体化系统技术等一些新技术不断完善和配套，日趋系统化；具有节能节材效果的轻钢坡屋面系统技术、三元乙丙无穿孔机械固定技术、自粘高分子卷材预铺技术等一些新技术正在试点示范的基础上逐步推广；新型试验方法不断改进，如防水卷材耐根穿刺性能试验、单层屋面抗风揭试验等均取得阶段性成果，这些科技创新活动表明防水行业技术进步正向广度和深度发展。

在未来研发和生产各种新型防水材料的过程中，应当不断践行标准化、绿色化、智能化的理念，持续改进现有产品的性能和实用性。防水材料的进步不仅体现在研发和生产过程中，其应用效果很大程度上也取决于施工质量，因此必须强化对建筑防水施工现场操作人员的专业化打造，严格管控各项关键技术要点，全面提升与优化防水材料施工质量，减少和规避不必要的病害问题。

现代工程项目建设正朝着标准化、精细化方向发展，这离不开从业人员的众志成城。学习工匠精神，精益求精，强国路上，你我同行，请与同学们一起讨论分析建筑物防水效果不佳的原因，并给出保障防水效果的建议。

》》 任务六　防水材料性能检测

一、沥青针入度试验

1. 适用范围

本试验适用于测定沥青针入度，测定的针入度值越大，表示沥青越软，稠度越小，黏结力越差。其标准试验条件为温度 25 ℃，荷载 100 g，贯入时间 5 s，以 0.1 mm 计。

2. 仪器和用具

(1)针入度仪：能保证针和针连杆在无明显摩擦下垂直运动，指示针贯入深度准确至 0.1 mm 的仪器均可使用。针和针连杆组合件总质量为(50±0.05)g，另附(50±0.05)g 砝码一只，试验时总质量为(100±0.05)g。当采用其他试验条件时，应在试验结果中注明。仪器设有放置平底玻璃保温皿的平台，并有调节水平的装置，针连杆应与平台相垂直。仪器设有针连杆制动按钮，使针连杆可自由下落。仪器还设有可自由转动与调节距离的悬臂，其端部有一面小镜或聚光灯泡，借以观察针尖与试样表面接触情况。当使用自动针入度仪时，各项要求与此项相同，温度采用温度传感器测定，针入度值采用位移计测定，并能自动显示或记录，且应经常对自动装置的准确性校验。为提高测试精密度，不同温度的针入度试验宜采用自动针入度仪进行（图 9-1）。

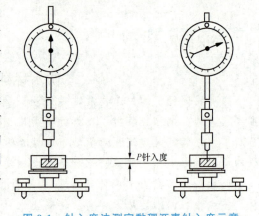

图 9-1　针入度法测定黏稠沥青针入度示意

(2)标准针：由硬化回火的不锈钢制成，洛氏硬度为 54～60 HRC，表面粗糙度为 0.2～0.3 μm，针及针杆总质量为(2.5±0.05)g，针杆上应打印号码标志，针应设有固定用装置盒(筒)，以免碰撞针尖，每根针必须附有计量部门的检验单，并定期进行检验，其尺寸及形状如图 9-2 所示。

(3)盛样皿：金属制，圆柱形平底。小盛样皿的内径为 55 mm，深度为 35 mm(适用于针入度小于 200)；大盛样皿内径为 70 mm，深度为 45 mm(适用于针入度 200～350)；对针入度大于 350 的试样需使用特殊盛样皿，其深度不小于 60 mm，试样体积不少于 125 mL。

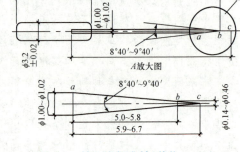

图 9-2　针入度标准针(单位：mm)

(4)恒温水槽：容量不少于 10 L，控温的准确度为 0.1 ℃。水槽中应设有一带孔的搁架，位于水面下不得少于 100 mm，距水槽底不得少于 50 mm 处。

(5)平底玻璃皿：容量不少于 1 L，深度不少于 80 mm。内设有一不锈钢三脚支架，能使盛样皿稳定。

(6)温度计：0～50 ℃，分度为 0.1 ℃。

(7)秒表：分度为 0.1 s。

(8)盛样皿盖：平板玻璃，直径不小于盛样皿开口尺寸。

(9)溶剂：三氯乙烯等。

(10)其他：电炉或砂浴锅、石棉网、金属锅或瓷把坩埚等。

3. 试验准备

(1)按规定的方法准备试样。

(2)按试验要求将恒温水槽调节到要求的试验温度 25 ℃，或 15 ℃、30 ℃(5 ℃)等，保持稳定。

(3)将试样注入盛样皿中，试样高度应超过预计针入度值 10 mm，并盖上盛样皿，以防止落入灰尘。盛有试样的盛样皿在 15~30 ℃室温中冷却 1~1.5 h(小盛样皿)、1.5~2 h(大盛样皿)或 2~2.5 h(特殊盛样皿)后移入保持规定试验温度为±0.1 ℃的恒温水槽中 1~1.5 h(小盛样皿)、1.5~2 h(大试样皿)或 2~2.5 h(特殊盛样皿)。

(4)调整针入度仪使之水平。检查针连杆和导轨，以确认无水和其他外来物，无明显摩擦。用三氯乙烯或其他溶剂清洗标准针并拭干。将标准针插入针连杆，用螺栓紧固。按试验条件，加上附加砝码。

4. 试验步骤

(1)取出达到恒温的盛样皿，并移入水温控制在试验温度，即±0.1 ℃(可用恒温水槽中的水)的平底玻璃皿中的三脚支架上，试样表面以上的水层深度不少于 10 mm。

(2)将盛有试样的平底玻璃皿置于针入度仪的平台上。慢慢放下针连杆，用适当位置的反光镜或灯光反射观察，使针尖恰好与试样表面接触。拉下刻度盘的拉杆，使其与针连杆顶端轻轻接触，调节刻度盘或深度指示器的指针指示为零。

(3)开动秒表，在指针正指 5 s 的瞬间，用手紧压按钮，使标准针自动落下贯入试样，经规定时间，停压按钮使针停止移动。

注：当采用自动针入度仪时，计时与标准针落下贯入试样同时开始，至 5 s 时自动停止。

(4)拉下刻度盘拉杆使其与针连杆顶端接触，读取刻度盘指针或位移指示器的读数，精确至 0.5 ℃(0.1 mm)。

(5)同一试样平行试验至少 3 次，各测试点之间及与盛样皿边缘的距离不应少于 10 mm。每次试验后应将盛有盛样皿的平底玻璃皿放入恒温水槽，使平底玻璃皿中水温保持试验温度。每次试验应更换一根干净标准针或将标准针取下，用蘸有三氯乙烯溶剂的棉花或布揩净，再用干棉花或布擦干。

(6)测定针入度大于 200 的沥青试样时，至少用 3 支标准针，每次试验后将针留在试样中，直至 3 次平行试验完成后，才能将标准针取出。

(7)测定针入度指数 PI 时，按同样的方法在 15 ℃、25 ℃、30 ℃(5 ℃)3 个或 3 个以上(必要时增加 10 ℃、20 ℃等)温度条件下分别测定沥青的针入度，但用于仲裁试验的温度条件应为 5 个。

5. 结果整理

同一试样 3 次平行试验结果的最大值和最小值之差在下列允许偏差范围内时，计算 3 次试验结果的平均值，取整数作为针入度试验结果，以 0.1 mm 为单位，见表 9-15。

表 9-15　结果整理

针入度(0.1 mm)	允许差值(0.1 mm)
0~49	2
50~149	4
150~249	6
250~350	8
350~500	20

当试验值不符合此要求时，应重新进行测定。

二、防水卷材取样及性能检测试验

1. 抽样

抽样根据相关方协议的要求可按表 9-16 进行抽取，不要抽取损坏的卷材。

表 9-16　抽样

批量/m²		样品数量/卷
以上	直至	
—	1 000	1
1 000	2 500	2
2 500	5 000	3
5 000	—	4

2. 试样和试件

(1)温度条件。在裁取试样前样品应在温度为(20±10)℃条件下放置至少 24 h。无争议时可在产品规定的展开温度范围内裁取试样。

(2)试样。在平面上展开抽取的样品，根据试件需要的长度在整个卷材宽度上裁取试样。若无合适的包装保护，将卷材外面的一层去除。试样用能识别的材料标记卷材的上表面和机器生产方向，若无其他相关标准规定，在裁取试件前试样应在(23±2)℃放置至少 20 h。

(3)试件。在裁取试件前检查试样，试样不应有由于抽样或运输造成的折痕，保证试样没有《建筑防水卷材试验方法 第 2 部分：沥青防水卷材 外观》(GB/T 328.2—2007)或《建筑防水卷材试验方法 第 3 部分：高分子防水卷材 外观》(GB/T 328.3—2007)规定的外观缺陷。根据相关标准规定的检测性能和需要的试件数量裁取。试件用能识别的方式来标记卷材的上表面和机器生产方向。

3. 抽样报告

抽样报告至少包含以下信息。

(1)相关标准中产品试验需要的所有数据。

(2)涉及 GB/T 328 系列相关标准规定的本部分及偏离。

(3)与产品或过程有关的折痕或缺陷。

(4)抽样地点和数量。

微课：防水卷材
性能检测

4. 厚度测定

(1)原理。卷材厚度在卷材宽度方向平均测量 10 点，这些值的平均值记录为整卷卷材的厚度，单位为 mm。

(2)仪器设备。测量装置能测量厚度精确至 0.01 mm，测量面平整，直径为 10 mm，施加在卷材表面上的压力为 20 kPa。

(3)抽样和试件制备。

1)抽样。按《建筑防水卷材试验方法 第 1 部分：沥青和高分子防水卷材 抽样规则》(GB/T 328.1—2007)抽取未损伤的整卷卷材进行试验。

2)试件制备。从试样上沿卷材整个宽度方向裁取至少100 mm宽的一条试件。

3)试验试件的条件。通常情况常温下进行测量有争议时,试验在温度为(23±2)℃条件下进行,并在该温度放置不少于20 h。

(4)步骤。保证卷材和测量装置的测量面没有污染,在开始测量前检查测量装置的零点,在所有测量结束后再检查一次。在测量厚度时,测量装置慢慢落下,避免使试件变形,在卷材宽度方向均匀分布10点测量并记录厚度,最外侧的测量点应距离卷材边缘100 mm。

(5)结果表示。

1)计算。计算按步骤中测量的10点厚度的平均值,修约到0.1 mm表示。

2)精确度。试验方法的精确度没有规定。推论厚度测量的精确度不低于0.1 mm。

5. 单位面积质量测定

(1)原理。试件从试片上裁取并称重,然后得到单位面积质量平均值。

(2)仪器设备。称量装置,能测量试件质量并精确至0.01 g。

(3)抽样和试件制备。

1)抽样。按《建筑防水卷材试验方法 第1部分:沥青和高分子防水卷材 抽样规则》(GB/T 328.1—2007)抽取未损伤的整卷卷材进行试验。

2)试件制备。从试样上裁取至少长度为0.4 m、整个卷材宽度的试片,从试片上裁取3个正方形或圆形试件,每个面积为(10 000±100)mm²,一个从中心裁取,其余两个和第一个对称,沿试片相对两角的对角线,此时试件距离卷材边缘大约为100 mm,避免裁下任何留边。

3)试验条件。试件应在(23±2)℃和(50±5)%相对湿度条件下至少放置20 h,试验在温度为(23±2)℃条件下进行。

(4)步骤。用称量装置称量每个试件,记录质量精确至0.1 g。

(5)结果表示。

1)计算。计算卷材单位面积质量 m,单位为千克每平方米(kg/m²),取三个试件质量的平均值。

2)精确度。试验方法的精确度没有规定,推论单位面积质量的精确度不低于10 g/m²。

(6)试验报告。

6. 拉伸性能检测

(1)原理。试件以恒定的速度拉伸至断裂。连续记录试验中拉力和对应的长度变化。

(2)仪器设备。拉伸试验机有连续记录力和对应距离的装置,能按下面规定的速度均匀移动夹具。拉伸试验机有足够的量程(至少2 000 N)和夹具移动速度(100±10)mm/min,夹具宽度不小于50 mm。拉伸试验机的夹具能随着试件拉力的增加而保持或增加夹具的夹持力,对于厚度不超过3 mm的产品能夹住试件使其在夹具中的滑移不超过1 mm,更厚的产品不超过2 mm。这种夹持方法不应在夹具内外产生过早的破坏。为防止从夹具中的滑移超过极限值,允许用冷却的夹具,同时实际的试件伸长用引伸计测量。力值测量至少应符合《拉力、压力和万能试验机检定规程》(JJG 139—2014)的相关规定。

(3)抽样。抽样按《建筑防水卷材试验方法 第1部分:沥青和高分子防水卷材 抽样规则》(GB/T 328.1—2007)进行。

(4)试件制备。整个拉伸试验应制备两组试件,一组纵向5个试件,另一组横向

5个试件。试件在试样上距离边缘 100 mm 以上任意裁取，用模板或用裁刀，矩形试件宽为(50±0.5)mm，长为 200 mm+2×夹持长度，长度方向为试验方向。表面的非持久层应去除。试件在试验前应在温度为(23±2)℃和相对湿度温度为 30%～70%的条件下至少放置 20 h。

(5)步骤。将试件紧紧地夹在拉伸试验机的夹具中，注意试件长度方向的中线与试验机夹具中心在一条线上。夹具之间距离为(200±2)mm。为防止试件从夹具中滑移，应做标记。当用引伸计时，试验前应设置标距间距离为(180±2)mm。为防止试件产生任何松弛，推荐加载不超过 5 N 的力。试验在温度为(23±2)℃条件下进行，夹具移动的恒定速度为(100±10)mm/min。连续记录拉力和对应夹具(或引伸计)之间的距离。

(6)结果表示、计算。记录得到的拉力和距离，或数据记录，最大的拉力和对应的由夹具(或引伸计)间距离与起始距离的百分率计算的延伸率。去除任何在夹具 10 mm 以内断裂或在试验机夹具中滑移超过极限值的试件的试验结果，用备用件重测，最大拉力单位为 N/50 mm，对应的延伸率用百分率表示，作为试件同一方向结果。分别记录每个方向 5 个试件的拉力值和延伸率，计算平均值。拉力的平均值修约到 5 N，延伸率的平均值修约到 1%。同时，对于复合增强的卷材在应力-应变图上有两个或更多的峰值，拉力和延伸率应记录两个最大值。

(7)试验报告。

7. 低温柔性性能检测

(1)相关术语。

1)柔性：沥青防水卷材试件在规定温度下弯曲无裂缝的能力。

2)弯温度：沥青防水卷材绕规定的棒弯曲无裂缝的最低温度。

3)沥青防水卷材涂盖层的裂纹扩展到胎体或完全贯穿无增强卷材。

(2)原理。从试样裁取的试件上表面和下表面分别绕浸在冷冻液中的机械弯曲装置上弯曲 180°，弯曲后，检查试件涂盖层存在的裂纹。

(3)仪器和用品。试验装置的操作示意和方法：该装置由两个直径为(20±0.1)mm 不旋转的圆筒、一个直径为(30±0.1)mm 的圆筒或半圆筒弯曲轴组成(可以根据产品规定采用其他直径的弯曲轴，如 20 mm、50 mm)。该轴在两个圆筒中间能向上移动，两个圆筒之间的距离可以调节，即圆筒和弯曲轴之间的距离能调节为卷材的厚度。

整个装置浸入能控制温度在 -40～+20 ℃、精度为 0.5 ℃温度条件的冷冻液中。冷冻液用下列任一混合物。

1)丙烯乙二醇/水溶液(体积比为 1:1)低至 -25 ℃；

2)低于 -20 ℃的乙醇/水混合物(体积比为 2:1)。

用一支测量精度为 0.5℃的半导体温度计检查试验温度，放入试验液体中与试验试件在同一水平面。试件在试验液体中的位置水平放且完全浸入，用可移动的装置支撑，该支撑装置应至少能放 1 组 5 个试件。试验时，弯曲轴从下面顶着试件以 360 mm/min 的速度升起，这样试件能弯曲 180°，电动控制系统能保证在每个试验过程和试验温度的移动速度保持在(360±40)mm/min。裂缝通过自测检查，在试验过程中不应有任何人为的影响。为了准确评价，试件移动路径是在试验结束时，试件应露出冷冻液，移动部分通过设置适当的极限开关控制限定位置。

(4)抽样。抽样按《建筑防水卷材试验方法 第1部分：沥青和高分子防水卷材 抽样规则》(GB/T 328.1—2007)的规定进行。

(5)试件制备。用于低温柔性或冷弯温度测定试验的矩形试件尺寸为(150 ± 1)mm×(25 ± 1)mm，试件从试样宽度方向上均匀裁取，长边在卷材的纵向，试件裁取时应距离卷材边缘不少于150 mm，试件应从卷材的一边开始做连续的记号，同时，标记卷材上表面和下表面。去除表面的任何保护膜，适宜的方法是常温下用胶带粘在上面，冷却到接近假设的冷弯温度，然后从试件上撕去胶带；另外是用压缩空气吹（压力约为0.5 MPa，喷嘴直径约为0.5 mm），假若上面的方法不能除去保护膜，可用火焰烤，用最少的时间破坏膜而不损伤试件。试件试验前应在温度为(23 ± 2)℃的平板上放置至少4 h，并且相互之间不能接触，也不能粘在板上，可以用硅纸垫，表面的松散颗粒用手轻轻敲打除去。

(6)步骤。

1)仪器准备。在开始所有试验前，两个圆筒之间的距离应按试件厚度调节，即弯曲轴直径＋2 mm＋2×试件厚度。将装置放入已冷却的液体中，并且圆筒的上端在冷冻液面下约10 mm，弯曲轴在下面的位置。弯曲轴直径根据产品不同可以为20 mm、30 mm、50 mm。

2)试件条件。冷冻液达到规定的试验温度，误差不超过0.5 ℃，试件放于支撑装置上，且在圆筒的上端，保证冷冻液完全浸没试件。试件放入冷冻液达到规定温度后，开始在该温度条件下保持1 h±5 min，半导体温度计的位置靠近试件，检查冷冻液温度，然后试件按低温柔性或冷弯温度测定。

(7)低温柔性。两组各5个试件，全部试件经过温度处理后，一组是上表面试验，另一组是下表面试验，试验按下述方式进行。试件放置在圆筒和弯曲轴之间，试验面朝上，然后设置弯曲轴以(360 ± 40)mm/min速度顶着试件向上移动，试件同时绕轴弯曲。轴移动的终点在圆筒上面(30 ± 1)mm处，试件的表面明显露出冷冻液，同时液面也因此下降。在完成弯曲过程10 s内，在适宜的光源下用肉眼检查试件有无裂纹，必要时用辅助光学装置帮助检查。假若有一条或更多的裂纹从涂盖层深入到胎体层或完全贯穿无增强卷材，即存在裂缝。一组5个试件应分别试验检查，假若装置的尺寸满足要求，可以同时试验几组试件。

(8)冷弯温度测定。假若沥青卷材的冷弯温度要测定（如人工老化后变化的结果），按下面步骤进行试验。冷弯温度的范围（未知）最初测定，从期望的冷弯温度开始，每隔6 ℃试验每个试件。因此，每个试验温度都是6 ℃的倍数（如-12 ℃、-18 ℃ 、-24 ℃等），从开始导致破坏的最低温度开始，每隔2 ℃分别试验每组5个试件的上表面和下表面，连续每次2 ℃改变温度，直到每组5个试件分别试验后至少有4个无裂缝，这个温度记录为试件的冷弯温度。

(9)结果记录、计算和试验方法的精确度。

1)规定温度的柔度结果。按规定进行试验，一个试验面5个试件在规定温度至少有4个无裂缝为通过，上表面和下表面的试验结果要分别记录。

2)冷弯温度测定的结果。测定冷弯温度时，5个试件中至少有4个通过。冷弯温度是该卷材试验面的，上表面和下表面的结果应分别记录（卷材的上表面和下表面可能有不同的冷弯温度）。

3)试验方法的精确度。精确度由相关试验室按《测量方法与结果的准确度(正确度与精密度)第2部分：确定标准测量方法重复性与再现性的基本方法》(GB/T 6379.2—2004)规定进行测定，采用增强卷材和聚合物改性涂料。

(10)试验报告。

小结

　　防水材料是确保各类建筑工程能够防止雨水、地下水和其他水分渗透的建筑材料之一。防水材料的品种有各类卷材和防水涂料及防水密封材料，防水卷材按照其主要组成材料可分为沥青防水卷材、高聚物改性沥青防水卷材和合成高分子防水卷材三大类。随着建筑材料工业的不断发展，各类新型建筑防水材料必将更好地适应建筑工程防水的要求。

自我测评

一、名词解释

1. 石油沥青的黏滞性

2. 石油沥青的塑性

3. 石油沥青的温度敏感性

4. 防水密封材料

5. SBS改性沥青防水卷材

二、填空题

1. 石油沥青的主要组分是_____、_____、_____。它们分别赋予石油沥青_____性、_____性、_____性、_____性。

2. 石油沥青的三大技术指标是_____、_____和_____，它们分别表示沥青的_____性、_____性和_____性，石油沥青的牌号是以其中的_____指标来划分的。

3. 评定石油沥青黏滞性的指标是_____；评定石油沥青塑性的指标是_____；评定石油沥青温度敏感性的指标是_____。

4. 冷底子油是由_____和_____配制而成的，主要用于_____。

5. SBS改性沥青柔性油毡是近年来生产的一种弹性体沥青防水卷材，它是以_____为胎体，以_____改性沥青为面层，以_____为隔离层的沥青防水卷材。

6. 防水涂料根据构成涂料的主要成分的不同，可分为_____、_____、_____和_____四类。

三、选择题

1. 黏稠沥青的黏性用针入度值表示，针入度值越大，(　　)。

A. 黏性越小、塑性越大、牌号增大

B. 黏性越大、塑性越差、牌号减小

C. 黏性越大、塑性越大、牌号减小

D. 黏性不变、塑性不变、牌号不变

2. 下列防水材料中，属于刚性防水的是（　　）。

A. 防水砂浆　　　　B. 防水卷材　　　　C. 防水涂料　　　　D. 止水带

3. 反映防水卷材温度稳定性能的指标是（　　）。

A. 抗渗透性　　　　B. 断裂伸长率　　　　C. 耐热性　　　　D. 柔韧性

4. 在进行沥青试验时，要特别注意（　　）。

A. 室内温度　　　　　　　　　　　B. 试件所在水中的温度

C. 养护温度　　　　　　　　　　　D. 试件所在容器中的温度

5. 博物馆、图书馆、医院、影剧院等建筑物的屋面防水材料耐用年限应该在
（　　）年以上。

A. 5　　　　　　　B. 10　　　　　　　C. 15　　　　　　　D. 20

四、是非判断题

1. 石油沥青的主要化学组分有油分、树脂和地沥青质三种，它们随着温度的变化而逐渐递变。（　　）

2. 在石油沥青中，当油分含量减少时，黏滞性增大。（　　）

3. 针入度反映了石油沥青抵抗剪切变形的能力，针入度值越小，表明沥青黏度越小。（　　）

4. 软化点小的沥青，其抗老化能力较好。（　　）

5. 三元乙丙橡胶防水卷材性能优良，其成本高。（　　）

6. SBS改性沥青防水卷材属弹性体沥青防水卷材，适用于较高气温环境的建筑防水。（　　）

五、问答题

1. 石油沥青有哪些主要技术性质？各用什么指标表示？

2. 常用防水卷材有哪几种？普通油毡的标号代表什么？

3. 何谓石油沥青的老化？在老化过程中沥青的性质发生了哪些变化？

4. 与传统的沥青防水卷材相比，改性沥青防水卷材和合成高分子防水卷材有何优点？

5. 为满足防水要求，防水卷材应具有哪些技术性能？

六、讨论题

给出一个场景，让学生设计并制作屋面防水层材料选择及构造，通过PPT和实物介绍设计理念，锻炼学生的创新能力。

技能测试

203

项目十　建筑装饰材料检测与应用

情境描述 >>>

　　建筑装饰材料即建筑装修材料，也称建筑装潢材料，是指装饰各类建筑物以提高其使用功能和美观度，保护主体结构在各种环境因素下的稳定性和耐久性的建筑材料及其制品。建筑装饰材料按用途可分为室内装饰材料和室外装饰材料两类。建筑装饰材料的种类繁多，主要有草、木、石、砂、砖、瓦、水泥、石膏、石棉、石灰、玻璃、马赛克、软瓷、陶瓷、油漆涂料、纸、生态木、金属、塑料、织物等。

　　某工程在外墙混凝土面上喷涂水泥类复层图案喷涂材料（一般称为喷涂花砖），饰面施工后大约过了 3 个月，外涂层就变了颜色，只好重新喷涂外涂层。后来经过一年时间，外墙喷涂花砖又严重剥落。经调查发现，喷涂材料中混有易溶于雨水的碳酸钙。

任务分布 >>>

　　1. 按用途对常用建筑装饰材料进行分类。

　　2. 市场调查当地装饰材料品种、名称、规格、产地及价格。

　　3. 调查一幢建筑，列举该建筑物所使用的建筑装饰材料的种类及使用部位。

　　4. 根据本项目所学内容，分析外墙喷涂花砖脱落的原因。

学习目标 >>>

　　本项目主要介绍建筑装饰材料的类型、技术特性和应用，通过学习要达到如下知识目标、能力目标及素养目标。

　　知识目标：了解建筑工程中常用装饰材料（装饰面砖、金属材料类装饰板材、有机材料类装饰板材、无机材料类装饰板材和建筑玻璃等）的主要类型和作用，掌握常用装饰材料的主要技术性能及选用原则。

　　能力目标：能结合工程实例理解不同类型装饰材料的性能特点和使用要求，会根据环境条件及建筑工程的具体要求，合理选用装饰材料。

　　素养目标：通过学习不同装饰材料性能及选用原则，培养创新思维，提升学生应用新材料、新技术表达建筑美的能力。

一、建筑装饰材料的定义与作用

建筑装饰材料也称为装修材料，是在建筑结构工程和水、电、暖、管道安装等工程基本完成后，在最后装修阶段所使用的各种起装饰作用的材料。

建筑装饰材料是建筑装饰工程的物质基础。装饰工程的总体效果及功能的实现，无一不是通过运用装饰材料及其配套设备的形体、质感、图案、色彩和功能等表现出来的。建筑装饰材料在整个建筑材料中占有重要的地位。据资料分析，一般在普通建筑物中，装饰材料的费用占其建筑材料成本的50％左右；而在豪华型建筑物中，装饰材料的费用要占70％以上。

建筑物外部装饰，既美化了表面，也对建筑物起到了保护作用，使其提高对大自然风吹、日晒、雨淋、霜雪和冰雹等侵袭的抵抗能力，以及对腐蚀性气体与微生物的抗侵蚀能力，从而有效地提高了建筑物的耐久性，降低了维修费用。同时，装饰材料还有一些特殊功能，如现代建筑大量采用的吸热或热反射玻璃幕墙，在国际上流行的具有隔声和防结露的高效能中空玻璃等。

二、建筑装饰材料的选用原则

建筑物的功能复杂，不同的建筑功能对装饰的要求是不同的，即使同一类建筑物，也因设计的标准不同，而对装饰的要求有所不同。

一般来说，建筑装饰材料的选择可从以下几个方面来考虑。

1. 材料的外观

建筑装饰材料的外观主要是指形体、质感、色彩和纹理等。块状材料有稳定感，而板状材料则有轻盈的视觉效果；不同的材料质感给人的尺度和冷暖感是不同的，毛面材料有粗犷豪迈的感觉，而镜面材料则有细腻的效果；色彩对人的心理作用就更为明显。各种色彩都使人产生不同的感觉。因此，建筑内部色彩的选择不仅要从美学的角度考虑，还要从色彩功能的重要性的角度考虑，力求合理运用色彩，以对人们的心理和生理均能产生良好的效果。红、黄和橙等暖色调使人感到热烈、兴奋和温暖；绿、蓝和紫等冷色调使人感到宁静、幽雅和清凉。寝室宜采用淡蓝色或淡绿色，以增加室内的舒适感和宁静感；幼儿园、游乐场等公共场所宜采用暖色调，使环境更加活泼、生动；医院宜采用浅色调，给人以安静和安全感。合理而艺术地使用装饰材料的外观效果，能将建筑物的室内外环境装饰得层次分明，情趣盎然。

2. 材料的功能

建筑装饰材料所具有的功能要与使用该材料的场所特点结合起来考虑。如人流密集的公共场所地面，应采用耐磨性好、易清洁的地面装饰材料；住宅中厨房间的墙地面和顶棚装饰材料，则采用耐污性和耐擦洗性较好的材料；而影剧院的地面如果采用地毯装饰，显然就不能满足地面易清洁和耐磨损的要求，而且时间长了，肮脏的毯面有利于细菌的繁殖，会影响人体的健康。

3. 材料的经济性

建筑装饰的费用在建设项目总投资中的比例往往高达1/2，甚至2/3。主要原因是装饰材料的价格较高，在装饰投资时，应从长远性、经济性的角度出发，充分利用有限的资金取得最佳的装饰和使用效果，做到既满足目前的要求，又有利于以后的装饰变化。例如，家庭装饰时，管道线路的敷设一定要考虑今后室内陈设的变化情况，否则在进行内部装饰环境改造时，会遇到较多的麻烦。又如，许多高层或超高层建筑的外部围护采用了保温隔热性能优越的热反射幕墙。尽管它的一次性投资较大，但由于采用幕墙后能降低室内采暖或制冷的空调费用，大楼使用后的数年内，能耗降低的费用与使用幕墙的投资增加额相当。因此，从长期运行的经济角度来看，使用一次性投资较大的此类幕墙是经济、合理的。

装饰材料及其配套装饰设备的选择与使用应满足与总体环境空间的协调，在功能内容与建筑物艺术形式的统一中寻求变化，充分考虑环境气氛、空间的功能划分、材料的外观特性、材料的功能性及装饰费用等问题，从而使所设计的内容能够取得独特的装饰效果。

》》任务二　建筑装饰面砖的性能与应用

凡用黏土及其他天然矿物原料，经配料、制坯、干燥和焙烧制得的成品，统称为陶瓷制品。建筑陶瓷是用于建筑物路面、地面及卫生设备的陶瓷材料与制品。建筑陶瓷具有强度高、性能稳定、耐蚀性好、耐磨、防水、防火、易清洗及装饰性好等优点，在建筑工程及装饰工程中应用十分普遍。

一、外墙面砖

外墙面砖是镶嵌于建筑物外墙面上的片状陶瓷制品，是采用品质均匀而耐火度较高的黏土经压制成型后焙烧而成的。根据面砖表面的装饰情况可分为表面不施釉的单色砖（又称墙面砖）；表面施釉的彩釉砖；表面既有彩釉又有凸起的花纹图案的立体彩釉砖；表面施釉，并做成花岗石花纹的表面，称为仿花岗石釉面砖等。为了与基层墙面很好黏结，面砖的背面均有肋纹。

微课：Hello，斩假石！

斩假石历史悠久，其特点是通过细致的加工使其表面石纹逼真、规整，形态丰富，给人一种类似天然岩石的美感效果。你知道每平方米斩假石工人要斩錾多少下吗？

外墙面砖的主要规格尺寸较多，质感、颜色多样化，具有强度高、防潮、抗冻、耐用、不易污染和装饰效果好的特点。

二、内墙面砖

内墙面砖也称为釉面砖、瓷砖、瓷片，是适用于建筑物室内装饰的薄型精陶制品。它由多孔坯体和表面釉层两部分组成。表面釉层分结晶釉、花釉、有光釉等不同类别，按釉面颜色可分为单色（含白色）、花色和图案砖等。

釉面砖色泽柔和典雅，朴实大方，热稳定性好，防潮、防火、耐酸碱，表面光滑、易清洗，主要用于厨房、卫生间、浴室、试验室、医院等室内墙面、台面等。但它不宜用于室外，因其多孔坯体层和表面釉层的吸水率、膨胀率相差较大，在室外受到日晒雨淋及温度变化时，易开裂或剥落。

三、墙地砖

墙地砖是以优质陶土为主要原料，经成型后于 1 100 ℃左右焙烧而成的，可分为无釉（无光面砖）和有釉（彩釉砖）两种。墙地砖具有强度高、耐磨、化学稳定性好、易清洗、吸水率低、不燃和耐久等特点。

墙地砖颜色繁多，表面质感多样，通过配料和制作工艺的变化，可制成平面、麻面、毛面、抛光面、仿石表面和压光浮雕面等多色多种制品。其主要品种有以下几种。

1. 劈裂墙地砖

劈裂墙地砖又称为劈离砖或双合砖，是新开发的一种彩釉墙地砖。其特点是兼具普通机制黏土砖和彩釉砖的特性。其密度大、强度高、吸水率小，耐磨且抗冻。又由于其表面施加了彩釉，因而具有良好的装饰性和可清洗性。其品种有平面砖，踏步砖，阳、阴角砖，彩色釉面砖及表面压花砖等。在平面砖中又有长方形、条形、双联条形和方形等。有各种颜色，外形美观，可按需要拼砌成多种图案以适应建筑物和环境的需要。因其表面不反光、无亮点、外观质感好，所以用于外墙面时，质朴、大方，具有石材的装饰效果。用于室内外地面、台面、踏步、广场及游泳池、浴池等处的劈裂砖，因其表面具有黏土质的粗糙感，不易打滑，故其装饰和使用效果均佳。

2. 麻面砖

麻面砖采用仿天然岩石的色彩配料，压制成表面凹凸不平的麻面坯体后经焙烧而成。砖的表面酷似经人工修凿过的天然岩石，纹理自然，有白、黄等多种色调。该类砖的抗折强度大于 20 MPa，吸水率小于 1%，防滑、耐磨。薄型麻面砖适用于外墙饰面，厚型麻面砖适用于广场、停车场和人行道等地面铺设。

3. 彩胎砖

彩胎砖是一种本色无釉瓷质饰面砖，富有天然花岗石的纹点，纹点细腻，色调柔和莹润，质朴高雅。彩胎砖表面有平面和浮雕两种，又有无光、磨光、抛光之分，吸水率小于 1%，抗折强度大于 27 MPa，耐磨性和耐久性好，可用于住宅厅堂的墙面、地面装饰，特别适用于人流量大的商场、剧院和宾馆等公共场所的地面铺贴。

四、陶瓷马赛克

陶瓷马赛克是由各种颜色、多种几何形状的小块瓷片（长边一般不大于 50 mm）铺贴在牛皮纸上的陶瓷制品（又称为纸皮砖）。产品出厂前已按各种图案粘贴好，每张（联）牛皮纸制品面积约为 0.093 m^2，质量约为 0.65 kg，每 40 联为一箱，每箱可铺贴面积为 3.7 m^2。

陶瓷马赛克可分为有釉和无釉两类，目前各地产品多是无釉的。陶瓷马赛克质地坚实，经久耐用，色泽图案多样，耐酸、耐碱、耐火、耐磨，吸水率小，不渗水，易清洗，热稳定性好。陶瓷马赛克主要用于室内地面装饰，如浴室、厨房、餐厅和化验室等地面，也可用作内外墙饰面，并可镶拼成风景名胜和花鸟动物图案的壁画，形成别具风格的马赛克壁画艺术，其装饰性和艺术性均较好，且可增强建筑物的耐久性。

五、玻璃类装饰砖

玻璃砖又称为特厚玻璃，有实心玻璃砖和空心玻璃砖两种。实心玻璃砖是用机械压制方法制成的；空心玻璃砖是将两种模压成凹形的玻璃原体，熔接或胶结成整体，其空腔内充以干燥空气的玻璃制品。

空心玻璃砖有单孔和双孔两种，按性能分有在内侧面做成各种花纹，赋予它特殊的采光性，使外来光散射的玻璃砖和使外来光向一定方向折射的指向性玻璃砖；按形状分有正方形、矩形及各种异形产品；按尺寸分，一般有 115 mm、145 mm、240 mm和 300 mm 等规格产品；按颜色分，有使玻璃本身着色，有在其侧面涂色，以及在内侧面用透明着色材料涂饰等产品。

玻璃砖被誉为"透光墙壁"。它具有强度高、绝热、隔声、透明度高、耐水和耐火等优越特性。玻璃砖用来砌筑透光的墙壁、建筑物的非承重内外隔墙、淋浴隔断、门厅、通道等，特别适用于高级建筑、体育馆、图书馆，用作控制透光、眩光和太阳光等场合。

六、地面用装饰砖

铺贴地面的装饰砖主要有墙地砖和地面砖，这里主要介绍地面砖。

地面砖是用作铺贴地面的板状陶瓷材料，又称为防潮砖、缸砖、地砖，是用塑性较大且难熔黏土经压制成型，焙烧而成的，有红、黄、蓝和绿等颜色。它具有质坚、耐磨、强度高、吸水率低和易清洗等特点，一般用作室外平台、阳台、浴室、厕所、厨房，以及人流量大的通道、站台、商店等地面装饰。

铺地陶瓷类产品已向大尺寸、多功能、豪华型发展，如已有边长大于 600 mm 的大规格地板砖（已接近铺地石材的常用规格），并有仿石型地砖、防滑型地砖、玻化地砖等不同装饰效果的陶瓷铺地砖。

任务三　金属材料类装饰板材的性能与应用

金属是建筑装饰装修中不可缺少的重要材料之一，因为它有特殊的装饰性和质感，又有优良的物理力学性能。在金属材料中，作为装饰应用最多的是铝材，如铝合金门、窗、百叶窗帘及装饰板等。近年来，不锈钢的应用大大增加。同时，由于防腐蚀技术的发展，各种普通钢材的应用也逐渐增加。

金属饰面板是建筑装饰中的中高档装饰材料，主要用于墙面的点缀和柱面的装饰。由于金属装饰板易于成型，能满足造型方面的要求，同时具有防火、耐磨、耐腐蚀等一系列优点，因而在现代建筑装饰中，金属装饰板以独特的金属质感、丰富多变的色彩与图案、美满的造型而获得广泛应用。

一、铝合金装饰板

铝合金装饰板是一种中档次的装饰材料，装饰效果别具一格、价格低，易于成型，表面经阳极氧化和喷漆处理，可以获得不同色彩的氧化膜或漆膜。铝合金装饰板具有质量轻、经久耐用、刚度好和耐大气腐蚀等特点，可连续使用 20～60 年，适用于饭店、商场、体育馆、办公楼和高级宾馆等建筑的墙面与屋面装饰。建筑中常用的铝合金装饰板主要有以下几种。

1. 铝合金花纹板

铝合金花纹板是采用防锈铝合金坯料，用特殊的花纹轧辊轧制而成的。其花纹美观大方，价格适中，不易磨损，防滑性好，防腐蚀性能强，便于冲洗，通过表面处理可以得到各种美丽的色彩。花纹板板材平整，裁剪尺寸精确，便于安装，广泛用于现代建筑的墙面装饰及楼梯踏板等处。

铝合金浅花纹板是优良的建筑装饰材料之一，它的花纹精巧别致，色泽美观大方，除具有普通铝合金共有的优点外，刚度提高 20%，抗污垢、抗划伤、抗擦伤能力均有所提高，是我国所特有的建筑装饰产品。

铝合金花纹板对白光反射率达到 75%～90%，热反射率达到 85%～95%。在氨、硫、硫酸、磷酸、亚磷酸、浓硝酸、浓醋酸中耐腐蚀性良好。通过电解、电泳涂漆等表面处理可以得到不同色彩的浅花纹板。

2. 铝合金压型板

铝合金压型板质量轻，外形美，耐腐蚀，经久耐用，安装容易，施工快速，经表面处理可得各种优美的色彩，是目前得到广泛应用的一种新型建筑装修材料，主要用于墙面和屋面。该板也可作为复合外墙板，用于工业与民用建筑的非承重外挂板。

3. 铝合金冲孔平板

铝合金冲孔平板是用各种铝合金平板经机械冲孔而成的。孔型根据需要有圆孔、方孔、长圆孔、长方孔、三角孔和大小组合孔等，这是近年来开发的一种降低噪声并兼有装饰作用的产品。

铝合金冲孔平板材质轻、耐高温、耐高压、耐腐蚀、防火、防潮、防振、化学稳定性好、造型美观、色泽优雅、立体感强、装饰效果好、组装简单，可用于宾馆、饭店、剧场、影院、播音室等公共建筑和中高级民用建筑以改善音质条件，也可作为降噪声措施用于各类车间厂房、机房、人防地下室等。

知识拓展

建筑用非铁金属中，铝及铝合金是用量最多的。近十几年来，铝及铝合金的应用发展迅速。工业发达国家已开始将铝合金用在建筑结构中代替或部分代替钢材，构成轻型结构。

纯铝为银白色轻金属，其强度低（σ_b 为 80～100 MPa）、硬度低（HB 为 17～44）、塑性好（σ_{10} 达 40%）、延展性好，耐蚀性好，仅适用于门窗、百叶、小五金及铝箔等非承重材料。铝粉（俗称银粉）可调制成装饰涂料和防锈涂料。

纯铝中加入镁、锰等元素，成为铝合金，在建筑工程中得到广泛应用。按加工方法，将铝合金分为铸造铝合金（LZ）和变形铝合金。变形铝合金是通过辊轧、冲压、弯曲等工艺，使铝的组织和形状发生变化的铝合金，又分为防锈铝合金（LF）（热处理非强化型）和硬铝合金（LY）、超硬铝合金（LC）、锻造铝合金（LD）（可以热处理强化的铝合金）。

建筑工程中应用最为广泛的是锻造铝合金，即 Al-Mg-Si 铝合金（LD31），其屈服强度（$\sigma_{0.2}$）为 110～170 MPa，抗拉强度（σ_b）为 155～205 MPa，伸长率（δ）为 8％，弹性模量为 0.69×10^5 MPa，密度为 2.69 g/cm³。其性能接近低碳钢，密度只是低碳钢的 1/3，是高层、大跨度建筑的理想结构材料。硬铝合金和超硬铝合金可通过铸造、轧制成板材，挤压加工成门、窗框、屋架、活动墙等铝合金构件和产品。

二、装饰用钢板

装饰用钢板主要是厚度小于 4 mm 的薄板，用量最多的是厚度小于 2 mm 的板材，有平面钢板和凹凸钢板两类。前者通常是经研磨、抛光等工序制成的；后者是在正常的研磨、抛光之后再经辊压、雕刻、特殊研磨等工序制成的。平面钢板又可分为镜面板（板面反射率＞90％）、有光板（反射率＞70％）和亚光板（反射率＜50％）三类。凹凸板也有浮雕花纹板、浅浮雕花纹板和网纹板三类。

1. 镜面不锈钢钢板

镜面不锈钢钢板光亮如镜，其反射率、变形率均与高级镜面相似，与玻璃镜有不同的装饰效果。该板耐火、耐潮、耐腐蚀，不会变形和破碎，安装施工方便，主要用于高级宾馆、饭店、舞厅、会议厅、展览馆、影剧院的墙面、柱面、造型面，以及门面、门厅的装饰。

镜面不锈钢钢板有普通镜面不锈钢钢板和彩色镜面不锈钢钢板两种。彩色不锈钢装饰板是在普通不锈钢钢板上进行技术和艺术加工的，成为各种色彩绚丽的不锈钢钢板。常用颜色有蓝色、灰色、紫色、红色、青色、绿色、金黄色和茶色等。

2. 亚光不锈钢钢板

不锈钢钢板表面反光率在 50％ 以下的称为亚光板，其反射光线柔和，不刺眼，在室内装饰中有一种很柔和的艺术效果。亚光不锈钢钢板根据反射率不同，又可分为多种级别。通常使用的钢板反射率为 24％～28％，最低的反射率为 8％，比墙面壁纸反射率略高一点。

3. 浮雕不锈钢钢板

浮雕不锈钢钢板表面不仅具有光泽，而且还有立体感的浮雕装饰。它是经辊压、特研特磨、腐蚀或雕刻而成的。一般腐蚀雕刻深度为 0.015～0.5 mm，钢板在腐蚀雕刻前，必须先经过正常研磨和抛光，比较费工，所以价格也比较高。

由于不锈钢的高反射性及金属质地的强烈时代感，与周围环境中的各种色彩、景物交相辉映，对空间效应起到了强化、点缀和烘托的作用。

4. 彩色涂层钢板

为提高普通钢板的耐腐蚀性和装饰效果，近年来我国发展了各种彩色涂层钢板。钢板的涂层可分为有机涂层、无机涂层和复合涂层三大类，以有机涂层钢板发展最快。有机涂层可以配制成不同的颜色和花纹，因此称为彩色涂层钢板。这种钢板的原板通常为热轧钢板和镀锌钢板，常用的有机涂层为聚氯乙烯。另外，还有聚丙烯酸酯、环氧树脂和醇酸树脂等。涂层与钢板的结合有涂布法和贴膜法两种。

彩色涂层钢板具有耐污染性强，洗涤后表面光泽、色差不变，热稳定性好，装饰效果好，耐久、易加工及施工方便等优点，可用作外墙板、壁板和屋面板等。

三、铝塑板

铝塑板是由面板、芯材和底板三部分组成的。面板是在0.2 mm厚的铝片上，以聚酯做双重涂层结构经烤焗程序而成；芯材是2.6 mm的无毒低密度聚乙烯材料；底板同样是涂透明保护光漆的0.2 mm厚铝片。进行特殊工艺处理的铝塑板可达到B_1级难燃材料等级。

常用的铝塑板可分为内墙板和外墙板两种。内墙板是现代新型轻质防火装饰材料，具有色彩多样、质量轻等优异的性能；外墙板则比内墙板在弯曲强度、耐温差性、导热系数和隔声等物理特性上有更高要求。

铝塑板适用范围为高档室内及店面装修、大楼外墙帷幕墙板、顶棚隔间、电梯、阳台包柱、柜台和广告招牌等。

四、镁铝曲面装饰板

镁铝曲面装饰板简称镁铝曲板，是由铝合金箔（成木纹皮面、塑胶皮面、镜面）、硬质纤维板、底层纸与胶粘剂贴合后经深刻等工艺加工的建筑装饰、装修材料。镁铝曲面装饰板有瓷白、银白、浅黄、墨绿、金红、古铜、黑咖啡等颜色。目前，生产的镁铝曲板有着色铝箔面、木纹皮面、塑胶皮面和镜面等品种，具有耐磨、防水、不积污垢和外形美观等特点。

镁铝曲板能够沿纵向卷曲，还可用墙纸刀分条切割，安装施工方便，可粘贴在弧面上。板面平直光亮，有金属光泽和立体感，并可锯、钉、钻，但表面易被硬物划伤，施工时应注意保护。它可广泛用于室内装饰的墙面、柱面，以及各种商场、饭店的门面装饰。因该板可分条切开使用，故可当作装饰条、压边条来使用。

任务四 有机材料类装饰板材的性能与应用

一、塑制装饰板

1. 聚氯乙烯塑料装饰板

聚氯乙烯塑料装饰板以聚氯乙烯树脂为基料，加入稳定剂、增塑剂、填料、着色剂及润滑剂等，经捏和、混炼、拉片、切粒、挤压或压铸而成，根据配料中加与不加增塑剂，产品有软、硬两种。

硬聚氯乙烯塑料机械强度较高，化学稳定性、介电性良好，耐用性和抗老化性好，并易熔接及黏合，但使用温度低（60 ℃以下），线膨胀系数大，成型加工性差。而聚氯乙烯塑料装饰板具有表面光滑、色泽鲜艳、防水和耐腐蚀等优点。

聚氯乙烯塑料装饰板适用于各种建筑物的室内墙面、柱面、吊顶、家具台面的装饰和铺设，主要作为装饰和防腐蚀之用。

2. 塑料贴面装饰板

塑料贴面装饰板简称塑料贴面板，是以酚醛树脂的纸质压层为基胎，表面用三聚氰胺树脂浸渍过的花纹纸为面层，经热压制成的一种装饰贴面材料，有镜面型和柔光型两种，它们均可覆盖于各种基层上。

塑料贴面板的图案、色调丰富多彩，耐磨、耐湿、耐烫、不易燃，平滑光亮、易清洗，装饰效果好，并可代替装饰木材，适用于室内、车船、飞机及家具等的表面装饰。

3. 覆塑装饰板

覆塑装饰板是以塑料贴面板或塑料薄膜为面层，以胶合板、纤维板、刨花板等板材为基层，采用胶合剂热压而成的一种装饰板材。用胶合板作基层的称为覆塑胶合板，用中密度纤维板作基层的称为覆塑，又称为密度纤维板，用刨花板为基层的称为覆塑刨花板。

覆塑装饰板既有基层板的厚度、刚度，又具有塑料贴面板和薄膜的光洁，质感强，美观，装饰效果好，常用于建筑的装修及家具、仪表、电器设备的外壳装修。

4. 卡普隆板

卡普隆板又称阳光板、PC 板，它的主要原料是高分子工程塑料——聚碳酸酯，主要产品有中空板、实心板和波纹板三大系列。它具有质量轻、透光性强、耐冲击、隔热和保温性好等特点。

卡普隆板是理想的建筑和装饰材料，适用于车站、机场等候厅及通道的透明顶棚和商业建筑中的顶棚，园林、游艺场所奇异装饰及休息场所的廊亭、泳池、体育场馆顶棚，工业采光顶，温室、车库等各种高格调透光场合。

5. 防火板

防火板是用三层三聚氰胺树脂浸渍纸和十层酚醛树脂浸渍纸，经高温热压而成热固性层积塑料板。

防火板是一种用于贴面的硬质薄板，具有耐磨、耐热、耐寒、耐溶剂、耐污染和耐腐蚀等优点。其质地牢固，使用寿命比油漆、蜡光等涂料长久得多，尤其是板面平整、光滑、洁净，有各种花纹图案，色调丰富多彩，表面硬度大并易于清洗，是一种较好的防尘材料。

防火板可以加工成各种色彩和图案，花色品种多，既有各种柔和、鲜艳的彩色装饰面板，又有各种名贵树种纹理和大理石、花岗石纹理的装饰面板，还有一些防火板表面有皮革和织物布纹的表面效果。防火板的表面分为光洁面和亚光面两类，适用于各种环境下的装饰。国产防火板较脆，在搬运和加工过程中，边缘易脆裂损伤，损伤处难以修补，因此，在搬运和施工过程中必须采取一些保护措施。

二、有机玻璃板

有机玻璃板是一种具有极好透光度的热塑性塑料，是以甲基丙烯酸甲酯为主要基料，加入引发剂、增塑剂等聚合而成。

有机玻璃的透光性极好，可透过光线的99%，并能透过紫外线的73.5%，机械强度较高；耐热性、抗寒性及耐候性都较好，耐腐蚀性及绝缘性良好，在一定条件下，尺寸稳定、容易加工。

有机玻璃的缺点是质地较脆，易溶于有机溶剂，表面硬度不大，易擦毛等。有机玻璃在建筑上主要用作室内高级装饰材料及特殊的吸顶灯具或室内隔断及透明防护材料等。

三、玻璃钢装饰板

玻璃钢装饰板是以玻璃布为增强材料，以不饱和聚酯树脂为胶粘剂，在固化剂、催化剂的作用下加工而成的，其色彩多样，主要图案有木纹、石纹、花纹等，美观大方。该板漆膜亮、硬度高、耐磨、耐酸碱、耐高温，适用于粘贴在各种基层、板材表面，做建筑装修和家具饰面。

任务五　无机材料类装饰板材的性能与应用

无机材料类装饰板材包括天然石材饰面板、人造石材饰面板、石膏板和矿物棉装饰板等，这里主要介绍石膏板。

装饰石膏板是以建筑石膏为主要原料，掺适量纤维增强材料和外加剂，与水一起搅拌成均匀的料浆，注入带有花纹的硬质模具内成型，再经硬化干燥而成的无护面纸的装饰板材。

装饰石膏板具有轻质、高强、绝热、吸声、防火、阻燃、抗振、耐老化、变形小、能调节室内湿度等特点，同时加工性能好；可进行锯、刨、钉和粘贴等加工，施工方便，工效高。

吸声石膏板适用于各种音响效果要求较高的场所，如影剧院、电教馆、播音室等的顶棚和墙面，同时起消声和装饰的作用。

(1)普通吸声装饰石膏板适用于宾馆、礼堂、会议室、招待所、医院、候机室、候车室等作吊顶或平顶装饰用板材，以及安装在这些室内四周墙壁的上部，也可用作民用住宅、车厢、轮船房间等室内顶棚和墙面装饰。

(2)高效防水吸声装饰石膏板主要用于对装饰和吸声有一定要求的建筑物室内顶棚和墙面装饰，特别适用于环境湿度大于70％的工矿车间、地下建筑、人防工程及对防水有特殊要求的建筑工程。

任务六　建筑玻璃的性能与应用

玻璃是一种重要的建筑材料。它除透光、透视、隔声、绝热外，还有艺术装饰作用。现代建筑中越来越多地采用玻璃门窗和玻璃制品、构件，以达到控光、控温、节能、防噪声及美化环境等多种目的。因此，建筑中使用的玻璃制品种类很多，其中最主要的有普通平板玻璃、安全玻璃、绝热玻璃和装饰玻璃等。

一、平板玻璃

1. 普通平板玻璃

普通平板玻璃是未经加工的钠钙玻璃类平板，其透光率为85％～90％，也称为单光玻璃、净片玻璃、窗玻璃，简称玻璃。它是平板玻璃中产量最大、使用最多的一种，也是进一步加工成技术玻璃及玻璃制品的基础材料。它主要用于门、窗，起透光、保温、隔声和挡风雨等作用。

(1)平板玻璃的分类、规格与等级。

1)分类及规格。普通平板玻璃因生产方法不同，可分为引拉法玻璃和浮法玻璃两种。根据国家标准的规定，玻璃的厚度规格可分为以下几类：

①引拉法玻璃：分为2 mm、3 mm、4 mm、5 mm四类；

②浮法玻璃：分为3 mm、4 mm、5 mm、6 mm、8 mm、10 mm、12 mm七类。

2)普通平板玻璃的等级。按照国家标准《平板玻璃》(GB 11614—2022)，普通平板玻璃根据其外观质量进行分等定级，分为普通级和优质加工级两个等级，同时规定玻璃的弯曲度不得超过0.2%。

(2)平板玻璃的质量要求与应用。平板玻璃主要用于建筑物的采光并起装饰作用。镜面用平板玻璃也属于普通平板玻璃。常选窗用玻璃的特选品或磨光玻璃制作镜面玻璃。因此，平板玻璃应具有一定的透光率和外观质量。

1)透光率。平板玻璃在透过光线时，玻璃表面要发生光线的反射，玻璃内部对光线产生吸收，从而使透过的光线强度降低。

影响平板玻璃透光率的主要因素为原料成分及熔制工艺。如原料中含有氧化亚铁(FeO)及三氧化二铁(Fe_2O_3)时，玻璃会呈蓝绿色和黄色。透光率采用BTG-1型平板玻璃透光率测定仪测定。

2)外观质量。平板玻璃在生产过程中，由于生产方法不同，可能产生各种不同的外观缺陷，直接影响品质和使用效果。影响平板玻璃外观质量的缺陷有波筋、气泡、线道、疙瘩与砂粒。

普通平板玻璃大部分直接用于房屋建筑和维修，一部分加工成钢化、夹层、镀膜、中空等玻璃，少量用作工艺玻璃。

玻璃属易碎品，通常用木箱或集装箱包装。平板玻璃在储存、装卸和运输时，必须箱盖向上，垂直立放，并需要注意防潮和防雨。

2. 装饰平板玻璃

装饰平板玻璃由于表面具有一定的颜色、图案和质感等，可以满足建筑装饰对玻璃的不同要求。装饰平板玻璃的品种有印刷玻璃、镜子玻璃、毛玻璃、花纹玻璃和彩色玻璃等。

(1)印刷玻璃。印刷玻璃是在普通平板玻璃的表面用特殊的材料印刷出各种图案的玻璃品种。

印刷玻璃的图案和色彩丰富，常见的图案有线条线、方格形、圆形和菱形等。这类玻璃的印刷处不透光，空露的部位透光，有特殊的装饰效果。印刷玻璃主要用于商场、宾馆、酒店、酒吧、眼镜店和美容美发厅等装饰场所的门窗及隔断玻璃。

(2)镜子玻璃。镜子玻璃即装饰玻璃镜，是指采用高质量的磨光平板玻璃、浮法平板玻璃或茶色平板玻璃为基材，在玻璃表面通过化学(银镜反应)或物理(真空镀铝)等方法形成反射率极强的镜面反射的玻璃制品。为提高装饰效果，在镀镜之前可对原片玻璃进行彩绘、磨刻、喷砂、化学蚀刻等加工，形成具有各种花纹图案或精美字画的镜面玻璃。

一般的镜面玻璃具有三层或四层结构。三层结构的面层为玻璃，中间层为镀铝膜或镀银膜，底层为镜背漆；四层结构为玻璃/Ag/Cu/镜背漆。高级镜子在镜背漆之上加一防水层，能增强对潮湿环境的抵抗能力，提高耐久性。

（3）毛玻璃。毛玻璃是指经研磨、喷砂或氢氟酸溶蚀等加工，使表面（单面或双面）成为均匀粗糙的平板玻璃。用硅砂、金刚砂和石榴石粉等作研磨材料，加水研磨制成的，称为磨砂玻璃；用压缩空气将细砂喷射到玻璃表面制成的，称为喷砂玻璃；用酸溶蚀制成的称为酸蚀玻璃。

由于毛玻璃表面粗糙，使透过的光线产生漫射，造成透光、不透视，使室内光线不眩目、不刺眼。一般用于建筑物的卫生间、浴室和办公室等的门窗及隔断，也可用作黑板及灯罩等。

（4）花纹玻璃。花纹玻璃按加工方法，可分为压花玻璃和喷花玻璃两种。

1）压花玻璃又称为滚花玻璃，是用带花纹图案的滚筒压制处于可塑状态的玻璃料坯制成的。可一面压花，也可两面压花。由于压花玻璃表面凹凸不平而形成不规则的折射光线，可将集中光线分散，使室内光线均匀、柔和，且有一定的装饰效果。在压花玻璃有花纹的一面，用气溶胶对表面进行喷涂处理，玻璃可呈浅黄色、浅蓝色和橄榄色等。经过喷涂处理的压花玻璃立体感强，且可提高玻璃强度50%～70%。

2）喷花玻璃又称为胶花玻璃，是在玻璃表面贴上花纹图案，抹以保护层，再经喷砂处理而成的。

花纹玻璃常用于办公室、会议室、浴室及公共场所的门窗和各种室内隔断。

（5）彩色玻璃。彩色玻璃又称为有色玻璃，可分为透明和不透明两种。透明的彩色玻璃是在玻璃原料中加入一定的金属氧化物，按平板玻璃的生产工艺进行加工生产而成；不透明的彩色玻璃是用4～6 mm厚的平板玻璃按照要求的尺寸切割成型，然后经过清洗、喷釉、烘烤、退火制成的。

彩色玻璃的颜色有红、黄、蓝、黑、绿和乳白等十余种，可拼成各种图案花纹，并有耐蚀、耐冲刷和易清洗等特点，主要用于建筑物的内外墙、门窗装饰及有特殊采光要求的部位。

二、安全玻璃

安全玻璃的主要功能是力学强度较大，抗冲击性能较好，被击碎时，其碎块不会飞溅伤人，并兼有防火功能和装饰效果。常用的品种有钢化玻璃、夹丝玻璃和夹层玻璃。

1. 钢化玻璃

钢化玻璃也称为强化玻璃，是将平板玻璃经物理（淬火）钢化或化学钢化处理的玻璃。钢化处理可使玻璃中形成可缓解外力作用的均匀预应力，因而其产品的强度、抗冲击性、热稳定性大幅度提高。

钢化玻璃的抗弯强度比普通玻璃大5～6倍，抗弯强度可达到125 MPa以上，韧性提高约5倍，弹性好。这种玻璃破碎时形成的碎块不易飞射伤人，热稳定性高，最高安全工作温度为288 ℃，能承受204 ℃的温差变化，故可用来制造炉门上的观测窗、辐射式气体加热器、干燥器和弧光灯罩等。

由于钢化玻璃具有较好的性能，所以在汽车工业、建筑工程及其他工业领域得到广泛应用，常被用作高层建筑的门、窗、幕墙、隔墙、屏蔽及商店橱窗、军舰与轮船舷窗、球场后挡架子隔板、桌面玻璃等。钢化玻璃不能切割、磨削，边角不能碰击、扳压，使用时需按现成尺寸规格选用或提出具体设计图纸进行加工定制。

2. 夹丝玻璃

将编织好的钢丝网压入已软化的红热玻璃中即成夹丝玻璃。这种玻璃的抗折强度、抗冲击能力和耐温度剧变的性能都比普通玻璃好，破碎时其碎片仍附着在钢丝上而不至飞出伤人，适用于公共建筑的走廊、防火门、楼梯间、厂房天窗及各种采光屋顶等。

3. 夹层玻璃

夹层玻璃是由两片或多片平板玻璃之间嵌夹透明塑料薄衬片，经加热、加压、黏合而成的平面或曲面的复合玻璃制品。这种玻璃被击碎后，由于中间有塑料衬片的黏合作用，所以仅产生辐射状的裂纹而不致伤人。

生产夹层玻璃的原片可采用普通平板玻璃、钢化玻璃、彩色玻璃、吸热玻璃或热反射玻璃等。夹层玻璃的层数有 3 层、5 层、7 层，最多可达到 9 层。

夹层玻璃主要用作汽车和飞机的挡风玻璃、防弹玻璃，以及有特殊安全要求的建筑门窗、隔墙、工业厂房的天窗和某些水下工程等。

三、绝热玻璃

1. 吸热玻璃

吸热玻璃是一种可以控制阳光，既能吸收全部或部分热射线（红外线），又能保持良好透光率的平板玻璃。

吸热玻璃的生产是在普通钠钙硅酸盐玻璃中加入有着色作用的氧化物，如氧化铁、氧化镍、氧化钴及硒等，使玻璃带色并具有较高的吸热性能，也可在玻璃表面喷涂氧化锡、氧化锑、氧化钴等有色氧化物薄膜制成。

吸热玻璃按颜色可分为灰色、茶色、蓝色、绿色、古铜色、粉红色、金色和棕色等。按成分不同有硅酸盐吸热玻璃、磷酸盐吸热玻璃、光致变色吸热玻璃与镀膜玻璃等。

目前，吸热玻璃已广泛用于建筑工程门窗或外墙及用作车、船的挡风玻璃等，起到采光、隔热、防眩等作用。它还可以按不同用途进行加工，制成磨光、夹层、镜面及中空玻璃，在外部围护结构中用它配制彩色玻璃窗。在室内装饰中，用以镶嵌玻璃隔断，装饰家具以增加美感。

2. 热反射玻璃

热反射玻璃又称为遮阳镀膜玻璃或镜面玻璃，是具有较高热反射性能而又保持良好透光性能的平板玻璃，是在玻璃表面用热解、蒸发、化学处理等方法喷涂金、银、铝、铁等金属及金属氧化物或粘贴有机物的薄膜而制成的。

热反射玻璃具有良好的隔热性能，对太阳辐射热有较高的反射能力，反射率达到 30% 以上，最高可达 60%，而普通玻璃仅为 7%～8%。镀金属膜的热反射玻璃还有单向透像作用，使白天在室内能看到室外景物，而在室外却看不到室内的景物，对建筑物内部起到遮蔽及帷幕的作用。

热反射玻璃主要用于避免由于太阳辐射而增热及设置空调的建筑，适用于各种建筑物的门窗、汽车和轮船的玻璃窗、玻璃幕墙及各种艺术装饰。目前，国内外还常用热反射玻璃制成中空玻璃或夹层玻璃窗，以提高其绝热性能。

3. 光致变色玻璃

光致变色玻璃是受太阳或其他光线照射时，其颜色随光的增强而逐渐变暗，停止照射后又能恢复原来颜色的玻璃。它能自动调节室内的光线和温度。这种玻璃是在玻璃中加入卤化银，或在玻璃与有机夹层中加入银和钨的感光化合物而获得光致变色性。光致变色玻璃的应用已很广泛，可作车辆、建筑物挡风玻璃，计算机图像显示装置，光学仪器透视材料，最普通的是用作光致变色眼镜。

4. 中空玻璃

中空玻璃是由两片或多片平板玻璃构成的，中间用边框隔开，四周边部用胶接、焊接或熔接的办法密封，中间充入干燥空气或其他气体，还可以用不同颜色或镀有不同性能薄膜的平板玻璃制作，整体构件是在工厂里制成的。

由于中空玻璃是根据不同用途的要求，采用不同品种和规格的玻璃原片制成的，其原片有各种规格的无色透明玻璃、钢化、夹丝、彩色、吸热、热反射及涂层镀膜玻璃等，品种繁多，因而所制成的中空玻璃产品适用于保温、防寒、隔声和防盗等多种用途，且一种产品也可以具备多种功能。仅就节能而言，采用双层中空玻璃，冬季采暖的能耗可降低 25%～30%。目前，中空玻璃在国外发展很快，在建筑中用得最多。其主要用于需要采暖、空调、防止噪声等的建筑上，如住宅、饭店、宾馆、办公楼、学校、医院和商店等，也可用于火车、轮船等。

四、装饰玻璃

1. 彩色玻璃

彩色玻璃又称为有色玻璃和颜色玻璃，可分为透明和不透明两种。彩色玻璃色泽有多种，最大规格为 1 000 mm×800 mm，厚度为 5～6 mm。它具有耐腐蚀，抗冲刷，易清洗，并可拼成图案花纹等优点，适用于门窗及对光有特殊要求的采光部位和装饰外墙面。

2. 玻璃镜

玻璃镜用高质量平板玻璃，采用化学镀膜方法，在玻璃表面镀上银膜、铜膜，然后淋上一层或两层漆膜。该玻璃从进入端经清洗、镀银（镀铜）、淋漆、烘干一次完成。最大尺寸为 3 200 mm×2 000 mm，厚度为 2～10 mm。

3. 印刷玻璃

印刷玻璃是在普通平板玻璃的表面用特殊的材料印刷出各种图案的玻璃品种。玻璃印刷图案处不透光，空格处透光，是一种新型的装饰玻璃。该玻璃尺寸为 2 000 mm×1 000 mm，常用厚度为 2～10 mm。

4. 聚晶玻璃

聚晶玻璃是一种将幻彩、激光粉牢固地黏附在玻璃制品背面，从而使玻璃的正面呈现出五彩斑斓、熠熠生辉、光彩夺目的高聚物。这种产品可广泛用于高级洁具、高档厨具及幻彩玻璃等多种玻璃制品上。底涂层主要用于与玻璃的黏结，喷涂时加入适量的幻彩、激光粉等，使其有效黏附在玻璃表面。面漆主要用于底漆之上，将幻彩、激光粉保护起来，并通过自身的颜色衬托出熠熠生辉的效果，起衬色作用。

5. 烤漆玻璃

烤漆玻璃分为平面玻璃烤漆和磨砂玻璃烤漆，烤漆玻璃也叫作背漆玻璃。其工艺为在玻璃的背面喷漆后，在烤箱中烘烤 8～12 h，完成后一般采用自然晾干。与普通喷漆玻璃相比，烤漆玻璃的漆面附着力强；而普通喷漆玻璃，漆面附着力较小，在潮湿的环境下容易脱落。

任务七　天然石材的性能与应用

由开采天然岩石而获得的毛料，或经加工制成的块状、板状石料，统称为天然石材。

利用天然石材的色泽、质地、纹理作装饰材料，具有不可取代的自然美，也体现出加工的难度和技术。

各种天然石材都有不同程度的装饰效果，其中最突出的是大理石和花岗石。

一、大理石

大理石是由石灰岩或白云岩变质而成的岩石，由于盛产于我国云南大理白族自治州而得名。

大理石的主要矿物为方解石或白云石，另外还常含有碳化物、氧化铁、辉石、角闪石、绿泥石等。纯大理石为白色，由于含氧化铁、云母、石墨、蛇纹石等杂质而呈现红、黄、绿、棕、黑等颜色花纹。

大理石不仅色调的范围宽广，花纹丰富多彩，而且抗压强度高、硬度不大、易加工，这些都构成作为装饰材料的优越条件。

大理石主要是加工成装饰面板和各种花饰雕刻。大理石碎屑是制作水磨石、水刷石等的主要原料。

大理石装饰板材按形状可分为普形板材和异形板材。普形板材为正方形或长方形，按板材的规格尺寸、允许偏差、平面度允许极限公差、角度允许极限公差、外观质量、镜面光泽度，分为优等品、一等品、合格品三个等级。大理石装饰板，按荒料产地、花纹色调特征名称命名。

大理石装饰板在运输中应防湿，严禁滚摔、碰撞。板材应在室内储存，室外储存时应加遮盖。板材应按品种、规格、等级或工程部位分别存放。板材直立码放时，应光面相对，倾斜度不大于 15°，层间加垫，垛高不得超过 1.5 m。板材平放时，应光面相对，地面必须平整，垛高不得超过 1.2 m。包装箱码放高度不得超过 2 m。

二、花岗石

花岗石是含硅量较多的一种酸性深成岩。花岗石的主要造岩矿物是石英和长石，还含有少量的云母或角闪石、辉石等。花岗石的色调由所含长石及有色矿物的颜色而定，有灰色、深灰色、淡红色、粉红色等。花岗石为全晶质，按其晶粒大小，分为五级。花岗石结构密实、质地坚硬、耐久性好、强度高、外观美丽，主要用来加工成装饰板材。

花岗石装饰板材，按形状可分为普形板材和异形板材两类；按表面加工程度分为下列 3 种。

(1)细面板材：表面平整、光滑的板材。

(2)镜面板材：表面平整、具有镜面光泽的板材。

(3)粗面板材：表面平整、粗糙，具有较规则加工条纹的机刨板、剁斧板、锤击板、烧毛板等。

花岗石装饰板材按板材规格尺寸、容许偏差、平面度容许极限公差、角度容许极限公差、外观质量，分为优等品、一等品、合格品三个等级；按原料产地、花纹色调特征等命名；按命名、分类、规格尺寸、等级、标准号做标记。

装饰材料的发展趋势

随着社会经济的发展，装饰材料也在发展变化，以适应人们的需要。

(1)外墙装饰由陶瓷面砖向外墙涂料发展。外墙面砖装饰墙面费用高，施工效率低，墙体荷载大，装饰完毕颜色不易改变。外墙涂料价格较低，色彩丰富，用户可以自由选择，施工方便，所以涂料的用量会增加，使外墙面砖向外墙涂料转化。

(2)内墙装饰壁纸又起高潮。曾几何时，塑料壁纸深受人们喜爱，但又一度被多彩喷涂、乳胶漆冲击，但壁纸行业推陈出新，新丝麻、仿纱、仿绸壁纸相继问世，受到消费者的青睐，市场前景看好，一度受冷落的壁纸又迎来了新的高潮。

(3)室内铺地材料将由陶瓷地砖向地毯、木地板转化。近两年来，全国引进许多地砖生产线，地砖产量增加，北方已形成了铺地砖热。但在南方，家庭居室用陶瓷地砖的热潮已过，地毯和木地板、竹地板正在升温，形成三足鼎立的局面。同时，这三种材料又各有发展趋向：陶瓷地砖向大规格、多花色、艺术化发展；地毯由单色向多色，由整块向小块拼铺方向发展；木质地板出现原木地板和复合地板竞争的态势。

(4)厨房用品将是室内装饰材料重点开发的产品之一。随着室内装饰装修的完成和生活水平的提高，人们对于厨房用品的功能和美观适用也有了质的追求。按相关规定，厨房应有加热设备(燃气灶具、燃气热水器)、排油烟通风设备、厨用电器(冰箱、洗碗机、消毒柜、微波炉等)和橱柜四大类。

(5)卫生间产品有突破。家庭卫生间的装饰，既是一种对环境美的追求，同时，也是家庭文明程度的标志。卫生间用品从个人卫生发展到健身保健。国外已生产出了多功能电脑坐便器，垂直式或卧式蒸汽淋浴房及按摩浴缸等，国内也出现了电脑坐便器等保健型卫生洁具。另外，国家将重点扶持卫生间附件、专用防潮器、通风换气系统等项目，力求彻底解决卫生间的跑、冒、漏、滴等问题。

(6)灯饰由一般型向豪华型发展。灯饰由过去简单照明作用渐渐发展到今日的美化居室、装点家居。在居室装饰中，灯具起到画龙点睛的作用并能营造出温馨、华丽的氛围，因而，人们对灯饰的需求层次也越来越高。

(7)塑钢市场将有很大发展。目前我国塑钢的生产及使用比例不大，仅占10%左右，但这是一种大有前途的装饰材料，今后将会在生产上上一新台阶。

小结

建筑装饰材料是建筑装饰工程的物质基础，建筑装饰既美化了建筑物，又保护了建筑物。建筑装饰材料的选用原则是装饰效果好、耐久、经济。

本项目主要介绍了装饰面砖、金属材料类装饰板材、有机材料类装饰板材、无机材料类装饰板材、建筑玻璃和天然石材等建筑装饰材料的主要品种、制作方法、装饰效果、特点、技术要求及应用范围。由于装饰材料发展快、品种繁多，产品良莠不齐，且价格较高，所以在选择使用时，应进行市场调查，认真了解所用产品的质量、性能、规格，避免伪劣低质产品影响装饰质量。

一、名词解释

1. 安全玻璃

2. 绝热玻璃

二、填空题

1. 大理石装饰板按_____、_____命名。

2. 常用安全玻璃的品种有_____、_____、_____。

3. 陶瓷马赛克主要用于_____。

4. 有机玻璃板以_____为主要基料，加入_____、_____等聚合而成。

三、选择题

1. 下列玻璃中属于装饰玻璃的有（　　）。

    A. 普通平板玻璃　　　　　　　　　　　B. 夹丝玻璃

    C. 磨砂玻璃　　　　　　　　　　　　　D. 吸热玻璃

2. 硬聚氯乙烯塑料具有（　　）。

    A. 抗拉强度高　　　　　　　　　　　　B. 耐热性好

    C. 弹性好　　　　　　　　　　　　　　D. 线膨胀系数大

3. 铝塑板属于（　　）。

    A. 金属材料类装饰板　　　　　　　　　B. 有机材料类装饰板

    C. 玻璃类装饰板　　　　　　　　　　　D. 无机材料类装饰板

四、是非判断题

1. 建筑装饰材料在建筑中只起到装饰的作用。（　　）

2. 釉面砖既可以用于内墙面装饰，又可以用于室外墙面装饰。（　　）

3. 铝合金装饰板材属于金属材料类装饰板材。（　　）

4. 建筑玻璃既耐酸又耐碱。（　　）

5. 平板玻璃运输和储存时，要垂直立放。（　　）

五、问答题

1. 建筑装饰材料的选用原则是什么？

2. 建筑装饰材料在建筑中起什么作用？

3. 中空玻璃和钢化玻璃各有何特性？

4. 装饰用钢板主要有哪些？它们各有什么特点？

5. 釉面内墙砖、墙地砖、陶瓷马赛克各适用于什么地方？

6. 对于有特殊功能的场所，如何选用装饰石膏板？

7. 大理石类制品从生产到施工完成过程中应注意哪些问题？

8. 有机材料类装饰板材各有哪些种类？

项目十一 温控与声控材料检测与应用

情境描述 >>>

温控材料是建筑节能的重要物质基础，建筑节能改造应选择合适的技术措施及性能优良的温控材料以取得较好的节能效果。同时，随着建筑使用功能的不断提高和环境保护意识的增强，人们越来越重视噪声的危害和建筑吸声、隔声性能。温控材料由于其轻质及结构上的多孔特征，往往具有良好的吸声性能，所以，一般建筑物无须单独使用吸声材料，而是与温控及装饰等其他材料结合应用。

江苏省南京市某高校内，原有五层教学楼，每层层高为 4.2 m，建筑总面积为 15 682.25 m²，主要包括普通教室、语音教室、报告厅、阶梯教室、茶水间、卫生间等房间。项目在保持原有房间结构不变的基础上进行改造。南京属亚热带季风气候，雨量充沛，四季分明。年平均温度为 15.5 ℃，年极端气温最高为 39.7 ℃，最低为 −13.1℃，平均年降水量为 1 106 mm。春季风和日丽，梅雨时节阴雨绵绵；夏季炎热，有"火炉"之称；秋季干燥、凉爽；冬季寒冷、干燥。南京春秋短、冬夏长，冬夏温差显著，四时各有特色。现有建筑的外围护结构保温性能差，需进行改造以降低能耗，本项目拟选取发泡聚苯乙烯泡沫板、挤塑聚苯乙烯泡沫板、聚氨酯隔热板三种保温材料作为外墙及屋面的保温层材料。

任务发布 >>>

1. 请调研市场，了解常用温控材料的品种、规格和技术指标。

2. 请对比情境描述中的温控材料特性，从节能效率、安全使用、成本控制等角度，选择合理的外墙和屋面保温层材料种类及厚度。

学习目标 >>>

本项目主要介绍了温控与声控材料的定义、分类、主要性能指标、技术标准及选用原则，通过学习要达到如下知识目标、能力目标、素养目标。

知识目标：了解温控与声控材料的分类、主要性能指标、技术标准。

能力目标：能根据工程特点合理选用温控与声控材料。

功能材料——
温控材料

功能材料——
声控材料

素养目标：通过新型温控材料、保温材料与建筑火灾等知识拓展，培养学生的自主学习能力，提升学生的质量安全责任意识。

任务一　温控材料的性能与应用

　　建筑温控材料在节约能源、降低环境污染、提高建筑物使用功能方面非常重要。随着人民生活水平的逐步提高，人们对建筑物质量的要求越来越高。建筑用途的扩展，使人们对其功能方面的要求也越来越高。因此，建筑温控材料的地位和作用也越来越受到人们的重视。

一、温控材料的分类

　　温控材料是指用于建筑围护结构或热工设备、阻抗热流传递的材料或材料复合体；既包括保温、隔热材料，又包括保冷材料。控制室内热量外流的材料叫作保温材料；防止热量进入室内的材料叫作隔热材料。绝热制品则是指被加工成至少有一面与被覆盖面形状一致的各种绝热材料的制成品（图11-1）。

图 11-1　常用保温材料及构造

　　（a）玻璃棉毡；（b）挤塑聚苯乙烯保温板；（c）玻璃棉板（带防潮铝箔贴面）；（d）墙体外保温——外贴保温板材

　　材料保温隔热性能的好坏是由材料导热系数的大小决定的。导热系数越小，保温隔热性能越好。材料的导热系数与其成分、表观密度、内部结构，以及传热时的平均温度和材料的含水量有关。绝大多数建筑材料的导热系数（λ）为 $0.023 \sim 3.49$ W/(m·K)，通常，将 λ 值不大于 0.23 的材料称为绝热材料；将导热系数小于 0.14 的绝热材料称为保温材料。根据材料的适用温度范围，将可在 0 ℃以下使用的称为保冷材料，适用于温度超过 1 000 ℃者称为耐火保温材料。习惯上通常将保温材料分为三挡，即低温保温材料(使用温度低于 250 ℃);中温保温材料(使用温度为 250～700 ℃);高温保温材料(使用温度为 700 ℃以上)。

除节能这一主要功能外,建筑温控材料还应具备如下功能:

(1)绝热保温或保冷,阻止热交换、热传递的进行;

(2)隔热防火;

(3)减轻建筑物的自重。

微课:气凝胶-

极致保温

二、温控材料的基本要求与功能

温控材料是用于调节结构物与环境热交换的一种功能材料。建筑工程中使用的温控材料,一般要求其导热系数不大于 0.23 W/(m·K),表观密度不大于 600 kg/m³,抗压强度不小于 0.4 MPa。在具体选用时除考虑上述基本要求外,还应了解材料在耐久性、耐火性和耐侵蚀性等方面是否符合要求。

导热系数是材料导热特性的一个物理指标。当材料厚度、受热面积和温差相同时,导热系数值主要取决于材料本身的结构与性质。因此,导热系数是衡量绝热材料性能优劣的主要指标。导热系数越小,通过材料传送的热量就越少,其绝热性能也越好。材料的导热系数取决于材料的成分、内部结构、表观密度;也取决于传热时的环境温度和材料的含水率。通常,表观密度小的材料其孔隙率大,因此导热系数小。孔隙率相同时,孔隙尺寸大,导热系数就大;孔隙相互连通比相互不连通(封闭)者的导热系数大。对于松散纤维制品,当纤维之间压实至某一表观密度时,其导热系数最小,则该表观密度为最佳表观密度。纤维制品的表观密度小于最佳表观密度时,表明制品中纤维之间的空隙过大,易引起空气对流,因而其 λ 值增加,因为水的导热系数[0.58 W/(m·K)]远大于密闭空气的导热系数[0.023 W/(m·K)]。当受潮的温控材料受到冰冻时,其导热系数会进一步增加,因为冰的导热系数为[2.33 W/(m·K)],比水大。因此,温控材料应特别注意防潮。

当材料处在 0～50 ℃范围内时,其导热系数基本不变。高温时材料的导热系数随温度的升高而增大。对各向异性材料(如木材等),当热流平行于纤维延伸方向时,热流受到的阻力小,其导热系数较大;而热流垂直于纤维延伸方向时,受到的阻力大,其导热系数就小。

为了常年保持室内温度的稳定性,房屋围护结构所用的建筑材料必须具有一定的温控性能。在建筑中合理地采用温控材料,能提高建筑物的效能,保证正常的生产、工作和生活。在采暖、空调、冷藏等建筑物中采用必要的温控材料能减少散热损失、节约能源、降低成本。据统计,绝热良好的建筑,其能源消耗可节省 25％～50％。因此,在建筑工程中,合理地使用温控材料具有重要的意义。

三、常用的温控材料

温控材料的品种很多,按材质可分为无机温控材料、有机温控材料和金属温控材料三大类;按形态可分为纤维状、多孔(微孔、气泡)状、层状等数种。目前,在我国建筑工程中应用比较广泛的纤维状温控材料如岩矿棉、玻璃棉、硅酸铝棉及其制品,以木纤维、各种植物秸秆、废纸等有机纤维为原料制成的纤维板材;多孔状温控材料如膨胀珍珠岩、膨胀蛭石、微孔硅酸钙、泡沫石棉、泡沫玻璃及加气混凝土,泡沫塑料类如聚苯乙烯、聚氨酯、聚氯乙烯、聚乙烯及酚醛、脲醛泡沫塑料等;层状绝热材料如铝箔、各种类型的金属或非金属镀膜玻璃及以各种织物等为基材制成的镀膜制品。

另外，玻璃绝热材料的种类有许多，如热反射膜镀膜玻璃、低辐射膜镀膜玻璃、导电膜镀膜玻璃、中空玻璃、泡沫玻璃等建筑功能性玻璃。反射型绝热保温材料如铝箔波形纸保温隔热板、玻璃棉制品铝复合材料、反射型保温隔热卷材和 AFC 外护绝热复合材料也都得到了长足发展，产品的品种、质量和数量都在迅速提高。随着我国对建筑围护结构热工标准的逐步提升，对该类建筑材料的需求将会大幅增加。

1. 无机散粒温控材料

常用的无机散粒温控材料有膨胀珍珠岩和膨胀蛭石等。

（1）膨胀珍珠岩及其制品。膨胀珍珠岩是由天然珍珠岩煅烧而成的，为蜂窝泡沫状的白色或灰白色颗粒，是一种高效能的绝热材料。其堆积密度为 $40\sim350$ kg/m³，导热系数为 $0.060\sim0.120$ W/(m·K)，最高使用温度可达 800 ℃，最低使用温度为 -200 ℃，具有吸湿小、无毒、不燃、抗菌、耐腐蚀和施工方便等特点；建筑上广泛用于围护结构、低温及超低温保冷设备、热工设备等处的隔热保温材料，也可用于制作吸声制品。

膨胀珍珠岩制品是以膨胀珍珠岩为主，配合适量胶凝材料（水泥、水玻璃、磷酸盐、沥青等），经拌和、成型、养护（或干燥，或固化）后制成的具有一定形状的板、块、管壳等制品。

（2）膨胀蛭石及其制品。蛭石是一种天然矿物，在 $850\sim1\,000$ ℃的温度下煅烧时，体积急剧膨胀，单个颗粒体积能膨胀约 20 倍。膨胀蛭石的主要特点：表观密度为 $80\sim900$ kg/m³，导热系数为 $0.046\sim0.070$ W/(m·K)，可在 $1\,000\sim1\,100$ ℃温度下使用，不蛀、不腐，但吸水性较大。膨胀蛭石可以呈松散状铺设于墙壁、楼板、屋面等夹层中，起绝热之用。使用时应注意防潮，以免吸水后影响绝热效果。

膨胀蛭石也可与水泥、水玻璃等胶凝材料配合，浇制成板，用于墙、楼板和屋面板等构件的绝热。其水泥制品通常用 $10\%\sim15\%$ 体积的水泥，$85\%\sim90\%$ 的膨胀蛭石及适量的水经拌和、成型、养护而成。其制品的表观密度不大于 300 kg/m³，相应的导热系数为 $0.08\sim0.10$ W/(m·K)，抗压强度为 $0.2\sim1$ MPa，适用于温度为 $-30\sim900$ ℃。水玻璃膨胀蛭石制品是以膨胀蛭石、水玻璃和适量氟硅酸钠（$NaSiF_6$）配制而成的，其表观密度为 $300\sim550$ kg/m³，相应的导热系数为 $0.079\sim0.084$ W/(m·K)，抗压强度为 $0.35\sim0.65$ MPa，最高耐热温度为 900 ℃。

2. 无机纤维状温控材料

常用的无机纤维有玻璃棉、矿棉等，可制成板状或筒状制品。由于其不燃、吸声、耐久、价格低、施工简便，而被广泛用于住宅建筑和热工设备的表面。

（1）玻璃棉及制品。玻璃棉是用玻璃原料或碎玻璃经熔融后制成的一种纤维状材料。它一般的堆积密度为 $40\sim150$ kg/m³，导热系数小，价格与矿棉制品相近，可制成沥青玻璃棉毡、板及酚醛玻璃棉毡和板，使用方便，是广泛用在温度较低的热力设备和房屋建筑中的保温隔热材料，也是优质的吸声材料。

（2）矿棉及矿棉制品。矿棉一般包括矿渣棉和岩石棉。矿渣棉所用原料有高炉硬矿渣、铜矿渣和其他矿渣等，另加一些调整原料（含氧化钙、氧化硅的原料）。岩石棉的主要原料是天然岩石，经熔融后吹制而成的纤维状（棉状）产品。矿棉具有轻质、不燃、绝热和电绝缘等性能，且原料来源丰富，成本较低，可制成矿棉板、矿棉防水毡及管套等，可用作建筑物的墙壁、屋顶、顶棚等处的保温隔热和吸声。

3. 无机多孔类温控材料

多孔类材料是指体积内含有大量均匀分布的气孔(开口气孔、封闭气孔或两者皆有)材料，主要有泡沫类和发气类产品。

(1)泡沫混凝土。泡沫混凝土是由水泥、水、松香泡沫剂混合后经拌和、成型、养护而成的一种多孔、轻质、保温、隔热、吸声材料，也可用粉煤灰、石灰、石膏和泡沫剂制成粉煤灰泡沫混凝土。泡沫混凝土的表观密度为 $300\sim500$ kg/m³，导热系数为 $0.082\sim0.186$ W/(m·K)。

(2)加气混凝土。加气混凝土是由水泥、石灰、粉煤灰和发气剂(铝粉)配制而成的一种保温隔热性能良好的轻质材料。由于加气混凝土的表观密度小($500\sim700$ kg/m³)，导热系数[$0.093\sim0.164$ W/(m·K)]比黏土砖小，因而 240 mm 厚的加气混凝土墙体，其保温隔热效果优于 370 mm 厚的砖墙。另外，加气混凝土的耐火性能良好。

(3)泡沫玻璃。泡沫玻璃由玻璃粉和发泡剂等经配料、烧制而成；气孔率达到 $80\%\sim95\%$，气孔直径为 $0.1\sim5$ mm，且大量为封闭而孤立的小气泡；表观密度为 $150\sim600$ kg/m³，导热系数为 $0.058\sim0.128$ W/(m·K)，抗压强度为 $0.8\sim15$ MPa；采用普通玻璃粉制成的泡沫玻璃最高使用温度为 $300\sim400$ ℃，若用无碱玻璃粉生产时，最高使用温度可达到 $800\sim1\,000$ ℃；耐久性好，易加工，可满足多种绝热需要。

(4)硅藻土。硅藻土由水生硅藻类生物的残骸堆积而成。其孔隙率为 $50\%\sim80\%$，导热系数约为 0.060 W/(m·K)，因此具有很好的绝热性能。最高使用温度可达到 900 ℃。可用作填充料或制成制品。

4. 有机温控材料

(1)泡沫塑料。泡沫塑料是以各种树脂为基料，加入一定剂量的发泡剂、催化剂和稳定剂等辅助材料，经加热发泡而制成的一种具有轻质、耐热、吸声和防振性能的材料。目前，我国生产的泡沫塑料有：聚苯乙烯泡沫塑料，其表观密度为 $20\sim50$ kg/m³，导热系数为 $0.038\sim0.047$ W/(m·K)，最高使用温度约为 70 ℃；聚氯乙烯泡沫塑料，其表观密度为 $12\sim75$ kg/m³，导热系数为 $0.031\sim0.045$ W/(m·K)，最高使用温度为 70 ℃，遇火能自行熄灭；聚氨酯泡沫塑料，其表观密度为 $30\sim65$ kg/m³，导热系数为 $0.035\sim0.042$ W/(m·K)，最高使用温度可达 120 ℃，最低使用温度为 -60 ℃；另外，还有脲醛泡沫塑料及制品等，该类绝热材料可用作复合墙板及屋面板的夹芯层及有冷藏和包装等绝热需要的情况。

(2)窗用温控薄膜。窗用温控薄膜用于建筑物窗户的绝热，可以遮蔽阳光，防止室内陈设物褪色，降低冬季热量损失，节约能源，增加美感。其厚度为 $12\sim50$ μm，使用时将特制的防热片(薄膜)贴在玻璃上，其功能是将透过玻璃的阳光反射出去，反射率高达 80%。防热片能够减小紫外线的透过率，减轻紫外线对室内家具和织物的有害作用，减弱室内温度变化程度，也可以避免玻璃碎片伤人。

(3)植物纤维类温控板。植物纤维类温控板可用稻草、木质纤维、麦秸、甘蔗渣等原料加工而成。其表观密度为 $200\sim1\,200$ kg/m³，导热系数为 $0.058\sim0.307$ W/(m·K)，可以用于墙体、地板、顶棚等，也可以用于冷藏库、包装箱等。

四、常用温控材料的技术性能

常用温控材料技术性能见表 11-1。

(1)《保温装饰板外墙外保温系统应用技术规程》(DB37/T 5229—2022)。

(2)《岩棉薄抹灰外墙外保温系统材料》(JG/T 483—2015)。

(3)《泡沫玻璃外墙外保温系统材料技术要求》(JG/T 469—2015)。

表 11-1　常用温控材料技术性能及用途

材料名称	表观密度/ (kg·m⁻³)	强度/ MPa	导热系数/ [W·(m·K)⁻¹]	最高使用 温度/℃	用途
超细玻璃棉毡 沥青玻纤制品	30～50 100～150		0.035 0.041	300～400 250～300	墙体、屋面、冷藏库等
岩棉纤维	80～150	＞0.012	0.044	250～600	填充墙体、屋面、 热力管道等
岩棉制品	80～160		0.04～0.052	≤600	
膨胀珍珠岩	40～300		常温 0.02～0.044 高温 0.06～0.17 低温 0.02～0.038	≤800	高效能保温保冷 填充材料
水泥膨胀珍珠 岩制品	300～400	0.5～0.10	常温 0.05～0.081 低温 0.081～0.12	≤600	保温隔热用
水玻璃膨胀珍 珠岩制品	200～300	0.6～1.7	常温 0.056～0.093	≤650	保温隔热用
沥青膨胀珍 珠岩制品	200～500	0.2～1.2	0.093～0.12		用于常温及负温 部位的绝热
膨胀蛭石	80～900	0.2～1.0	0.046～0.070	1 000～1 100	填充材料
水泥膨胀蛭石制品	300～350	0.5～1.15	0.076～0.105	≤600	保温隔热用
微孔硅酸钙制品	250	＞0.3	0.041～0.056	≤650	围护结构及管道保温
轻质钙塑板	100～150	0.1～0.3 0.11～0.7	0.047	650	保温隔热兼防水性能, 并具有装饰性能
泡沫玻璃	150～600	0.55～15	0.058～0.128	300～400	砌筑墙体及冷藏库绝热
泡沫混凝土	300～500	≥0.4	0.081～0.019		围护结构
加气混凝土	400～700	≥0.4	0.093～0.016		围护结构
木丝板	300～600	0.4～0.5	0.11～0.26		顶棚、隔墙板、护墙板
软质纤维板	150～400		0.047～0.093		同上, 表面较光洁
软木板	105～437	0.15～2.5	0.044～0.079	≤130	吸水率小, 不霉腐、不燃 烧, 用于绝热隔热
聚苯乙烯泡沫塑料	20～50	0.15	0.031～0.047	70	屋面、墙体保温, 冷藏库隔热
硬质聚氨 酯泡沫塑料	30～40	0.25～0.5	0.022～0.055	−60～120	屋面、墙体保温, 冷藏库隔热
聚氯乙烯泡沫塑料	12～27	0.31～1.2	0.022～0.035	−196～70	屋面、墙体保温, 冷藏库隔热

保温砂浆

保温砂浆是以各种轻质材料为骨料，以水泥为胶凝材料，掺一些改性添加剂，经生产企业拌和制成的一种预拌干粉砂浆，主要用于建筑外墙保温施工，具有施工方便、耐久性好等优点。目前常用的保温砂浆主要为无机玻化微珠保温砂浆和胶粉聚苯颗粒保温砂浆两种。保温砂浆具有节能利废、保温隔热、防火防冻、耐老化的优异性能及价格低廉等特点。它由保温层、抗裂防护层和防水饰面层组成。保温层采用胶粉聚苯颗粒保温砂浆；抗裂防护层是在抗裂砂浆中加入涂塑抗碱玻纤网格布；防水层是将弹性底漆涂在防护层表面，饰面为涂料或面砖。

EPS 板

EPS 板又称为聚苯板、泡沫板，是可发性聚苯乙烯板的简称，是由可发性聚苯乙烯原料经过预发、熟化、成型、烘干和切割等工艺制成的。它既可制成不同密度、不同形状的泡沫塑料制品，又可以生产出各种不同厚度的泡沫板材。EPS 泡沫是一种热塑性材料，每立方米体积内含有 300～600 万个独立密闭气泡，内含空气的体积为 98％以上，由于空气的热传导性很小，且又被封闭于泡沫塑料中而不能对流。所以，EPS 是一种隔热保温性能非常优良的材料。EPS 板保温体系由特种聚合胶泥、EPS 板、耐碱玻璃纤维网格布和饰面材料组成。

XPS 板

XPS 板是挤塑式聚苯乙烯隔热保温板的简称，是以聚苯乙烯树脂为原料加上其他的原辅料与聚合物，通过加热混合同时注入催化剂，然后挤塑压出成型而制造的硬质泡沫塑料板。XPS 具有完美的闭孔蜂窝结构，这种结构让 XPS 板有极低的吸水性（几乎不吸水）、低热导系数、高抗压性和抗老化性（正常使用几乎无老化分解现象）。

(1)近年来，多起建筑保温材料引起的火灾事件的发生，引发了社会各界对建筑保温材料保温防火性能的思考和重视。火灾事故原因表明：很多保温材料起火都是在施工过程中产生的，如电焊、明火、不良的施工习惯等。这些材料在燃烧过程中不断产生的融滴物和毒烟，危害人身安全。依据《建筑材料及制品燃烧性能分级》(GB 8624—2012)将建筑材料及制品的燃烧性能分为以下几种等级。

A 级：不燃材料(制品)；

B_1 级：难燃材料(制品)；

B_2 级：可燃材料(制品)；

B_3 级：易燃材料(制品)。

根据《建筑设计防火规范(2018年版)》(GB 50016—2014)规定，建筑的内、外保温系统宜采用燃烧性能为 A 级的保温材料，不宜采用 B_2 级保温材料，严禁采用 B_3 级保温材料；设置保温系统的基层墙体或屋面板的耐火极限应符合该规范的有关规定。

(2)绝热材料应按以下条件选择。

1)绝热性能好(热导率要小)，蓄热损失小(比热容小)，具有一定的强度，通常抗压强度要求大于 0.4 MPa。

2)热稳定性能和化学稳定性能好，使用温度范围宽，在使用温度范围内不会发生分解、挥发和其他化学反应，并耐化学腐蚀。

3)吸湿、吸水率小，因水的导热能力比空气大 24 倍，且吸水后强度降低。

4)安全性和耐久性好，无毒、有耐燃和阻燃能力，耐老化时间一般不少于 7 年。

5)经济性好，能耗少，价格低。

任务二　声控材料的性能与应用

一、声控材料的特点

声控材料在建筑中的作用主要是用以改善室内收听声音的条件和控制噪声。保温绝热材料因其轻质及结构上的多孔特征，具有良好的吸声性能。除对声音有特殊要求的建筑物如音乐厅、影剧院、大会堂和播音室等场所外，对于一般的工业与民用建筑物来说，均无须单独使用吸声材料，其吸声功能的提高主要通过与保温绝热及装饰等其他新型建筑材料相结合来实现。因此，建筑绝热材料也是改善建筑物吸声功能的不可或缺的物质基础。

对于多孔吸声材料，其吸声效果受以下因素制约。

(1)材料的表观密度。同种多孔材料，随表观密度增大，其低频吸声效果提高，高频吸声效果降低。

(2)材料的厚度。厚度增加，低频吸声效果提高，而对高频影响不大。

(3)孔隙的特征。孔隙越多，越均匀细小，吸声效果越好；即使材质相同，且均属多孔结构，其对气孔特征的要求也不同。绝热材料要求气孔封闭，不相连通，可以有效地阻止热对流的进行；这种气孔越多，绝热性能越好。而吸声材料则要求气孔开放，互相连通，可通过摩擦使声能大量衰减；这种气孔越多，吸声性能越好。这些材质相同而气孔结构不同的多孔材料的制得，主要取决于原料组分的某些差别，以及生产工艺中的热工制度和加压大小等。

隔声材料是能较大程度隔绝声波传播的材料。

二、材料的吸声原理和性能

物体振动时，迫使邻近空气随着振动而形成声波，当声波接触到材料表面时，一部分被反射，一部分穿透材料，而其余部分则在材料内部的孔隙中引起空气分子与孔壁的摩擦和黏滞阻力，使相当一部分声能转化为热能而被吸收。被材料吸收的声能(包括穿透材料的声能在内)与原先传递给材料的全部声能之比,是评定材料吸声性能好坏的主要指标,称为吸声系数,用式(11-1)表示:

$$\alpha = \frac{E}{E_0} \times 100\%$$ (11-1)

式中　α——材料的吸声系数;

　　　E_0——传递给材料的全部入射声能;

　　　E——被材料吸收(包括穿透)的声能。

假如入射声能的70%被吸收(包括穿透材料的声能在内),30%被反射,则该材料的吸声系数α就等于0.7。当入射声能100%被吸收而无反射时,吸收系数等于1。当门窗开启时,吸收系数相当于1。一般材料的吸声系数为0～1。

材料的吸声特性除与材料本身性质、厚度及材料表面的条件有关外,还与声波的入射角及频率有关。一般来说,材料内部开放连通的气孔越多,吸声性能越好。同一材料,对于高、中、低不同频率的吸声系数不同。为了全面反映材料的吸声性能,规定取125、250、500、1 000、2 000、4 000(Hz)六个频率的吸声系数来表示材料吸声的频率特性。吸声材料在上述六个规定频率的平均吸声系数应大于0.2。

为了改善声波在室内传播的质量,保持良好的音响效果和减少噪声的危害,在音乐厅、电影院、大会堂、播音室及噪声大的工厂车间等内部的墙面、地面、顶棚等部位,应选用适当的吸声材料。

三、常用材料的吸声系数

常用的吸声材料及其吸声系数见表11-2,供选用时参考。

表11-2　建筑上常用的吸声材料

分类及名称		厚度/cm	表观密度/(kg·m⁻³)	频率/Hz						装置情况
				125	250	500	1 000	2 000	4 000	
木质材料	软木板	2.5	260	0.05	0.11	0.25	0.63	0.70	0.70	贴实
	木丝板	3.0	—	0.10	0.36	0.62	0.53	0.71	0.90	钉在木龙骨上,后面留10 cm空气层和留5 cm空气层两种
	三夹板	0.3	—	0.21	0.73	0.21	0.19	0.08	0.12	
	穿孔五夹板	0.5	—	0.01	0.25	0.55	0.30	0.16	0.19	
	木花板	0.8	—	0.03	0.02	0.03	0.03	0.04	—	
	木质纤维板	1.1	—	0.06	0.15	0.28	0.30	0.33	0.31	
多孔材料	泡沫玻璃	4.4	1 260	0.11	0.32	0.52	0.44	0.52	0.33	贴实
	脲醛泡沫塑料	5.0	20	0.22	0.29	0.40	0.68	0.95	0.94	
	泡沫水泥(外粉刷)	2.0		0.18	0.05	0.22	0.48	0.22	0.32	紧靠粉刷
	吸声蜂窝板	—		0.27	0.12	0.42	0.86	0.48	0.30	贴实
	泡沫塑料	1.0	—	0.03	0.06	0.12	0.41	0.85	0.67	

分类及名称		厚度/cm	表观密度/(kg·m⁻³)	频率/Hz						装置情况
				125	250	500	1 000	2 000	4 000	
纤维材料	矿渣棉	3.13	210	0.01	0.21	0.60	0.95	0.85	0.72	贴实
	玻璃棉	5.0	80	0.06	0.08	0.18	0.44	0.72	0.82	
	酚醛玻璃纤维板	8.0	100	0.25	0.55	0.80	0.92	0.98	0.95	

表观密度的单位为 $kg \cdot m^{-3}$。

四、隔声材料

能减弱或隔断声波传递的材料为隔声材料。人们要隔绝的声音，按其传播途径有空气声（通过空气的振动传播的声音）和固体声（通过固体的撞击或振动传播的声音）两种，两者隔声的原理不同。

隔绝空气声主要是遵循声学中的"质量定律"，即材料的密度越大，越不容易受声波作用而产生振动，其隔声效果越好。所以，应选用密实的材料（如钢筋混凝土、钢板、实心砖等）作为隔绝空气声的材料；而吸声性能好的材料一般为轻质、疏松、多孔材料。隔声效果不一定好。

隔绝固体声的最有效方法是断绝其声波继续传递的途径，即在产生和传递固体声波的结构（如梁、框架与楼板、隔墙，以及它们的交接处等）层中加入具有一定弹性的衬垫材料，如地毯、毛毡、橡胶或设置空气隔离层等，以阻止或减弱固体声波的继续传播。

小结

绝热材料按材质，可分为无机绝热材料、有机绝热材料和金属绝热材料三大类。按形态，可分为纤维状、多孔（微孔、气泡）状、层状等。目前，聚苯乙烯泡沫塑料和聚氨酯泡沫塑料在保温墙体和保温屋面中得到了普遍应用。吸声材料在建筑中的作用主要是改善室内收听声音的条件和控制噪声。材料的吸声特性除与材料的性质、厚度有关外，还与声波的入射角及频率有关。吸声材料是指在规定频率下平均吸声系数大于 0.2 的材料，而隔声材料是能较大程度隔绝声波传播的材料。

一、名词解释

1. 绝热材料

2. 导热系数

3. 吸声材料

4. 吸声系数

5. 隔声材料

二、填空题

1. 材料保温隔热性能的好坏是由材料_____的大小所决定的。

2. 常用无机多孔类绝热材料有四种，即_____、_____、_____和_____。

3. 墙体保温做法按保温层位置的不同，可分为_____、_____和_____三种。

4. 墙体保温构造中应用的节能绝热材料主要有_____、_____、_____、_____、硅酸盐复合绝热砂浆。

5. 目前我国主要应用的节能门窗有_____、_____、_____、玻璃钢门窗等。

6. 增大多孔声材料的表观密度将使_____频吸声效果改善，但_____频吸声效果有所下降。

7. 吸声材料和绝热材料在构造特征上都是_____材料，但两者的孔隙特征完全不同。绝热材料的孔隙特征是具有_____、_____的气孔，而吸声材料的孔隙特征是具有_____、_____的气孔。

8. 绝热材料应满足：导热系数值不大于_____ W/(m·K)、表观密度不大于_____ kg/m³、抗压强度大于_____ MPa、构造简单、施工容易、造价低的多孔材料。

9. 多孔材料吸湿受潮后，其导热系数_____，其原因是材料的孔隙中有了_____缘故。

10. 一般来说，孔隙越_____越_____，则材料的吸声效果越好。

三、选择题

1. 建筑工程中使用的绝热材料，一般要求导热系数不大于(   )W/(m·K)。

 A. 0.14   B. 0.23   C. 0.58   D. 0.79

2. 为了达到保温隔热的目的，在选择建筑物围护结构用的材料时，应选用(   )的材料。

 A. 导热系数小、热容量小   B. 导热系数大、热容量小

 C. 导热系数小、热容量大   D. 导热系数大、热容量大

3. 通常把 λ 值小于（　　）W/(m·K)的绝热材料称为保温材料。
    A. 0.14　　　　　　B. 0.17　　　　　　C. 0.23　　　　　　D. 0.27
4. 作为吸声材料，其吸声效果好的根据是材料的（　　）。
    A. 吸声系数大　　　B. 吸声系数小　　　C. 孔隙不连通
    D. 多孔、疏松　　　E. 导热系数小
5. 建筑工程中使用的绝热材料，一般要求其表观密度不大于（　　）kg/m³。
    A. 500　　　　　　 B. 600　　　　　　 C. 700　　　　　　 D. 800
6. 为使室内温度保持稳定，应选用（　　）的材料。
    A. 导热系数大、比热容大　　　　　　　B. 导热系数小、比热容大
    C. 导热系数小、比热容小　　　　　　　D. 导热系数大、比热容小
7. 建筑工程中使用的绝热材料，一般要求其抗压强度不小于（　　）MPa。
    A. 0.3　　　　　　 B. 0.4　　　　　　 C. 0.5　　　　　　 D. 0.6
8. 作为隔绝空气声的材料应选用（　　）的材料。
    A. 质轻　　　　　　B. 疏松　　　　　　C. 多孔　　　　　　D. 密实

四、是非判断题

1. 当材料的成分、表观密度、结构等条件完全相同时，多孔材料的导热系数随平均温度和含水率的增大而增大。（　　）
2. 多孔结构材料，其孔隙率越大，绝热性和吸声性能越好。（　　）
3. 绝热材料要求气孔开放，互相连通，这种气孔越多，绝热性能越好。（　　）
4. 绝热材料和吸声材料同是多孔结构材料，绝热材料要求具有开口孔隙，吸声材料要求具有闭口孔隙。（　　）
5. 保温绝热性好的材料，其吸声性能也一定好。（　　）
6 一般来说，材料的孔隙率越大，孔隙尺寸越大，且孔隙相互联通，其导热系数越大。（　　）
7. 好的多孔性吸声材料的内部有着大量的微孔和气泡。（　　）
8. 增加吸声材料的厚度可以提高吸声能力。（　　）

五、问答题

1. 什么是绝热材料？在建筑中使用绝热材料有何优越性？
2. 影响材料绝热性能的主要因素有哪些？用哪些技术指标来评定材料绝热性能的好坏？
3. 工程中常用的绝热保温材料有哪几种？
4. 什么是吸声材料？材料的吸声性能用哪些指标表示？
5. 影响吸声材料吸声性能的因素有哪些？
6. 工程中常用的吸声材料有哪几种？
7. 绝热材料和吸声材料的基本原理分别是什么？

六、讨论题

给出一个场景，让学生设计并制作空间吸声体（室内悬挂吸声体），通过 PPT 和实物介绍设计理念。

技能测试

模块二　建筑材料取样与检测实训

模块二建筑材料取样与检测实训工作手册是模块一建筑材料的基本性质与应用的配套材料。如果你是一位《建筑材料》课程的初学者，可以在课程试验时配合使用；如果你正处于在岗位实习或毕业实习阶段，接触到材料取样与检测工作，或者你是施工员、试验员或见证取样员，也能够依托本工作手册、配合基础理论获得建筑材料取样与检测的系统知识及实践指导。

本工作手册以砂、石、水泥、混凝土、砂浆、钢筋、墙体材料、防水材料 7 个项目、25 个取样与检测任务为载体，基于"项目—任务—能力"开发流程，设计"任务目标—任务要求—任务思考—任务实施—做中学，学中做—任务考核"项目体系。本工作手册根据现行规范与标准进行编写，详细介绍了上述建筑材料检测所遵循的现行国家标准和行业标准，以企业工程师现场取样视频、专业教师教学微课、能力拓展等展示材料取样与检测的具体操作方法、工序要求、安全准则等。

1. 使用说明

学习者可按照下面操作使用本手册。

(1)通过查阅规范或扫描二维码观看视频熟悉操作要点，快速掌握操作流程，为取样与检测工作做好准备。

(2)手册针对取样与检测的关键知识点设计了填空、选择、连线等测试模式，旨在帮助学习者巩固所学的知识，学习者可根据需要完成。

(3)每个任务均配有相应的"做中学，学中做"实训项目，学习者可进行实际操作并撰写试验报告，从而加深对建筑材料检测知识的理解和掌握，提高实践能力。

(4)手册从职业素养、专业能力和创新能力三个方面设计了自评、互评、师评多元评价的过程性考核，方便学习者从多方面多维度检查提高实践能力。

2. 反馈和建议

在使用过程中，如有任何问题或建议，请随时反馈，我们将不断完善更新内容，以适应建筑材料行业的不断发展，为学习者提供更加优质的学习体验。

实训一　建筑用砂、石取样与检测

任务一　砂、石取样

任务目标： 熟悉建筑用砂、石取样组批原则，能按照相关规范要求正确取样。

任务要求： 请查阅规范《建设用砂》(GB/T 14684—2022)及《普通混凝土用砂、石质量及检验方法标准(附条文说明)》(JGJ 52—2006)，观看取样视频，完成砂取样任务。

任务思考：

(1)每验收批砂、石至少应进行哪些检测？

视频：砂、石
见证取样

(2)在砂、石运输、装卸和堆放过程中注意事项有哪些？

(3)砂、石使用单位的质量检验报告需要包括哪些内容？

任务实施：

任务名称		砂、石见证取样
序号	内容	操作要求及提示
1	组批原则或取样频率	同产地，同时进场用大型工具运输以＿＿＿＿＿＿＿＿为一验收批，以小型工具运输的以＿＿＿＿＿＿＿＿为一验收批，不足上述数量者以一批论。在料堆上取样时，取样部位应分布均匀

任务名称		砂、石见证取样
2	取样方法及取样数量	(1)取样前先将取样部位表层铲除，然后砂是各部位抽取大致相等的____份，石是各部位抽取大致相等的____份，组成一组试样。砂每组试样的取样数量对每一单项试验应不小于规范规定最小取样质量，石每组试样的取样数量对每一单项试验应不小于规范规定最小取样质量。 (2)须进行几项试验时，如确能保证试样经一项试验后不影响另一项试验的结果，可用同一组试样进行几项不同试验，然后用分料器或_____进行缩分。将试样在潮湿状态下搅拌均匀，堆成厚度为20 mm的圆饼，然后沿相互垂直的两条直径把圆饼分成四等份，取其对角的两份，接着再重新搅拌均匀重复上述过程，直至缩分后材料量略多于进行试验所需的数量

每一单项检验项目所需砂的最少取样数量表	
试验项目	最小取样数量/g
筛分析	————
表观密度	————
堆积密度	————

每一单项检验项目所需碎石或卵石的最少取样数量表/kg

试验项目	最大公称粒径/mm							
	10.0	16.0	20.0	25.0	31.5	40.0	63.0	80.0
筛分析	8	15	16	20	25	32	50	4
表观密度	8	8	8	8	12	16	24	24
堆积密度	40	40	40	40	80	80	120	120

做中学，学中做：

根据任务情景，填写材料取样单。

试验材料见证取样单

建设单位		工程名称	
工程地址		邮政编码	
联系人		联系电话	
取样日期		收样日期	
监理(建设)单位见证人员	(签名) 年　月　日	施工单位取样人员	(签名) 年　月　日
取样记录					
序号	样品名称	样品规格	取样部位	取样数量	取样基数
试验项目：					

任务二　砂表观密度检测

任务目标：掌握砂表观密度检测方法。

任务要求：请查阅规范《建设用砂》(GB/T 14684—2022)及《普通混凝土用砂、石质量及检验方法标准(附条文说明)》(JGJ 52—2006)，观看检测视频，完成砂表观密度检测任务。

任务思考：

水温对砂表观密度检测会产生哪些影响？

视频：砂、石
表观密度试验

任务实施：

任务名称		砂表观密度检测
序号	工作环节	操作要求及提示
1	准备工作	准备天平(量程为1 000 g，感量为1 g)、容量瓶(容量为250 mL)、烘箱[温控范围为(105±5)℃]、干燥器、浅盘、铝质料勺、温度计等。 将样品缩分至不少于_____，在_____的烘箱中烘干至_____，并在干燥器中冷却至室温，分成大致相等的两份备用
2	砂表观密度的测定	向李氏瓶中注入冷开水至一定刻度处，擦干瓶颈内部附着水，记录水的体积(V_1)；称取烘干试样_____(m_0)，徐徐加入盛水的李氏瓶中；试样全部倒入瓶中后，用瓶内的水将黏附在瓶颈和瓶壁的试样洗入水中，摇转李氏瓶以排除气泡，静置约_____后，记录瓶中水面升高后的体积(V_2)；测试数据代入公式计算砂的表观密度
3	注意事项	在砂的表观密度试验过程中应测量并控制水的温度，允许在15～25 ℃的温度范围内进行体积测定，但两次体积测定(指V_1和V_2)的温差不得大于2 ℃。 从试样加水静置的最后2 h起，直至记录完瓶中水面高度时止，其相差温度不应超过2 ℃

做中学，学中做：

将上述结果记录在下表中，并得出结论。

任务名称						砂表观密度检测记录	
编号	干燥试样 质量 m_0/g	液面刻度一 V_1/mL	液面刻度二 V_2/mL	$V'=V_2-V_1$	修正系(a_1)	砂表观密度/(kg·m⁻³)	
						单个值 ρ'	平均值 $\overline{\rho'}$
1							
2							
计算公式：$\rho'=\dfrac{m_0}{V_2-V_1-a_2}\times 1\,000$							

任务考核：

考核评价表

评价项目	评价内容	评价标准	个人自评 20%	小组互评 20%	企业教师评价30%	学校教师评价30%
职业素养	遵章守纪	出勤、劳动纪律				
	工作岗位6S	整理、整顿、清扫、清洁、安全、素养				
	团结合作	沟通、协作能力				
专业能力	任务完成情况	按时、按质完成任务				
	试验操作	符合规范要求				
	试验记录	数据准确、字迹工整				
创新能力	创新意识	学习过程中提出创新性、可行性建议				
合计						

任务三　石表观密度检测

任务目标： 掌握石表观密度检测的方法。

任务要求： 请查阅规范《普通混凝土用砂、石质量及检验方法标准（附条文说明）》（JGJ 52—2006），观看检测视频，完成石表观密度检测任务。

任务思考：

水温对石表观密度检测会产生哪些影响？

视频：砂、石表观密度试验

任务实施：

项目名称		石表观密度检测
序号	工作环节	操作要求及提示
1	准备工作	准备烘箱[温控范围为(105±5)℃]、天平(量程为20 kg，感量为20 g)、广口瓶(容量为1 000 mL，磨口，并带玻璃片)、试验筛(筛孔公称直径为5.00 mm的方孔筛一只)、毛巾、刷子等。 试验前，筛除样品中公称粒径为_____以下的颗粒，缩分至略大于规范所规定量的两倍。洗刷干净后，分成两份备用
2	石表观密度的测定	按规范规定数量称取试样；将试样_____，然后装入广口瓶中(装试样时，广口瓶应倾斜放置，注入饮用水，用玻璃片覆盖瓶口，以上下左右摇晃的方法排除气泡)；气泡排尽后，向瓶中添加饮用水直至_____；用玻璃片沿瓶口迅速滑行，使其紧贴瓶口水面，擦干瓶外水分后，称取试样、水、瓶和玻璃片总质量(m_1)；将瓶中的试样倒入浅盘中，放在_____的烘箱中_____；取出，放在带盖的容器中冷却至室温后称取质量(m_0)；将瓶洗净，重新注入饮用水，用玻璃片紧贴瓶口水面擦干瓶外水分后称取质量(m_2)；测试数据代入公式计算石表观密度

项目名称	石表观密度检测	
序号	工作环节	操作要求及提示
3	注意事项	试验时各项称重可以在 15~25 ℃ 的温度范围内进行，但从试样加水静置的最后 2 h 起直至试验结束，其温度相差不应超过 2 ℃

做中学，学中做：

将上述结果记录在下表中，并得出结论。

任务名称		石表观密度检测记录				
编号	干燥试样质量 m_0/g	水＋广口瓶＋玻璃片质量 m_1/g	试样＋水＋广口瓶＋玻璃片质量 m_2/g	修正系数(α_t)	石子表观密度/(kg·m^{-3})	
					单个值 ρ'	平均值 $\overline{\rho'}$
1						
2						
计算公式：$\rho' = \left(\dfrac{m_0}{m_0 + m_1 - m_2} - \alpha_t \right) \times 1\,000$						

任务考核：

考核评价表

评价项目	评价内容	评价标准	个人自评 20%	小组互评 20%	企业教师评价 30%	学校教师评价 30%
职业素养	遵章守纪	出勤、劳动纪律				
	工作岗位 6S	整理、整顿、清扫、清洁、安全、素养				
	团结合作	沟通、协作能力				
专业能力	任务完成情况	按时、按质完成任务				
	试验操作	符合规范要求				
	试验记录	数据准确、字迹工整				
创新能力	创新意识	学习过程中提出创新性、可行性建议				
合计						

任务四　砂堆积密度检测

任务目标：掌握砂堆积密度检测的方法。

任务要求：请查阅规范《建设用砂》(GB/T 14684—2022)及《普通混凝土用砂、石质量及检验方法标准(附条文说明)》(JGJ 52—2006)，观看检测视频，完成砂堆积密度检测任务。

任务思考：

(1)砂的松散堆积密度对工程有何意义？

(2)砂松散堆积密度和紧密堆积有何区别，请用空隙率相关知识进行解释？

视频：砂堆积
密度试验

任务实施：

任务名称		砂堆积密度检测
序号	工作环节	操作要求及提示
1	准备工作	(1)天平(量程为10 kg，感量为1 g)、容量筒(金属制，圆筒形，内径为108 mm，净高为109 mm，筒壁厚为2 mm，容积为1 L，筒底厚为5 mm)、漏斗、烘箱[温控范围为(105±5)℃]、直尺、浅盘等。 (2)先用公称直径＿＿＿的筛子过筛，然后取经缩分后的样品不少于＿＿＿，装入浅盘。在温度为＿＿＿的烘箱中烘干至＿＿＿，取出并冷却至室温，分成大致相等的两份备用。试样烘干后若有结块，应在试验前先捏碎
2	砂松散堆积密度的测定	称量空容量筒质量(m_1)；将试样装入漏斗中，打开底部的活动门，将砂流入容量筒中，当容量筒上部试样呈＿＿＿，且容量筒四周溢满时即停止加料；试样装满并超出＿＿＿后，用直尺将多余的试样沿筒口＿＿＿线向＿＿＿方向刮平，称取质量(m_2)；测试数据代入公式计算砂松散堆积密度
3	砂紧密堆积密度的测定	称量空容量筒质量(m_1)；取试样1份，分＿＿＿层装入容量筒；装完第一层后，在筒底垫放一根直径为＿＿＿的圆钢，将筒按住，＿＿＿颠击地面各＿＿＿下，然后再装入第二层。第二层装满后用同样方法颠实(但筒底所垫钢筋的方向应与第一层放置方向垂直)。两层装完并颠实后，添加试样超出＿＿＿，然后用直尺将多余的试样沿筒口＿＿＿线向＿＿＿方向刮平，称取质量(m_2)；测试数据代入公式计算砂紧密堆积密度

做中学，学中做：

将上述结果记录在下表中，并得出结论。

任务名称		砂堆积密度检测记录					
	编号	容量筒容积 V/L	容量筒质量 m_1/kg	容量筒＋砂质量 m_2/kg	砂质量 $m_2 - m_1$/kg	松散堆积密度/(kg·m⁻³)	
						单个值 ρ'_{0L}	平均值 $\overline{\rho'_{0L}}$
松散堆积密度	1						
	2						
	计算公式 $\rho'_{0(L,C)} = \dfrac{m_2 - m_1}{V} \times 1\,000$						

任务名称					砂堆积密度检测记录			
紧密堆积密度	编号	容量筒容积 V/L	容量筒质量 m_1/kg	容量筒+砂质量 m_2/kg	砂质量 m_2-m_1/kg	紧密堆积密度/$(kg \cdot m^{-3})$		
						单个值 ρ'_{0L}	平均值 $\overline{\rho'_{0L}}$	
	1							
	2							
	计算公式：$\rho'_{0(L,C)} = \dfrac{m_2-m_1}{V} \times 1\,000$							

任务考核：

考核评价表

评价项目	评价内容	评价标准	个人自评 20%	小组互评 20%	企业教师评价 30%	学校教师评价 30%
职业素养	遵章守纪	出勤、劳动纪律				
	工作岗位6S	整理、整顿、清扫、清洁、安全、素养				
	团结合作	沟通、协作能力				
专业能力	任务完成情况	按时、按质完成任务				
	试验操作	符合规范要求				
	试验记录	数据准确、字迹工整				
创新能力	创新意识	学习过程中提出创新性、可行性建议				
合计						

任务五 砂颗粒级配检测

任务目标：掌握砂颗粒级配检测方法。

任务要求：请查阅规范《建设用砂》(GB/T 14684—2022)及《普通混凝土用砂、石质量及检验方法标准(附条文说明)》(JGJ 52—2006)，观看检测视频，完成砂颗粒级配检测任务。

任务思考：

(1)检查判断当前砂的粗细程度是否符合要求？

视频：砂颗粒级配试验

(2)检查判断当前砂颗粒级配是否符合要求？

任务实施：

任务名称		砂颗粒级配检测
序号	工作环节	操作要求及提示
1	准备工作	 9.50 mm 4.75 mm 2.36 mm 1.18 mm 0.60 mm 0.30 mm 0.15 mm (1)准备试验筛、天平(量程为100 g，感量为1 g)、摇筛机、烘〔温控范围为(105±5)℃〕、浅盘、硬(软)毛刷、容器、小勺，并将试验筛清理干净，由上至下按孔径由_____顺序叠置，加底盘。 (2)用于筛分析的试样，其颗粒公称粒径不应大于_____，试验前应先将来样通过公称直径_____的方孔筛，并计算筛余。称取经缩分后样品不少于_____两份，分别装入两个浅盘，在(105±5)℃的温度下烘干到_____。冷却至室温备用
2	砂颗粒级配的测定	准确称取烘干试样_____，置于按筛孔大小顺序排列(大孔在_____、小孔在_____)的套筛的最上一只筛上；将套筛装入_____内固紧，筛分_____；然后取出套筛，再按筛孔由_____的顺序，在清洁的浅盘上逐一进行手筛，直至每分钟的筛出量不超过试样总量的_____时为止；通过的颗粒并入_____，并和_____中的试样一起进行手筛。按这样的顺序依次进行，直至所有的筛子全部筛完为止
3	数据分析	(1)计算分计筛余百分率 a_i(精确至0.1%)：各筛上的筛余量除以试样总量的百分率。 (2)计算累计筛余百分率 A_i(精确至0.1%)：该筛的分计筛余与筛孔大于该筛的各筛的分计筛余之和。 (3)根据各筛两次试验累计筛余百分率的平均值，评定试样颗粒级配分布情况，精确至1%。 (4)砂的细度模数应按下式计算，精确至0.01： $$M_x = \frac{(A_2 + A_3 + A_4 + A_5 + A_6 - 5A_1)}{100 - A_1}$$ (5)以两次试验结果的算术平均值作为测定值，精确至0.1，当两次试验所得的细度模数之差大于_____，应重新取试样进行试验
4	注意事项	(1)当试样含泥量超过_____时，应先将试样水洗，然后烘干至恒重，再进行筛分。 (2)无摇筛机时，可改用手筛。 (3)所有各筛的分计筛余量和底盘中的剩余量之和与筛分前的试样总量相比，相差不得超过_____

做中学，学中做：

将上述结果记录在下表中，并得出结论。

任务名称		砂颗粒级配检测记录							
	筛孔尺寸/mm	4.75	2.36	1.18	0.6	0.3	0.15	筛底	累计质量/g
试样1	筛余量/g								—
	分计筛余/%								
	累计筛余/%								
试样2	筛余量/g								—
	分计筛余/%								
	累计筛余/%								
平均累计筛余/%									—
试样1细度模数 M_{x1}：			平均细度模数 M_x：						
试样2细度模数 M_{x2}：									

请将试样砂的筛分曲线画于下图中，并评定其颗粒级配情况。

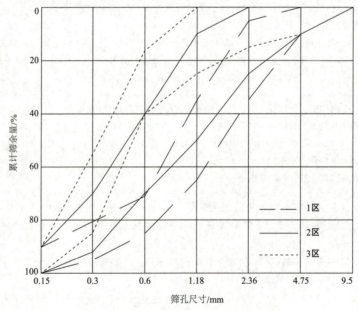

结论：该砂样属于_____砂，级配属于_____区

任务考核：

考核评价表

评价项目	评价内容	评价标准	个人自评 20%	小组互评 20%	企业教师评价 30%	学校教师评价 30%
职业素养	遵章守纪	出勤、劳动纪律				
	工作岗位6S	整理、整顿、清扫、清洁、安全、素养				
	团结合作	沟通、协作能力				
专业能力	任务完成情况	按时、按质完成任务				
	试验操作	符合规范要求				
	试验记录	数据准确、字迹工整				
创新能力	创新意识	学习过程中提出创新性、可行性建议				
合计						

实训二 水泥取样与检测

任务一 水泥见证取样

任务目标： 熟悉通用硅酸盐水泥取样组批原则，能按照规范要求正确取样。

任务要求： 请根据任务情景，查阅规范《混凝土结构工程施工质量验收规范》（GB 50204—2015）、《水泥取样方法》（GB/T 12573—2008）、《通用硅酸盐水泥》（GB 175—2023），观看取样视频，完成水泥取样任务。

视频：砂颗粒级配试验

任务思考：

(1)水泥出厂检验报告需要包括哪些内容？

(2)水泥封存样存放于右图的水泥留样筒中时，留样筒应符合哪些要求？

(3)在什么情况下要用到水泥封存样？

任务实施：

任务名称	水泥见证取样	
序号	内容	操作要求及提示
1	组批原则或取样频率	同一厂家、同一品种、同一代号、同一强度等级、同一批号且连续进场的水泥，袋装不超过_____为一批，散装不超过_____为一批，每批抽样数量不应少于_____次
2	取样方法及取样数量	1. 将下列图片中运输的水泥与其对应的取样方法进行配对。 （　　）　　　　　　　　（　　） A. 所取水泥深度不超过 2 m 时，每个编号内采用散装水泥取样器随机取样； B. 每个编号内，随机从不少于 20 袋中抽取。 2. 取样数量：总量不少于_____kg

做中学，学中做：

根据任务情景，填写材料取样单。

试验材料见证取样单

建设单位		工程名称	
工程地址		邮政编码	
联系人		联系电话	
取样日期		收样日期	
监理（建设）单位见证人员	（签名） 年　月　日	施工单位取样人员	（签名） 年　月　日

取样记录					
序号	样品名称	样品规格	取样部位	取样数量	取样基数

试验项目：

任务二　水泥标准稠度用水量检测

任务目标： 掌握水泥标准稠度用水量检测的方法。

任务要求： 请根据任务情景，查阅规范《水泥取样方法》(GB/T 12573—2008)、《通用硅酸盐水泥》(GB 175—2023)和《水泥标准稠度用水量、凝结时间、安定性检验方法》(GB/T 1346—2011)，观看检测视频，完成水泥标准稠度用水量检测任务。

视频：水泥标准稠度
用水量检测

任务思考：

(1)不同品种水泥标准稠度用水量是否相同？

(2)水泥存放时间较长对其标准稠度用水量是否有影响？

(3)进行水泥凝结时间、体积安定性等性能检测时，为什么要先检测其标准稠度用水量？

任务实施：

任务名称		水泥标准稠度用水量检测
序号	工作环节	操作要求及提示
1	准备工作	(1)准备水泥净浆搅拌机、标准稠度测定仪，并用湿布擦净并润湿。 (2)维卡仪的滑动杆能自由滑动。试模和玻璃底板用湿布擦拭，将试模放在底板上。调整至试杆接触玻璃板时指针对准零点。 (3)搅拌机运行正常
2	水泥净浆的拌制	水泥净浆搅拌机、搅拌锅和搅拌叶先用湿布擦过，将拌和水倒入搅拌锅内，然后在5～10 s内小心将称量好的_____g水泥加入水中，防止水和水泥溅出；拌和时，先将搅拌锅放在搅拌机的锅座上，升至搅拌位置，启动搅拌机，低速搅拌_____s，停_____s，同时将搅拌叶和锅壁的水泥浆刮入锅中间，接着高速搅拌_____s停机

任务名称		水泥标准稠度用水量检测
3	标准稠度用水量的测定	拌和结束后，立即取适量水泥净浆一次性将其装入已置于玻璃底板的试模中，浆体超过试模上端，用宽度约为 25 mm 的直边刀轻轻拍打超出试模部分的浆体_____次以排除浆体中的孔隙，然后在试模上表面约 1/3 处，略倾斜于试模分别向外轻轻锯掉多余净浆，再从试模边沿轻抹顶部一次，使净浆表面光滑。抹平后迅速将试模和底板移动到维卡仪上，并将其中心定在试杆下，降低试杆直至与水泥净浆表面接触，拧紧螺丝 1～2 s，突然放松，使试杆垂直自由地沉入水泥净浆中。在试杆停止沉入或释放试杆_____s 时，记录试杆与底板之间的距离，升起试杆后，立即擦净； 　　以试杆沉入净浆并距底板(_____±1)mm 的水泥净浆为标准稠度净浆。其拌和水量为该水泥的标准稠度用水量(P)，按水泥质量的百分比计
4	注意事项	(1)装模时，在锯掉多余净浆和抹平的操作过程中，注意不要压实净浆； (2)标准稠度用水量的测定操作应在搅拌后 1.5 min 内完成

做中学，学中做：

将上述结果记录在下表中，并得出结论。

任务名称	水泥标准稠度用水量检测记录		
项目	水泥试质量 m_c/g	加水量 m_w/g	试杆距底板距离/mm
第一次			
第二次			
第三次			
结论：水泥的标准稠度用水量％			
注意事项	(1)试杆沉入净浆并距底板(6±1)mm 时，水泥达到标准稠度； (2)水泥的标准稠度用水量 $P=\dfrac{m_w}{m_c}\times100\%$		

任务考核：

考核评价表

评价项目	评价内容	评价标准	个人自评 20％	小组互评 20％	企业教师评价 30％	学校教师评价 30％
职业素养	遵章守纪	出勤、劳动纪律				
	工作岗位 6S	整理、整顿、清扫、清洁、安全、素养				
	团结合作	沟通、协作能力				
专业能力	任务完成情况	按时、按质完成任务				
	试验操作	符合规范要求				
	试验记录	数据准确、字迹工整				
创新能力	创新意识	学习过程中提出创新性、可行性建议				
合计						

任务三 水泥初终凝时间检测

任务目标：掌握水泥初终凝时间检测的方法。

任务要求：请你根据任务情景，查阅规范《水泥标准稠度用水量、凝结时间、安定性检验方法》(GB/T 1346—2011)，观看检测视频，完成以下任务。

视频：水泥凝结
时间检测

(1)检测当前水泥的初凝时间和终凝时间。

(2)检验两项指标是否符合要求，判断水泥是否合格。

任务思考：

(1)水泥凝结时间在工程中有什么意义，为什么要进行水泥凝结时间的测定？

(2)进行水泥初终凝时间检测时，使用的试针是否相同？

任务实施：

项目名称		水泥凝结时间检测
序号	工作环节	操作要求及提示
1	准备工作	准备水泥净浆凝结时间测定仪、水泥净浆搅拌机，调整凝结时间测定仪的试针接触玻璃板时指针对准零点
2	试件制备	按标准稠度用水量测定时制备净浆的方法制成标准稠度净浆，按上述试验方法装模和刮平，立即放入湿气养护箱中
3	初凝时间测定	试件在湿气养护箱中养护至加水后_____进行第一次测定。测定时，从湿气养护箱中取出试模放到试针下，降低试针与水泥净浆表面接触。拧紧螺丝_____后，突然放松，试针垂直自由地沉入水泥净浆。观察试针停止下沉或释放试针_____时指针的读数。临近初凝时间每隔_____(或更短时间)测定一次，当试针沉至距底板(_____±1)mm时，为水泥达到初凝状态；由水泥全部加入水中至初凝状态的时间为水泥的初凝时间，用 min 来表示
4	终凝时间测定	完成初凝时间测定后，立即将试模连同浆体以平移的方式从玻璃板取下，_____，直径大端向上，小端向下放在玻璃板上，再次放入湿气养护箱中继续养护。临近终凝时间时每隔_____(或更短时间)测定一次，当试针沉入试件_____时，即_____，为水泥达到终凝状态，由水泥全部加入水中至终凝状态的时间为水泥的终凝时间，用 min 来表示

做中学，学中做：

将上述结果记录在下表中，并得出结论。

任务名称	水泥凝结时间检测记录					
试样编号	标准稠度用水量 P%	水泥加入水中时刻（时：分）	初凝时刻（时：分）	终凝时刻（时：分）	凝结时间/min	
					初凝	终凝
结果判定	凝结时间	满足/不满足		进场	可以/不可以	
任务总结						

任务考核：

考核评价表

评价项目	评价内容	评价标准	个人自评 20%	小组互评 20%	企业教师评价 30%	学校教师评价 30%
职业素养	遵章守纪	出勤、劳动纪律				
	工作岗位 6S	整理、整顿、清扫、清洁、安全、素养				
	团结合作	沟通、协作能力				
专业能力	任务完成情况	按时、按质完成任务				
	试验操作	符合规范要求				
	试验记录	数据准确、字迹工整				
创新能力	创新意识	学习过程中提出创新性、可行性建议				
合计						

任务四　水泥体积安定性检测

任务目标：掌握水泥体积安定性检测的方法。

任务要求：请你根据任务情景，查阅规范《水泥标准稠度用水量、凝结时间、安定性检验方法》（GB/T 1346—2011），观看检测视频，完成以下任务。

(1)了解试饼法和雷氏法，有争议时用雷氏法。

(2)检验体积安定性是否符合要求，判断水泥是否合格。

视频：水泥体积
安定性检测

任务思考：

(1)进行水泥体积安定性检测时，制备试块的水泥浆有何要求？

(2)用雷氏夹法检测水泥体积安定性时，雷氏夹如何校正？

任务实施：

任务名称		水泥体积安定性检测
序号	工作环节	操作要求及提示
1	准备工作	 准备水泥净浆搅拌机、煮沸箱、雷氏夹、雷氏夹膨胀值测量仪，用湿布润湿
2	试件制备	按标准稠度用水量测定时制备净浆的方法制成标准稠度净浆
3	雷氏法	(1)将拌制好的净浆装满雷氏夹圆环，一只手扶住雷氏夹，另一只手用约为 10 mm 宽的小刀插捣数次，顶盖一面涂有机油的玻璃板，放入养护箱养护＿＿＿＿小时。 (2)养护过后，取出量雷氏夹针尖的距离(A)，精确至 0.5 mm。 (3)然后放入沸煮箱水中算板上，指针朝上，试件互不交叉。 (4)在＿＿＿＿min 内加热至沸腾，并恒沸＿＿＿＿min。沸煮结束，放掉箱中热水，打开箱盖，待箱体冷却至恒温，取出试件，测量雷氏夹指针尖端间的距离(C)，保留小数点后一位
4	试饼法	(1)取适量水泥净浆置于涂油的玻璃片中间，在桌角振动玻璃片使净浆摊开，用擦拭干净的刮刀由边缘向中央抹动，一边转动玻璃片，做成直径为 70～80 mm、中心厚约为 10 mm、边缘渐薄、表面光滑的试饼。 (2)试饼做好标识，置于养护箱内养护＿＿＿＿小时，脱去玻璃片；检查是否完好，将试饼放入沸煮箱，在＿＿＿＿min 内加热至沸腾，而后恒沸(180±5)min，沸煮后放掉热水冷却至室温用直尺肉眼检查试饼有否变形及裂纹，没有即合格
5	注意事项	(1)雷氏夹与水泥浆接触的表面均须涂上一层机油，每个试验成型两个试块。 (2)保证在整个煮沸过程中沸煮箱中的水没过试件

做中学，学中做：

将上述结果记录在下表中，并得出结论。

任务名称	水泥体积安定性检测记录			
雷氏夹 放入时间	雷氏夹 取出时间	试件指针 尖端间的距离(A)	沸煮后试件指针尖 端间的距离(C)	$C-A$
结果判定		满足/不满足	进场	可以/不可以
任务总结				
注意事项	试件指针尖端间的距离(A)与沸煮后试件指针尖端间的距离(C)需精确到 0.5 mm			

任务考核：

考核评价表

评价 项目	评价内容	评价标准	个人 自评 20%	小组 互评 20%	企业教师 评价 30%	学校教师 评价 30%
职业 素养	遵章守纪	出勤、劳动纪律				
	工作岗位 6S	整理、整顿、清扫、清洁、安全、素养				
	团结合作	沟通、协作能力				
专业 能力	任务完成情况	按时、按质完成任务				
	试验操作	符合规范要求				
	试验记录	数据准确、字迹工整				
创新 能力	创新意识	学习过程中提出创新性、可行性建议				
合计						

▶▶▶ 任务五　水泥胶砂强度检测

任务目标：掌握水泥胶砂强度检测方法。

任务要求：请你根据任务情景，查阅规范《水泥胶砂强度检验方法(ISO 法)》(GB/T 17671—2021)，观看检测视频，完成以下任务。

(1)水泥胶砂强度如何检测。

(2)判断水泥胶砂强度合格性。

视频：水泥胶砂
强度检测

任务思考：

(1)进行水泥胶砂强度检测时，对试验室环境、养护箱及养护水池有何要求？

(2)进行水泥胶砂强度测试时，水泥、胶砂、水的配合比是多少？

(3)水泥胶砂不同强度试验试样的龄期有何规定？

任务实施：

任务名称		水泥胶砂强度测试
序号	工作环节	操作要求及提示
1	检测依据	《水泥胶砂强度检验方法(ISO法)》(GB/T 17671—_____)
2	胶砂制备	(1)把_____加入搅拌锅里，再加入_____，把搅拌锅固定在固定架上，上升至工作位置； (2)立即开动机器，先低速搅拌_____s，在第二个_____s开始的同时均匀地将砂子加入。把搅拌机调至_____速再搅拌(30±1)s； (3)停拌_____s，在停拌开始的_____s内，将搅拌锅放下，用刮刀将搅拌叶、锅壁和锅底上的胶砂刮入搅拌锅中；再在_____速下继续搅拌_____s
3	试件制备	(1)用振实台成型：胶砂制备后立即进行成型。将空试模和模套固定在振实台上，用料勺将锅壁上的胶砂管理到搅拌锅内并翻转搅拌胶砂使其更加均匀，成型时将胶砂分_____装入试模。装第一层时，每个槽里约放_____g胶砂，用大布料器_____架在模套顶部沿每个模槽来回一次将层布平，接着振实_____次。再装入第二层胶砂，用料勺沿试模长度方向划动胶砂以布满模槽，再用小布料器布平，振实_____次。每次振实时可将一块用水湿过拧干、比模套尺寸稍大的棉纱布盖在模套上以防振实时胶砂飞溅。 (2)移走模套，从振实台上取下试模，用一金属直边尺以近似_____°的角度(但向刮平方向稍斜)架在试模模顶的一端，然后沿试模长度方向以横向锯割动作慢慢向另一端移动，将超过试模部分的胶砂刮去。最后将试模周边的胶砂擦除干净。 (3)用毛笔或其他方法对试样进行编号
4	脱模前的处理和养护	(1)在试模上盖一块玻璃板，也可用相似尺寸的钢板或不渗水的和水泥没有反应的材料制成的板。盖板不应与水泥胶砂_____，盖板与试模之间的距离应控制在_____mm。为了安全，玻璃板应有磨边。 (2)立即将做好标记的试模放入_____室或湿箱的水平架子上养护，湿空气应能与试模_____接触。养护时_____将试模放在其他试模上。一直养护到规定的脱模时间，取出脱模

任务名称	水泥胶砂强度测试
5	脱模	脱模应非常小心。脱模时可以使用橡皮锤或脱模器。 脱模(勾选所测水泥胶砂的脱模龄期)： (1)对于 24 h 龄期的，应在破型试验前 20 min 内脱模。对于 24 h 以上龄期的，应在成型后 20～24 h 之间脱模。 (2)如经 24 h 养护，会因脱模对强度造成损害时，可以延迟至 24 h 以后脱模，但在试验报告中应予说明。 (3)已确定作为 24 h 龄期试验(或其他不下水直接做试验)的已脱模试体，应用湿布覆盖至做试验时为止
6	水中养护	(1)将做好标记的试样立即水平或竖直放在_____℃水中养护，水平放置时_____应朝上。 (2)试样放在不易腐烂的箅子上，并彼此之间保持一定间距，让水与试体六个面接触。养护期间试样之间间隔或试体上表面的水深不应小于_____mm。 (3)注意事项： 1)不宜用未经防腐处理的木箅子； 2)每个养护池只养护_____的水泥试样； 3)最初用自来水装满养护池(或容器)，随后随时加水保持适当的水位。在养护期间，不允许全部换水
7	抗折强度测试	(1)将试样一个_____放在试验机支撑圆柱上，试体长轴垂直于支撑圆柱，通过加荷圆柱以(50±10)N/s 的速率均匀地将荷载垂直地加在棱柱体相对侧面上，直至折断。 (2)保持两个半截棱柱体处于_____状态直至抗压试验
8	抗压强度测试	(1)抗折强度试验完成后，取出两个半截试样，进行抗压强度试验。抗压强度通过规定的仪器，在半截棱柱体的侧面上进行。 (2)在整个加荷过程中以_____N/s 的速率_____地加荷直至破坏
9	抗折强度计算	抗折强度按下式计算： $$R_f = \frac{1.5 F_f L}{b^3}$$ R_f——抗折强度(MPa)； F_f——折断时施加于棱柱体中部的荷载(N)； L——支撑圆柱之间的距离(mm)； b——棱柱体正方形截面的边长(mm)
10	抗压强度计算	抗压强度按下式计算，受压面积为 1 600 mm²： $$R_c = \frac{F_c}{A}$$ R_c——抗压强度(MPa)； F_c——破坏时的最大荷载(N)； A——受压面积(mm²)

做中学，学中做：

将上述结果记录在下表中，并得出结论。

任务名称	水泥胶砂强度检测记录		
内容	水泥胶砂强度	龄期	
试样尺寸/(mm×mm×mm)	抗折荷载 F_f/kN	抗折强度 R_f/MPa	
		单个值	代表值
受压面积/mm²	抗压荷载 F_c/kN	抗压强度 R_c/MPa	
		单个值	代表值
与平均值之间的偏差验算	抗折强度验算		
	抗压强度验算		
结果的计算和表示	抗折强度	(1)以一组三个棱柱体抗折结果的平均值作为试验结果。当三个强度值中有一个超出平均值的±10％时，应剔除后再取平均值作为抗折强度试验结果；当三个强度值中有两个超出平均值±10％时，则以剩余一个作为抗折强度结果。 (2)单个抗折强度结果精确至 0.1 MPa，算术平均值精确至 0.1 MPa		
	抗压强度	(1)以一组三个棱柱体上得到的六个抗压强度测定值的平均值为试验结果。当六个测定值中有一个超出六个平均值的±10％时，剔除这个结果，再以剩下五个的平均值为结果。当五个测定值中再有超过它们平均值的±10％时，则此组结果作废。当六个测定值中同时有两个或两个以上超出平均值的±10％时，则此组结果作废。 (2)单个抗压强度结果精确至 0.1 MPa，算术平均值精确至 0.1 MPa		
任务总结			
检测人员		记录人员	

任务考核：

考核评价表

评价项目	评价内容	评价标准	个人自评 20%	小组互评 20%	企业教师评价 30%	学校教师评价 30%
职业素养	遵章守纪	出勤、劳动纪律				
	工作岗位 6S	整理、整顿、清扫、清洁、安全、素养				
	团结合作	沟通、协作能力				
专业能力	任务完成情况	按时、按质完成任务				
	试验操作	符合规范要求				
	试验记录	数据准确、字迹工整				
创新能力	创新意识	学习过程中提出创新性、可行性建议				
合计						

实训三　混凝土取样与检测

任务一　混凝土见证取样

任务目标： 熟悉普通混凝土取样组批原则，能按照规范要求正确取样。

任务要求： 请根据任务情景，查阅规范《混凝土结构工程施工质量验收规范》(GB 50204—2015)、《普通混凝土拌合物性能试验方法标准》(GB/T 50080—2016)，完成混凝土取样任务。

视频：混凝土取样

任务思考：

(1)商品混凝土出厂时检验报告需要包括哪些内容？

(2)分析本工程混凝土需要留置哪几种试件，对应的试件尺寸是多少。

任务实施：

任务名称	混凝土见证取样	
序号	内容	操作要求及提示
1	组批原则或取样频率	(1) 每拌制 100 盘且不超过_____的同配合比取样不少于一次； (2) 每工作班拌制同一配合比不足_____盘时取样不少于一次； (3) 当一次连续浇筑 1 000 m³ 时，同一配合比每_____取样不少于一次； (4) 每一楼层、同一配合比取样不少于_____次； (5) 每次取样至少留置_____标准养护试件
2	取样方法及取样数量	(1) 同一组混凝土拌合物的取样，应在同一盘混凝土或同一车混凝土中取样。取样量应多于试验所需量的_____倍，且不宜小于_____。 (2) 混凝土拌合物的取样应具有代表性，宜采用多次采样的方法。宜在同一盘混凝土或同一车混凝土中的_____处、_____处和_____处分别取样，并搅拌均匀；第一次取样和最后一次取样的时间间隔不宜超过_____min

做中学，学中做：

根据任务情景，填写材料取样单。

试验材料见证取样单

建设单位		工程名称		
工程地址		邮政编码		
联系人		联系电话		
取样日期		收样日期		
监理(建设)单位见证人员	(签名) 年 月 日	施工单位取样人员		(签名) 年 月 日
取样记录				
序号	样品名称	样品规格	取样部位	取样数量 / 取样基数
试验项目：				

任务二　新拌混凝土和易性检测

任务目标： 熟悉普通混凝土取样组批原则，能按照规范要求检测混凝土拌合物的和易性。

任务要求： 查阅规范《混凝土结构工程施工质量验收规范》(GB 50204—2015)《普通混凝土拌合物性能试验方法标准》(GBT 50080—2016) 和《预拌混凝土》(GB/T 14902—2012)，完成混凝土和易性检测任务。

视频：混凝土和
易性试验

任务思考：

(1)结合任务情景中的施工条件，本工程对混凝土拌合物和易性有何要求？

(2)将下列仪器设备与对应的检测项目连线，本工程适合采用哪种方法？

 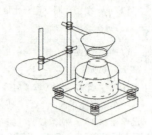

维勃稠度测定仪　　　　　　　坍落度筒

(3)对下面三种情况的黏聚性进行评价。

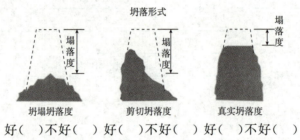

坍落形式

坍塌坍落度　　　剪切坍落度　　　真实坍落度

好(　)不好(　) 好(　)不好(　) 好(　)不好(　)

任务实施：

任务名称		混凝土拌合物和易性检测
序号	工作环节	操作要求
1	准备工作	准备＿＿＿＿、＿＿＿＿、＿＿＿＿，用＿＿＿＿将上述物品和拌板、拌铲擦净并润湿
2	取样	(1)新混凝土现场取样：凡在搅拌机、料斗、运输小车及浇制构件中采取新拌混凝土代表性样品时，均须从＿＿＿＿的不同部位抽取大致相同分量的代表性样品(不要抽取已经离析的混凝土)，集中用铁铲翻拌均匀，然后立即进行拌合物的试验。 (2)拌合物取样量应多于试验所需数量的＿＿＿＿倍，其体积不小于＿＿＿＿L。 (3)为使取样具有代表性，宜采用＿＿＿＿的方法，最后集中用铁铲＿＿＿＿。 (4)从第一次取样到最后一次取样不宜超过＿＿＿＿min。取回的混凝土拌合物应经过人工再次翻拌均匀，然后进行试验

任务名称		混凝土拌合物和易性检测
3	装筒	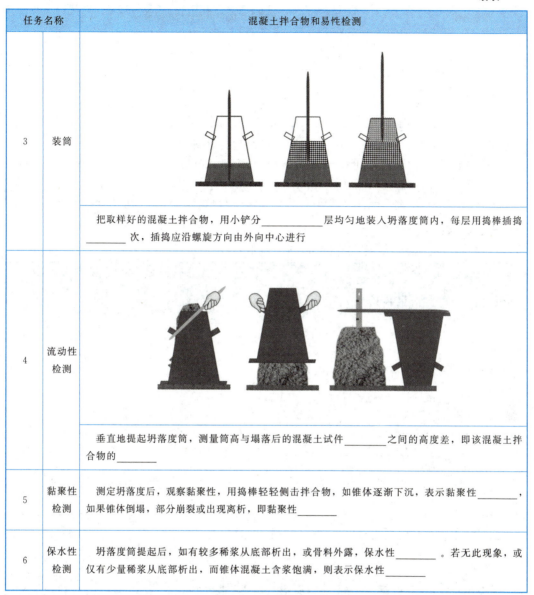把取样好的混凝土拌合物，用小铲分_____层均匀地装入坍落度筒内，每层用捣棒插捣_____次，插捣应沿螺旋方向由外向中心进行
4	流动性检测	垂直地提起坍落度筒，测量筒高与塌落后的混凝土试件_____之间的高度差，即该混凝土拌合物的_____
5	黏聚性检测	测定坍落度后，观察黏聚性，用捣棒轻轻侧击拌合物，如锥体逐渐下沉，表示黏聚性_____，如果锥体倒塌，部分崩裂或出现离析，即黏聚性_____
6	保水性检测	坍落度筒提起后，如有较多稀浆从底部析出，或骨料外露，保水性_____。若无此现象，或仅有少量稀浆从底部析出，而锥体混凝土含浆饱满，则表示保水性_____

做中学，学中做：

将上述结果记录在下表中，并得出结论。

任务名称		混凝土拌合物和易性检测记录		
和易性测定	设计坍落度/mm			
	温度		湿度	
	第一次坍落度		平均值	
	第二次坍落度			
	黏聚性		保水性	
结果判定	和易性	满足/不满足	进场	可以/不可以

任务名称	混凝土拌合物和易性检测记录
任务总结	
检测人员	记录人员
注意事项	混凝土拌合物坍落度以 mm 为单位，测量精确至 1 mm。 混凝土拌合物坍落度至少要测定两次，两次测定值之差不大于 20 mm 时，以算术平均值作为测试结果

任务考核：

考核评价表

评价项目	评价内容	评价标准	个人自评 20%	小组互评 20%	企业教师评价 30%	学校教师评价 30%
职业素养	遵章守纪	出勤、劳动纪律				
	工作岗位 6S	整理、整顿、清扫、清洁、安全、素养				
	团结合作	沟通、协作能力				
专业能力	任务完成情况	按时、按质完成任务				
	试验操作	符合规范要求				
	试验记录	数据准确、字迹工整				
创新能力	创新意识	学习过程中提出创新性、可行性建议				
合计						

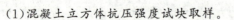

>>> 任务三　混凝土强度检测与评定

任务目标：掌握混凝土立方体抗压强度取样、检测与评定方法。

任务要求：查阅规范《混凝土结构工程施工质量验收规范》(GB 50204—2015)和《混凝土物理力学性能试验方法标准》(GB/T 50081—2019)，观看检测视频，完成以下任务。

(1)混凝土立方体抗压强度试块取样。

(2)混凝土立方体试件制作、养护。

(3)混凝土强度检测与评定。

视频：混凝土强度检测　　视频：混凝土强度检测与评定

任务思考：

(1)将下列试件与对应名称连线。

轴心抗压强度试件　　　　立方体抗压强度试件

(2)说明混凝土试件破坏的原因。

 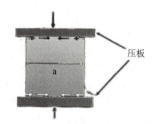

(3)混凝土强度评定的方法有哪几种？

任务实施：

请结合规范，熟悉工作环节，并填写操作要求及提示。

任务名称		混凝土立方体抗压强度检测
序号	工作环节	操作要求及提示
1	准备工作	制作试件前应检查试模，拧紧螺栓并清刷干净，在其内壁涂上一薄层＿＿＿＿。一般以＿＿＿＿个试件为一组
2	取样	(1)新混凝土现场取样：凡在搅拌机、料斗、运输小车及浇制的构件中采取新拌混凝土代表性样品时，均须从＿＿＿＿的不同部位抽取大致相同分量的代表性样品(不要抽取已经离析的混凝土)，集中用铁铲翻拌均匀，然后立即进行拌合物的试验。 (2)拌合物取样量应多于试验所需数量的＿＿＿＿倍，其体积不小于＿＿＿＿L。 (3)为使取样具有代表性，宜采用＿＿＿＿的方法，最后集中用铁铲＿＿＿＿。 (4)从第一次取样到最后一次取样时间间隔不宜超过＿＿＿＿min。取回的混凝土拌合物应经过人工再次翻拌均匀，然后进行试验
3	装模	(1)坍落度大于70 mm的混凝土拌合物采用人工捣实成型。将搅拌好的混凝土拌合物分＿＿＿＿层装入试模，每层装料的厚度大约相同。插捣时用钢质捣棒按螺旋方向从＿＿＿＿均匀进行。插捣底层时，捣棒应达到试模底面；插捣上层时，捣棒应贯穿下层深度约＿＿＿＿mm。 (2)并用镘刀沿试模内侧插捣数次。每层的插捣次数应根据试件的截面而定，一般为每100 cm²截面面积不应少于＿＿＿＿次。捣实后，刮去多余的混凝土，并用镘刀抹平

压板

a

任务名称		混凝土立方体抗压强度检测
序号	工作环节	操作要求及提示
4	试件养护	(1)采用标准养护的试件成型后应_____，以防止水分蒸发，并在温度_____℃下静置一昼夜至两昼夜，然后拆模编号。再将拆模后的试件立即放在温度为_____℃、湿度为_____以上的标准养护室的架子上养护，彼此相隔10～20 mm。 (2)无标准养护室时，混凝土试件可放在温度为_____℃的不流动_____饱和溶液中养护。 (3)与构件同条件养护的试件成型后，应覆盖表面，试件的拆模时间可与_____的拆模时间相同，拆模后试件仍需保持_____
5	强度检测	(1)试件从养护地点取出后，应尽快进行试验，以免试件内部的温度、湿度发生显著变化。 (2)先将试件_____，_____，并检查外观，试件尺寸测量精确至____mm，并据此计算试件的_____。 (3)将试件安放在试验机的下压板上，试件的承压面应与成型时的顶面垂直。试件的_____应与试验机下压板_____对准。开动试验机，当上板与试件接近时，调整球座，使接触均衡。 (4)混凝土试件的试验应连续而均匀地加荷，混凝土强度等级＜C30时，其加荷速度为_____MPa/s；若混凝土强度等级≥C30且＜C60，则为_____MPa/s；混凝土强度等级≥C60时，则为_____MPa/s。当试件接近破坏而开始迅速变形时，停止调整试验机油门，直到试件破坏，并记录破坏荷载。 (5)试件受压完毕，应清除上下压板上_____，继续进行下一次试验
6	数据处理	(1)混凝土立方体试件抗压强度按下式计算，精确至0.1 MPa。 $$f_{cu} = \frac{P}{A}$$ 式中　f_cu——混凝土立方体试件的抗压强度值(MPa)； 　　　P——试件破坏荷载(N)； 　　　A——试件承压面积(mm^2)。 (2)以3个试件测值的_____作为该组试件的抗压强度值。如3个测值中最大值或最小值中有1个与_____的差值超过中间值的15％时，则把最大或最小值舍去，取_____作为该组试件的抗压强度值。如最大值和最小值与_____的差均超过中间值的15％，则该组试件的试验结果_____。 (3)混凝土立方体抗压强度是以150 mm×150 mm×150 mm的立方体试件作为抗压强度的标准值，其他尺寸试件的测定结果应乘以尺寸换算系数。_____。 200 mm×200 mm×200 mm的试件，其换算系数为_____；100 mm×100 mm×100 mm的试件，其换算系数为_____

做中学，学中做：

将上述结果记录在下表中，并得出结论。

任务名称		混凝土立方体抗压强度评定	
龄期/d	试件规格/(mm×mm×mm)	破坏荷载/kN	抗压强度/MPa
评定过程			

任务名称	混凝土立方体抗压强度评定						
结果判定	该组混凝土强度代表值为 （MPa）						
任务总结							
检测人员			记录人员				

能力测试：

某工程浇筑筏形基础混凝土（C30，P6），工程质量检测机构对施工单位送检的混凝土强度试件按照相关标准进行检测，出具检测报告。施工员对一个月内浇筑的混凝土，各班测得的混凝土 28 天抗压强度值进行统计，见下表。根据检测报告，按标准差未知法，对下表中的混凝土强度进行评定。

任务名称	混凝土强度评定							
批号	1	2	3	4	5	6	7	8
抗压强度/ MPa	34.1	29.5	32.0	33.0	31.5	34.5	37.0	34.5
	32.0	31.0	37.0	32.0	33.5	33.0	32.0	30.5
	30.0	33.0	30.0	36.0	34.6	29.5	31.0	31.6
强度代表值/MPa								
评定过程								
评定结论								
任务总结								

能力拓展：

混凝土无损检测是一种混凝土非破损检验方法，该方法可用同一试件进行多次重复试验而不损坏试件，可以直接而迅速地测定混凝土的强度、内部缺陷的位置和大小，还可以判断混凝土遭受破坏或损伤的程度，因而无损检测在工程中得到了普遍重视和应用。混凝土无损检测的方法很多，有回弹法、电测法、谐振法和取芯法等。回弹仪测定混凝土的强度，是采用附有拉力弹簧和一定尺寸的金属弹击杆的中型回弹仪，以一定的能量弹击后回弹混凝土表面，以弹击后回弹的距

视频：混凝土强度
无损检测

离值，表示被测混凝土表面的硬度。根据混凝土表面硬度与强度的关系，估算混凝土的抗压强度。

任务考核：

考核评价表

评价项目	评价内容	评价标准	个人自评 20%	小组互评 20%	企业教师评价 30%	学校教师评价 30%
职业素养	遵章守纪	出勤、劳动纪律				
	工作岗位 6S	整理、整顿、清扫、清洁、安全、素养				
	团结合作	沟通、协作能力				
专业能力	任务完成情况	按时、按质完成任务				
	试验操作	符合规范要求				
	试验记录	数据准确、字迹工整				
创新能力	创新意识	学习过程中提出创新性、可行性建议				
合计						

任务四　混凝土抗渗性检测

任务目标： 掌握混凝土抗渗性取样、检测和评定方法。

任务要求： 请根据任务情景，查阅规范《普通混凝土长期性能和耐久性能试验方法标准》(GB/T 50082—2009)，完成混凝土抗渗性检测和评定任务。

视频：混凝土的抗渗性试验

任务思考：

(1)请列举你知道的混凝土抗渗等级。

(2)混凝土抗渗试件的尺寸是多少？

任务实施：

任务名称		混凝土抗渗性检测
序号	工作环节	操作要求及提示
1	准备工作	(1)了解混凝土抗渗原理，准备 ＿＿＿＿＿ 、 ＿＿＿＿＿ 、 ＿＿＿＿＿ 、 ＿＿＿＿＿ 等。 (2)试模应采用上口内部直径为 ＿＿＿＿＿ 、下口内部直径为 ＿＿＿＿＿ 和高度为 ＿＿＿＿＿ 的圆台体。 (3)密封材料选用 ＿＿＿＿＿ 。 **混凝土抗渗试验装置示意**
2	试件制作	每组试件数量为 ＿＿＿＿ 个，采用人工插捣成型，分 ＿＿＿＿ 层装入混凝土拌合物，每层插捣 ＿＿＿＿ 次试件成型后 24 h 拆模，试件拆模后，用钢丝刷除去两端面的水泥浆模后送标养室养护，在标准条件下养护龄期为 ＿＿＿＿ 。 **抗渗试件制备及养护**

任务名称		混凝土抗渗性检测

<table>
<tr><td rowspan="2">3</td><td rowspan="2">试验步骤</td><td>

(1)试件到龄期后取出，擦干表面，用钢丝刷刷净两端面，待表面干燥后，在试件侧面滚涂一层熔化的_____，然后立即用螺旋加压器上压入经过烘箱或电炉预热过的试模中，使试件底面和试模底_____，待试模变冷后，即可解除压力，装在渗透仪上进行试验。如在试验过程中，水从试件周边流出，说明密封性不好，要重新密封。

抗渗试件装模及压模

(2)试验时，水压从0.1 MPa开始，每隔____增加_____水压，并随时注意观察试件端面情况，一直加至6个试件中有____个试件表面发现渗水，记下此时的水压力，即可停止试验。

注：当加压至设计抗渗等级，经过8 h后第3个试件仍不渗水，表明混凝土已满足设计要求，也可停止试验

</td></tr>
</table>

| 4 | 数据处理 | 混凝土的抗渗等级以每组6个试件4个未发现有渗水现象时的最大水压力乘以10来确定，抗渗等级按下式计算：

$$P=10\,H-1$$

式中　P——混凝土抗渗等级；
　　　H——6个试件中有3个试件渗水时的水压力（MPa） |

做中学，学中做：

将上述结果记录在下表中，并得出结论。

任务名称	混凝土抗渗性能检测记录		
(1)技术条件			
设计强度等级		设计抗渗等级	理论配合比报告编号
理论配合比		施工配合比	
工地拌和方法		工地捣实方法	制件捣实方法
制件时坍落度/mm		制件时扩展度/mm	制件维勃稠度/s
制件日期	试件尺寸/mm	养护方法	龄期/d

（2）混凝土使用材料情况

材料名称	材料产地	品种规格	施工拌和用料量/(kg·m⁻³)
水泥			
掺和料1			
掺和料2			
细骨料			
粗骨料			
外加剂1			
外加剂2			
拌和水			

（3）抗渗试验结果

试验日期														
试验时间														
水压力/MPa	0.1	0.2	0.3	0.4	0.5	0.6	0.7	0.8	0.9	1.0	1.1	1.2	1.3	1.4

试件编号															
	1														
	2														
	3														
	4														
	5														
	6														

备注：	未渗水标注"√"，渗水标注"×"
抗渗等级	
试验结论	
任务总结	

265

任务考核：

评价项目	评价内容	评价标准	个人自评 20%	小组互评 20%	企业教师评价 30%	学校教师评价 30%
职业素养	遵章守纪	出勤、劳动纪律				
	工作岗位 6S	整理、整顿、清扫、清洁、安全、素养				
	团结合作	沟通、协作能力				
专业能力	任务完成情况	按时、按质完成任务				
	试验操作	符合规范要求				
	试验记录	数据准确、字迹工整				
创新能力	创新意识	学习过程中提出创新性、可行性建议				
合计						

实训四　砂浆取样与检测

▶▶▶ 任务一　砂浆取样

任务目标： 熟悉砌筑砂浆取样组批原则，能按照规范要求正确取样。

任务要求： 请查阅规范《砌体结构工程施工质量验收规范》(GB 50203—2011)及《建筑砂浆基本性能试验方法标准》(JGJ/T 70—2009)，完成砂浆取样任务。

任务思考：

(1)砂浆出厂检验报告需要包括哪些内容？

(2)每验收批砂浆至少应进行哪些检测？

任务实施：

任务名称		砂浆见证取样
序号	内容	操作要求及提示
1	组批原则或取样频率	每一检验批且不超过_____砌体的各类、各强度等级的普通砌筑砂浆，每台搅拌机应至少抽检_____次；验收批的预拌砂浆、蒸压加气混凝土砌块专用砂浆，抽检可为____组
2	取样方法及取样数量	建筑砂浆试验用料应从同一盘砂浆或同一车砂浆中取样。取样量应不少于试验所需量的____倍。 施工中取样进行砂浆试验时，其取样方法和原则应按相应的____执行。一般在使用地点的砂浆槽、砂浆运送车或搅拌机出料口，至少从____不同部位取样。现场取来的试样，试验前应人工搅拌均匀。 从取样完毕到开始进行各项性能试验不宜超过____

做中学，学中做：

根据任务情景，填写材料取样单。

试验材料见证取样单

建设单位		工程名称	
工程地址		邮政编码	
联系人		联系电话	
取样日期		收样日期	
监理(建设)单位见证人员	（签名） 年　月　日	施工单位取样人员	（签名） 年　月　日

取样记录

序号	样品名称	样品规格	取样部位	取样数量	取样基数

试验项目：

》》》 任务二　新拌砂浆和易性检测

任务目标： 掌握新拌砂浆和易性检测方法。

任务要求： 请查阅规范《建筑砂浆基本性能试验方法标准》（JGJ/T 70—2009），观看检测视频，完成新拌砂浆和易性检测任务。

微课：砂浆稠度
试验

微课：砂浆保水率
试验

任务思考：

(1)进行砂浆流动性测试时，盛装容器内粒测完成一次的砂浆能否直接进行第二次测试？

(2)检查判断当前砂浆的和易性是否符合要求。

任务实施：

任务名称		砂浆和易性检测——流动性	
序号	工作环节	操作要求及提示	
1	准备工作		
		(1)准备砂浆稠度仪、钢质捣棒、秒表，用湿布擦净并润湿盛浆容器和试锥表面。 (2)用少量润滑油轻擦砂浆稠度仪滑杆，再将滑杆上多余的油用吸油纸擦净，使滑杆能自由滑动	
2	砂浆的稠度测定	(1)将砂浆拌合物一次装入盛浆容器，使砂浆表面低于容器口约_____左右。用捣棒自容器中心向边缘均匀地插捣_____次，然后轻轻地将容器摇动或敲击_____下，使砂浆表面平整，然后将容器置于稠度测定仪的底座上。 (2)拧松制动螺栓，向下移动滑杆，当试锥尖端与_____刚接触时，拧紧制动螺栓，使齿条侧杆下端刚接触滑杆上端，读出刻度盘上的读数(精确至1 mm)。 (3)拧松制动螺栓，同时计时，_____时立即拧紧螺栓，将齿条测杆下端接触滑杆上端，从刻度盘上读出下沉深度(精确至1 mm)，二次读数的差值即砂浆的稠度值	
3	注意事项	(1)圆锥筒内砂浆只允许测定一次稠度，重复测定时，应_____测定。 (2)砂浆稠度以两次测定结果的平均值作为砂浆稠度测定结果，如两次测定值之差大于_____，应重新配料测定	

任务名称		砂浆和易性检测——保水性
序号	工作环节	操作要求及提示
1	准备工作	
		(1)准备砂浆保水率试模、可密封的取样容器、天平和烘箱。 (2)砂浆保水率试模包括内径为 100 mm、内部高度为 25 mm 的金属或硬塑料圆环试模，2 kg 的重物、110 mm×110 mm 的医用棉纱，直径 110 mm、200 g/m² 的超白中速定性滤纸，边长或直径大于 110 mm 的金属或玻璃方形或圆形不透水片
2	砂浆的保水率测定	(1)称量下不透水片与干燥试模质量 m_1 和____片中速定性滤纸质量 m_2。 (2)将砂浆拌合物_____填入试模，并用抹刀插捣数次，当填充砂浆略高于试模边缘时，用抹刀以_____角一次性将试模表面多余的砂浆刮去，然后用抹刀以较平的角度在试模表面_____将砂浆刮平。 (3)抹掉试模边的砂浆，称量试模、下不透水片与砂浆总质量 m_3。 (4)用____片医用棉纱覆盖在砂浆表面，再在棉纱表面放上____片滤纸，用不透水片盖在滤纸表面，以 2 kg 的重物把不透水片压着。 (5)静止_____后移走重物及不透水片，取出滤纸(不包括棉纱)，迅速称量滤纸质量 m_4。 (6)从砂浆的配合比及加水量计算砂浆的含水率 α，若无法计算，可按《建筑砂浆基本性能试验方法标准》(JGJ/T 70—2009)中的规定测定砂浆的含水率
3	计算砂浆保水率	砂浆保水率应按下式计算，精确至 0.1%： $$W=\left[1-\frac{m_4-m_2}{\alpha\times(m_3-m_1)}\right]\times100\%$$
4	注意事项	取两次试验结果的平均值作为结果，如两个测定值中有 1 个超出平均值的____，则此组试验结果无效

做中学，学中做：

将上述结果记录在下表中，并得出结论。

任务名称			砂浆和易性检测记录					
砂浆和易性测定	流动性		材料用量			沉入度/mm	沉入度平均值/mm	备注
			水泥	砂子	水			
		第一次						
		第二次						
	保水性		m_1/g m_2/g m_3/g m_4/g		α/%	保水率/%	保水率平均值/%	备注
		第一次						
		第二次						
结论	和易性		满足/不满足			进场		可以/不可以

注：m_1—底部不透水片与干燥试模质量；m_2—滤纸吸水前质量；m_3—试模、底部不透水片与砂浆总质量；m_4—滤纸吸水后质量；α—砂浆含水率

任务考核：

考核评价表

评价项目	评价内容	评价标准	个人自评 20%	小组互评 20%	企业教师评价 30%	学校教师评价 30%
职业素养	遵章守纪	出勤、劳动纪律				
	工作岗位6S	整理、整顿、清扫、清洁、安全、素养				
	团结合作	沟通、协作能力				
专业能力	任务完成情况	按时、按质完成任务				
	试验操作	符合规范要求				
	试验记录	数据准确、字迹工整				
创新能力	创新意识	学习过程中提出创新性、可行性建议				
合计						

》》》 任务三　砂浆强度检测

任务目标： 掌握砂浆强度检测的方法。

任务要求： 请查阅规范《建筑砂浆基本性能试验方法标准》(JGJ/T 70—2009)，观看检测视频，完成砂浆强度检测任务。

微课：砂浆强度检测

任务思考：

(1)进行砂浆强度检测时，对试验室环境、养护箱及养护水池有何要求？

(2)砂浆试件安放至试验机时，需要满足哪些要求？

任务实施：

项目名称		砂浆强度检测
序号	工作环节	操作要求及提示
1	准备工作	
		(1)准备尺寸为_____的试模、钢质捣棒、压力试验机、垫板、振动台。 (2)检查试模，拧紧螺栓并清刷干净，在其内壁涂上一薄层矿物油脂。一般以_____个试件为一组
2	试件制作	(1)将拌制好的砂浆一次性装满砂浆试模，成型方法根据稠度而定。当稠度_____时采用人工振捣成型，当稠度_____时采用振动台振实成型。 (2)人工振捣：用捣棒均匀地由_____按_____插捣_____次，插捣过程中砂浆沉落低于试模口，应随时添加砂浆，可用油灰刀插捣数次，并用手将试模一边抬高_____各振动___次，使砂浆高出试模顶面_____。 (3)机械振动：将砂浆一次装满试模，放置到振动台上，振动时试模不得_____，振动_____s或持续到_____为止，不得过振。 (4)待表面水分稍干后，将高出试模部分砂浆沿试模顶面刮去并抹平
3	试件养护	试件制作后应在室温为_____的环境下静置_____，当气温较___时，可适当延长时间，但不应超过_____，然后对试件进行编号、拆模。试件拆模应立即放入温度为_____，相对湿度为_____以上的标准养护室中养护。养护期间，试件彼此间隔不小于_____，混合砂浆试件上面应覆盖以防有水滴在试件上

项目名称		砂浆强度检测
序号	工作环节	操作要求及提示
4	强度测试	(1)试件从养护地点取出后，应及时进行试验，以免试件内部的温度、湿度发生显著变化。 (2)先将试件表面擦拭干净，测量_____，并检查其_____，试件尺寸测量精确到1 mm，并据此计算试件的承压面积。 (3)将试件安放在试验机的_____上，试件的承压面应与成型时的顶面_____。试件的中心应与试验机_____对准。 (4)开动试验机，当上承压板与试件接近时，调整_____，使接触面均衡受压。承压试验应_____地加荷，加荷速度应为_____/s，砂浆强度不大于_____时，宜取下限。当试样接近破坏而开始迅速变形时，停止调整试验机油门，直至试件破坏。然后记录破坏荷载。 (5)试件受压完毕，应清除上下压板上黏附的杂物，继续进行下一次试验
5	强度计算	抗压强度按下式计算： $$F_{m,cu} = \frac{K \cdot N_u}{A}$$ 式中，$F_{m,cu}$ 为砂浆立方体试件抗压强度（MPa）；N_u 为试件破坏荷载（N）；A 为试件承压面积（mm²）；K 为换算系数，取1.35
6	注意事项	将试件安放至试验机时，试件的承压面与成型时的顶面垂直，试件的中心应与试验机下压板中心对准。 承压试验应连续而均匀地加荷，加荷速度应为 0.25～1.5 kN/s，砂浆强度不大于 2.5 MPa 时，宜取下限。 计算试件的承压面积，当实测尺寸与公称尺寸之差不超过 1 mm 时，可按照公称尺寸进行计算

做中学，学中做：

将上述结果记录在下表中，并得出结论。

任务名称	砂浆强度检测记录		
龄期/d	承压面积/(mm×mm×mm)	破坏荷载/kN	抗压强度/MPa
评定过程			
该组砂浆试块强度代表值/MPa			

任务名称	砂浆强度检测记录
结果的计算和表示	（1）以三个试件测值的算术平均值作为该组试件的砂浆立方体试件抗压强度平均值。当三个测值的最大值或最小值中有一个与中间值的差值超过中间值的15％时，则将最大值及最小值一并舍除，取中间值作为该组试件的抗压强度值。当两个测值与中间值的差值均超过中间值的15％时，则该组结果作废。 （2）单个抗压强度结果精确至0.1 MPa，算术平均值精确至0.1 MPa
任务总结	
检测人员	记录人员

任务考核：

考核评价表

评价项目	评价内容	评价标准	个人自评 20％	小组互评 20％	企业教师评价 30％	学校教师评价 30％
职业素养	遵章守纪	出勤、劳动纪律				
	工作岗位6S	整理、整顿、清扫、清洁、安全、素养				
	团结合作	沟通、协作能力				
专业能力	任务完成情况	按时、按质完成任务				
	试验操作	符合规范要求				
	试验记录	数据准确、字迹工整				
创新能力	创新意识	学习过程中提出创新性、可行性建议				
合计						

实训五　钢筋取样与检测

▶▶ 任务一　钢筋取样

任务目标：熟悉钢筋取样组批原则，能按照规范要求正确取样。

任务要求：请根据任务情景，查阅规范《钢筋混凝土用钢 第2部分：热轧带肋钢筋》（GB/T 1499.2—2024），观看取样视频，完成钢筋取样任务。

视频：钢筋取样

任务思考：

(1)钢材不按标准划定验收批会出现什么问题？

(2)外观不良的钢材是否可以制作检测试样？

任务实施：

任务名称		热轧钢筋见证取样
序号	内容	操作要求及提示
1	组批原则 或取样频率	1. 钢筋应按_____进行检查和验收，每批由同一牌号、同一炉号、同一规格的钢筋组成。 2. 准许由同一牌号、同一冶炼方法、同一浇注方法的不同炉号组成混合批进行轧制，但各炉号熔炼分析碳含量之差应不大于 0.02%，锰含量之差应不大于 0.15%。混合批的质量不大于_____t。不应将轧制成品组成混合批
2	取样方法 及取样数量	1. 每批质量不大于 60 t 时 　(1)拉伸、弯曲：均从(　　)根钢筋切取，取样数量为(　　)根。 　　　A. 相同　　　　　B. 不同 　(2)反向弯曲：任_____根钢筋切取；取样数量为_____根。 2. 每批质量大于 60 t 时，每增加_____t(或不足 40 t 的余数)，应增加 1 个拉伸试验试样和 1 个弯曲试验试样，对牌号带"_____"的钢筋还应增加 1 个反向弯曲试验试样

做中学，学中做：

根据任务情景，填写材料取样单。

试验材料见证取样单

建设单位		工程名称	
工程地址		邮政编码	
联系人		联系电话	
取样日期		收样日期	
监理(建设)单位 见证人员	(签名) 　　　年　月　日	施工单位 取样人员	(签名) 　　　年　月　日

取样记录

序号	样品名称	样品规格	取样部位	取样数量	取样基数

试验项目：

任务二　钢筋拉伸性能检测

任务目标：掌握钢筋拉伸性能检测方法。

任务要求：请根据任务情景，查阅规范《金属材料 拉伸试验　第1部分：室温试验方法》(GB/T 228.1—2021)，观看检测视频，完成钢筋拉伸性能检测任务。

微课：热轧带肋钢筋
拉伸试验

任务思考：

(1)钢筋过度冷拉有什么危害？

(2)钢筋拉伸检测时，无明显屈服强度应怎么处理？

任务实施：

任务名称		钢筋拉伸性能检测
序号	工作环节	操作要求及提示
1	准备工作	原始标距的标记：对于断后伸长率 A 的手动测定，原始标距 L_0 的两端应使用_____或_____进行标记，但不能使用引起过早断裂的标记。原始标距应以 $\pm 1\%$ 的准确度标记。

a_0——原始厚度　　　　　b_0——拉伸后的厚度

任务名称	钢筋拉伸性能检测
序号	工作环节	操作要求及提示

序号	工作环节	操作要求及提示
2	试验拉伸	(1)设置试验力零点。在试验加载链装配完成后，试样两端被夹持之前，应设定力测量系统的_____。一旦设定了力值零点，在试验期间力值测量系统不应再发生变化。 (2)试样的夹持方法。宜确保夹持的试样受_____的作用，尽量减小弯曲。这在试验脆性材料或测定规定塑性延伸强度、规定总延伸强度、规定残余延伸强度或屈服强度时尤为重要。 为了确保试样与夹头对中，可施加不超过规定强度或预期屈服强度的_____相应的预拉力。宜对预拉力的延伸影响进行修正。 试验速率可选方法 A 或方法 B，具体见规范规定
3	屈服强度测定	(1)上屈服强度测定。上屈服强度用 R_{eH} 表示，可从力-延伸曲线图或峰值力显示器上测得，定义为力首次下降前的最大力值对应的应力。R_{eH} 由该力除以试样的原始横截面面积计算得到。 $$R_{eH} = \frac{P_{s1}}{A_0}$$ 式中　P_{s1}——上屈服时对应的荷载(N)； 　　　A_0——试样原始横截面面积(mm)。 (2)下屈服强度测定。 1)下屈服强度用 R_{eL} 表示，可以从力-延伸曲线上测得，定义为不计初始瞬时效应时屈服阶段中的_____所对应的应力。R_{eL} 由该力除以试样的原始横截面面积计算得到。 $$R_{eL} = \frac{P_{s2}}{A_0}$$ 式中　P_{s2}——下屈服时对应的荷载(N)； 　　　A_0——试样原始横截面面积(mm)。 2)对于上、下屈服强度位置判定的基本原则如下： ①屈服前的第_____个峰值应力(第1个极大值应力)判为上屈服强度，无论其后的峰值应力比它大或比它小。 ②屈服阶段中如呈现两个或两个以上的谷值应力，舍去第_____个谷值应力(第1个极小值应力)不计，取其余谷值应力中之_____者判为下屈服强度。如只呈现1个下降谷，此谷值应力判为下屈服强度。 ③屈服阶段中呈现屈服平台，平台应力判为下屈服强度；如呈现多个而且后者高于前者的屈服平台，判第_____个平台应力为下屈服强度； ④正确的判定结果应是下屈服强度一定_____上屈服强度。 根据以上规则，标出下图中的上、下屈服强度。 (a)　　　(b) (c)　　　(d)

任务名称		钢筋拉伸性能检测
序号	工作环节	操作要求及提示
4	抗拉强度测定	抗拉强度用 R_m 表示，可以从力—延伸曲线上测得，曲线_____对应的应力值除以试样的原始横截面面积计算得到。$$R_{eH} = \frac{P_b}{A_0}$$ 式中　P_b——最大荷载(N)；　　　　A_0——试样原横截面面积(mm)
5	断后伸长率测定	为了测定断后伸长率，应将试样断裂的部分仔细地配接在一起，使其_____处于同一直线上，并采取特别措施确保试样断裂部分适当接触后测量试样断后标距。按下式计算断后伸长率 A，结果修约至 0.5%。$$A = \frac{L_u - L_0}{L_0} \times 100$$ 式中　L_0——原始标距；　　　　L_u——断后标距

做中学，学中做：

将上述结果记录在下表中，并得出结论。

任务名称	钢筋拉伸性能检测记录			
应力-应变曲线				
结论	屈服强度		抗拉强度	
	断后伸长率			
任务总结				
检测人员		记录人员		

任务考核：

评价项目	评价内容	评价标准	个人自评 20％	小组互评 20％	企业教师评价 30％	学校教师评价 30％
职业素养	遵章守纪	出勤、劳动纪律				
	工作岗位 6S	整理、整顿、清扫、清洁、安全、素养				
	团结合作	沟通、协作能力				
专业能力	任务完成情况	按时、按质完成任务				
	试验操作	符合规范要求				
	试验记录	数据准确、字迹工整				
创新能力	创新意识	学习过程中提出创新性、可行性建议				
合计						

任务三　钢筋弯曲（冷弯）性能检测

任务目标： 掌握钢筋弯曲检测及反向弯曲检测方法。

任务要求： 请根据任务情景，查阅规范《金属材料 弯曲试验方法》(GB/T 232—2010)、《钢筋混凝土用钢 第 2 部分：热轧带肋钢筋》(GB/T 1499.2—2024)，观看检测视频，完成以下任务。

(1)检测钢筋弯曲性能。

(2)检测钢筋反向弯曲性能。

微课：热轧带肋钢筋弯曲及反向弯曲性能检测

任务思考：

(1)《钢筋混凝土用钢 第 1 部分：热轧带肋钢筋》(GB/T 1499.1—2024)规定的钢筋直径范围是多少？

(2)什么样的钢筋要进行反向弯曲试验？

任务实施：

任务名称	钢筋弯曲及反向弯曲性能检测	
序号	工作环节	操作要求及提示
1	试验设备	
2	弯曲试验	(1)试验一般在_____的室温范围内进行，对温度要求严格的试验，试验温度应为_____。 (2)按照《金属材料　弯曲试验方法》GB/T 232—2010规定的方法进行弯曲试验。 (3)钢筋弯曲角度为_____°，弯曲试验后不使用放大镜观察，试样弯曲外表面无可见裂纹应评定为合格
3	反向弯曲试验	(1)应在10～35 ℃的温度下进行，试样应在弯芯上弯曲。弯曲角度为_____°。 (2)把经正向弯曲后的试样在_____温度下保温不少于_____min，经自然冷却后再反向弯曲_____°。两个弯曲角度均应在保持载荷时测量。当供方能保证钢筋经人工时效后的反向弯曲性能时，正向弯曲后的试样也可在室温下直接进行反向弯曲。 (3)试验后不使用放大镜观察，试样弯曲外表面无可见裂纹应评定为合格

做中学，学中做：

将上述结果记录在下表中，并得出结论。

任务名称	钢筋弯曲及反向弯曲性能检测记录		
弯曲	目视有无裂纹、裂缝(有/无)	结论	
反向弯曲	目视有无裂纹、裂缝(有/无)	结论	
任务总结			
检测人员		记录人员	

任务考核：

评价项目	评价内容	评价标准	个人自评 20%	小组互评 20%	企业教师评价 30%	学校教师评价 30%
职业素养	遵章守纪	出勤、劳动纪律				
	工作岗位 6S	整理、整顿、清扫、清洁、安全、素养				
	团结合作	沟通、协作能力				
专业能力	任务完成情况	按时、按质完成任务				
	试验操作	符合规范要求				
	试验记录	数据准确、字迹工整				
创新能力	创新意识	学习过程中提出创新性、可行性建议				
合计						

实训六　墙体材料取样与检测

任务一　砌块取样

任务目标：熟悉蒸压加气混凝土砌块取样组批原则，能按照规范要求正确取样。

任务要求：请根据任务情景，查阅规范《蒸压加气混凝土砌块》（GB/T 11968—2020），完成蒸压加气混凝土砌块取样任务。

任务思考：

(1)发生哪些情况时，需要对蒸压加气混凝土砌块进行型式检验？

(2)进行型式检验时需要哪些项目测试？

任务实施：

任务名称		蒸压加气混凝土砌块见证取样
序号	内容	操作要求及提示
1	组批原则或取样频率	同品种、同规格、同级别的砌块，以_____万块为一批，不足_____万块也为一批，随机抽取_____进行尺寸偏差、外观质量检验
2	取样方法及取样数量	蒸压加气混凝土砌块性能检测试件应从尺寸允许偏差与外观质量检验合格的砌块中，随机抽取_____块，每块制作一组试件，干密度和抗压强度检测各取3组共计_____块进行测试

做中学，学中做：

根据任务情景，填写材料取样单。

试验材料见证取样单

建设单位		工程名称		
工程地址		邮政编码		
联系人		联系电话		
取样日期		收样日期		
监理(建设)单位见证人员	(签名) 年 月 日	施工单位取样人员		(签名) 年 月 日

取样记录

序号	样品名称	样品规格	取样部位	取样数量	取样基数

试验项目：

任务二　砌块抗压强度检测

任务目标： 掌握蒸压加气混凝土砌块抗压强度检测方法。

任务要求： 请根据任务情景，查阅规范《蒸压加气混凝土砌块》(GB/T 11968—2020)、《蒸压加气混凝土性能试验方法》(GB/T 11969—2020)，观看检测视频，完成蒸压加气混凝土型砌块抗压强度检测。

微课：蒸压加气
混凝土砌块强度检测

任务思考：

(1)砌块储存和运输蒸压加气混凝土时需要注意哪些事项？

（2）蒸压加气混凝土砌块砌筑前可以浇水湿润吗？为什么？

任务实施：

任务名称	蒸压加气混凝土砌块抗压强度检测	
序号	工作 环节	操作要求及提示
1	试验 准备	(1)仪器设备。  材料试验机　　　　电热鼓风干燥箱 (2)实验室室温_____℃
2	试件 制备	(1)试件的制备采用机锯。锯切时不应将试件弄湿。 (2)试件应沿制品发气方向中心部分，上、中、下顺序锯取一组，"上"块的上表面距离制品顶面_____mm，"中"块在制品正中处，"下"块的下表面离制品底面_____mm。 (3)试件表面应_____，不得有_____或明显_____，试件受压面的平整度应小于_____mm，相邻面的垂直度应小于_____mm；试件应逐块编号，从同一块试样中锯切出的试件为同一组试件，以"Ⅰ、Ⅱ、Ⅲ…"表示组号；当同一组试件有上、中、下位置要求时，以下标"上、中、下"注明试件锯取的位置；当同一组试件没有位置要求，则以下标"1、2、3…"注明，以区别不同试件；平行试件以"Ⅰ、Ⅱ、Ⅲ…"加注上标"′"以示区别。试件以"↑"标明_____。试件锯取部位如下图所示。 (4)当1组试件不能在同一块试样中锯取时，可以在同一模的相邻部位采样锯取； (5)抗压强度试件数量_____(试件尺寸)立方体试件1组，平行试件1组； (6)试件应在含水率_____％下进行试验。如果含水率超出以上范围时，宜在_____℃条件下烘至所要求的含水率，并应在室内放置_____以后进行抗压强度试验； (7)当受检样品尺寸不能满足抗压强度试验时，允许按以下尺寸制作： 1)100 mm×100 mm×50 mm，试件的受压面为100 mm×100 mm； 2)50 mm×50 mm×50 mm，试件的受压面为50 mm×50mm； 3)ϕ100 mm×100 mm，试件的受压面为ϕ100 mm； 4)ϕ100 mm×50 mm，试件的受压面为ϕ100 mm

抗压强度试件锯取示意

任务名称		蒸压加气混凝土砌块抗压强度检测
序号	工作环节	操作要求及提示
3	强度测试	(1)检查试件外观。 (2)测量试件的尺寸，精确至_____mm，并计算试件的受压面积（A_1）。 (3)试件放在材料试验机的下压板的中心位置，试件的受压方向应_____于制品的发气方向。 (4)开动试验机，当上压板与试件接近时，调整球座，使接触均衡。 (5)以_____kN/s的速度连续而均匀地加荷，直至试件破坏，记录破坏荷载（P）。 (6)试验后应立即称取破坏后的全部或部分试件质量，然后在_____℃下烘至恒重，计算其含水率
4	结果计算	$$f_{cc} = \frac{P}{A}$$ 式中　f_{cc}——试件的抗压强度（MPa），精确至0.1 MPa； 　　　P——破坏荷载（N）； 　　　A——试件受压面积（mm²）

做中学，学中做：

将上述结果记录在下表中，并得出结论。

任务名称			蒸压加气混凝土砌块抗压强度检测记录				
样品名称		规格尺寸		样品状态		样品级别	
抗压强度	序号	尺寸/mm		烘干前质量/g	烘干后质量/g	含水率/%	破坏荷载/kN	抗压强度/MPa
		长	宽					
	1							
	2							
	3							
抗压强度平均值				单块最小值			
结果判定							
任务总结							
检测人员				记录人员			

任务考核：

评价项目	评价内容	评价标准	个人自评 20%	小组互评 20%	企业教师评价 30%	学校教师评价 30%
职业素养	遵章守纪	出勤、劳动纪律				
	工作岗位 6S	整理、整顿、清扫、清洁、安全、素养				
	团结合作	沟通、协作能力				
专业能力	任务完成情况	按时、按质完成任务				
	试验操作	符合规范要求				
	试验记录	数据准确、字迹工整				
创新能力	创新意识	学习过程中提出创新性、可行性建议				
合计						

实训七　防水材料取样与检测

任务一　防水卷材取样

任务目标：熟悉防水卷材取样组批原则，能按照规范要求正确取样。

任务要求：请你根据任务情境，查阅规范《屋面工程质量验收规范》(GB 50207—2012)，完成防水卷材取样任务。

任务思考：

(1)防水卷材依据国家标准命名由哪几部分组成？

(2)防水卷材出厂检验报告需要包括哪些内容？

任务实施：

任务名称		防水卷材取样
序号	内容	操作要求及提示
1	组批原则或取样频率	(1)同一生产厂家、同一品种、同一规格、同一批次检查一次。大于1 000卷抽＿＿卷，每500～1 000卷抽＿＿＿＿卷，100～499卷抽＿＿卷，100卷以下抽＿＿＿＿卷，进行规格尺寸和外观质量检验。 (2)在外观质量检验合格的卷材中，任取＿＿＿＿卷进行物理性能检验
2	取样方法及取样数量	(1)请根据卷材型号，勾选卷材各层材质选项。 上表面隔离材料（□PE□S□M） SBS改性沥青 胎体（□PY□G□PYG） SBS改性沥青 下表面隔离材料（□PE□S） **SBS防水卷材构造** (2)请选择外观检测要求满足的指标＿＿＿＿＿＿＿＿＿＿＿ A. 表面平整 B. 边缘整齐 C. 无孔洞、缺边、裂口、胎基未浸透 D. 矿物粒料粒度 E. 每卷卷材的接头

做中学，学中做：

根据任务情景，填写材料取样单。

试验材料见证取样单

建设单位		工程名称	
工程地址		邮政编码	
联系人		联系电话	
取样日期		收样日期	
监理(建设)单位见证人员	（签名） 年 月 日	施工单位取样人员	（签名） 年 月 日

取样记录

序号	样品名称	样品规格	取样部位	取样数量	取样基数

试验项目：

任务二　防水卷材厚度、单位面积质量检测

任务目标：掌握防水卷材厚度、单位面积质量检测的方法。

任务要求：请你根据任务情景，查阅规范《弹性体改性沥青防水卷材》(GB 18242—2008)、《建筑防水卷材试验方法 第 4 部分：沥青防水卷材 厚度、单位面积质量》(GB/T 328.4—2007)，观看检测视频，完成防水卷材厚度、单位面积质量检测任务。

视频：**防水卷材**
性能检测视频

任务思考：

(1)《建筑防水卷材试验方法 第 4 部分：沥青防水卷材 厚度、单位面积质量》(GB/T 328.4—2007)的适用范围是什么？

(2)将防水卷材厚度、单位面积质量检测不合格的产品应用到建筑中，会存在哪些不利影响？

任务实施：

任务名称		防水卷材厚度检测
序号	工作环节	操作要求及提示
1	仪器设备准备	测量装置要求：能测量厚度精确到＿＿＿＿＿＿＿，测量面平整，直径为 10 mm，施加在卷材表面的压力为＿＿＿＿＿＿＿。依据标准要求选择＿＿＿＿＿＿＿仪器测量。 A. 配重式测厚仪　　　B. 游标卡尺　　　C. 钢尺

任务名称		防水卷材厚度检测
2	抽样和试件制备	从试样上沿卷材整个_____裁取至少 100 mm 宽的一条试件。通常情况在常温下进行测量。有争议时，试验在(23±2)℃温度条件下进行，并在该温度放置不少于_____。 防水卷材厚度试件制备
3	厚度检测步骤	(1)保证卷材和测量装置的测量面没有污染，在开始测量前检查测量装置的_____，在所有测量结束后再检查一次。 (2)在测量厚度时，测量装置下足慢慢落下，避免使试件变形。在卷材宽度方向均匀分布_____点测量并记录厚度，最边的测量点应距卷材边缘_____

任务名称		防水卷材单位面积质量检测
序号	工作环节	操作要求及提示
1	仪器设备准备	称量装置，能测量试件质量并精确至_____
2	抽样和试件制备	抽取未损伤的整卷卷材进行试验。从试样上裁取至少 0.4 m 长，整个卷材宽度宽的试片，从试片上裁取 3 个正方形或圆形试件，每个面积_____，一个从中心裁取，其余两个和第一个对称，沿试片相对两角的对角线，此时试件距卷材边缘大约 100 mm，避免裁下任何留边
3	试验条件	试件应在温度_____和相对湿度_____条件下至少放置_____
4	试验步骤	用称量装置称量每个试件，记录质量精确到_____
5	结果计算	计算卷材单位面积质量 m，单位为千克每平方米（kg/m^2），按下式计算： $$m = \frac{m_1 + m_2 + m_3}{3} \div 10$$ 式中 m_1——第 1 个试件的质量（g）； 　　　m_2——第 2 个试件的质量（g）； 　　　m_3——第 3 个试件的质量（g）

做中学，学中做：

将上述结果记录在下表中，并得出结论。

任务名称				防水卷材厚度检测数据记录		
样品来源					样品型号	
厚度值/mm					平均值/mm	
测点1	测点2	测点3	测点4	测点5		
测点6	测点7	测点8	测点9	测点10		
试验结论：该防水卷材厚度检测合格/不合格						
任务名称				防水卷材单位面积质量检测数据记录		
样品来源					样品型号	

画一画：请在防水卷材样品示意图中将正方形试件的位置标出。

单位：mm

产品宽度

留边

400

试件编号	m_1	m_2	m_3	单位面积质量(m)
质量/g				
结果判定：该防水卷材厚度检测合格/不合格				

任务考核：

考核评价表

评价项目	评价内容	评价标准	个人自评 20%	小组互评 20%	企业教师评价 30%	学校教师评价 30%
职业素养	遵章守纪	出勤、劳动纪律				
	工作岗位6S	整理、整顿、清扫、清洁、安全、素养				
	团结合作	沟通、协作能力				
专业能力	任务完成情况	按时、按质完成任务				
	试验操作	符合规范要求				
	试验记录	数据准确、字迹工整				
创新能力	创新意识	学习过程中提出创新性、可行性建议				
合计						

任务三　防水卷材拉伸性能检测

任务目标：掌握防水卷材拉伸性能检测的方法

任务要求：请根据任务情景，查阅规范《弹性体改性沥青防水卷材》(GB 18242—2008)、《建筑防水卷材试验方法　第 8 部分：沥青防水卷材　拉伸性能》(GB/T 328.8—2007)，完成以下任务。

(1)防水卷材拉伸性能检测试样制备。

(2)防水卷材拉伸性能检测试验操作及结果处理。

任务思考：

(1)防水卷材拉伸性能检测试验的原理是什么？

(2)弹性体改性沥青防水卷材的拉伸性能特点是什么？

任务实施：

任务名称		防水卷材拉伸性能检测
序号	工作环节	操作要求及提示
1	设备准备	(1)准备拉伸试验机、养护箱、浅盘、钢直尺、白色记号笔。 (2)拉伸试验机要求具备 _____
2	样品准备	整个拉伸试验应制备两组试件，一组 _____ 5 个试件，另一组 _____ 5 个试件(实际每组各裁剪 6 个试样，一个备用)。 防水卷材试样截取示意　　　　试件尺寸示意 　　试件在试样上距边缘 100 mm 以上任意裁取，用模板或用裁刀，矩形试件宽为(50±0.5)mm，长为 _____，长度方向为试验方向。表面的非持久层应去除
3	环境准备	试件在试验前在 _____ 温度和相对湿度 _____ 的条件下至少放置 _____

任务名称		防水卷材拉伸性能检测
4	试验步骤	(1)将试件紧紧地夹在拉伸试验机的夹具中，保持试件长度方向的中线与试验机夹具中心在一条线上。夹具间距离为＿＿＿＿＿＿＿＿＿。为防止试件从夹具中滑移，应做标记。当用引伸计时，试验前应设置标距间距离为＿＿＿＿＿＿＿。为防止试件产生任何松弛，推荐加载不超过5 N的力。 试件夹取示意 (2)试验在＿＿＿＿＿＿＿温度下进行，夹具移动的恒定速度为(100±10)mm/min。连续记录拉力和对应的夹具(或引伸计)间距离。试验过程中观察在试件中部是否出现沥青涂盖层与胎基分离或沥青涂盖层开裂现象
5	结果计算	记录得到的拉力和距离，最大的拉力和对应的由夹具(或引伸计)间距离与起始距离的百分率计算的延伸率。分别记录每个方向5个试件的拉力值和延伸率，计算平均值。拉力的平均值修约到＿＿＿＿，延伸率的平均值修约到＿＿＿＿＿＿

做中学，学中做：
请将上述结果记录在下表中，并得出结论。

任务名称		防水卷材拉伸性能检测记录					
样品名称				规格型号			
样品状态				环境条件			
检测依据							
检测设备							
拉伸性能试验				标距间距离：　　　　mm；试件宽度：　　　　mm			
	试件编号	1	2	3	4	5	平均值
横向	最大拉力时变形/mm						
	最大拉力时延伸率/%						
	最大拉力(N/50 mm)						
	拉伸时的现象						

任务名称	防水卷材拉伸性能检测记录						
纵向	最大拉力时变形/mm						
	最大拉力时延伸率/%						
	最大拉力(N/50 mm)						
	拉伸时现象						
结果判定							
注意事项	（1）应去除任何在夹具10 mm以内断裂或在试验机夹具中滑移超过极限值的试件的试验结果，用备用件重测，最大拉力单位为N/50 mm，对应的延伸率用百分率表示，作为试件同一方向结果。 （2）操作人员需要熟悉试验操作规程，能熟练操作仪器和程序软件方可进行本试验。 （3）在试验过程中，人员在仪器未关闭的情况下，禁止离开						

任务考核：

考核评价表

评价项目	评价内容	评价标准	个人自评 20%	小组互评 20%	企业教师评价 30%	学校教师评价 30%
职业素养	遵章守纪	出勤、劳动纪律				
	工作岗位 6S	整理、整顿、清扫、清洁、安全、素养				
	团结合作	沟通、协作能力				
专业能力	任务完成情况	按时、按质完成任务				
	试验操作	符合规范要求				
	试验记录	数据准确、字迹工整				
创新能力	创新意识	学习过程中提出创新性、可行性建议				
合计						

参考文献

[1] 陈志源，李启令. 土木工程材料[M]. 3版. 武汉：武汉理工大学出版社，2012.

[2] 王春阳. 建筑材料[M]. 2版. 北京：高等教育出版社，2006.

[3] 张光碧. 建筑材料[M]. 北京：中国电力出版社，2006.

[4] 王美芬，梅杨. 建筑材料检测试验指导[M]. 北京：北京大学出版社，2010.

[5] 王立久. 建筑材料学[M]. 3版. 北京：中国电力出版社，2008.

[6] 高琼英. 建筑材料[M]. 2版. 武汉：武汉理工大学出版社，2002.

[7] 蔡丽朋. 建筑材料[M]. 2版. 北京：化学工业出版社，2010.